EUL VERLAG

EINZELSCHRIFTEN

Andreas Menneken
Ein Vertriebskonzept für Drahterzeugnisse am französischen Markt
Lohmar – Köln 2009 • 156 S. • € 47,- (D) • ISBN 978-3-89936-851-2

Susanne Böing
Grundlagen zur Geschlechts- und Genderproblematik in Unternehmen
Lohmar – Köln 2009 • 460 S. • € 69,- (D) • ISBN 978-3-89936-854-3

Diana Nolte
Hedge-Fonds im Portfolio von Privatinvestoren – Konsequenzen für die Anlageberatung
Lohmar – Köln 2009 • 304 S. • € 59,- (D) • ISBN 978-3-89936-857-4

Peter Klausmann, Claus Wetzel und Bertram Anderer
Personenzählung für kundenorientiertes Shop-Controlling
Lohmar – Köln 2009 • 104 S. • € 39,- (D) • ISBN 978-3-89936-861-1

Nils Horch
Management Control of Global Supply Chains
Lohmar – Köln 2009 • 400 S. • € 66,- (D) • ISBN 978-3-89936-865-9

Monique Dorsch
Werthaltungen und umweltorientiertes Handeln bei der Verkehrsmittelwahl – Von der Erklärungs- zur Gestaltungsperspektive
Lohmar – Köln 2009 • 308 S. • € 59,- (D) • ISBN 978-3-89936-871-0

Zahlja Steiff
Risikomanagement in der Logistik von Unternehmensnetzwerken – Eine Analyse der Übertragbarkeit der Mindestanforderungen an das Risikomanagement von Kreditinstituten
Lohmar – Köln 2009 • 252 S. • € 57,- (D) • ISBN 978-3-89936-874-1

André Schneider
PR-Management für Hochschulen
Lohmar – Köln 2010 • 240 S. • € 56,- (D) • ISBN 978-3-89936-880-2

André Schneider

PR-Management für Hochschulen

EUL VERLAG

Bibliografische Information der Deutschen Nationalbibliothek

Die Deutsche Nationalbibliothek verzeichnet diese Publikation in der Deutschen Nationalbibliografie; detaillierte bibliografische Daten sind im Internet über <http://dnb.d-nb.de> abrufbar.

ISBN 978-3-89936-880-2
1. Auflage Januar 2010

JOSEF EUL VERLAG GmbH
Brandsberg 6
53797 Lohmar
Tel.: 0 22 05 / 90 10 6-6
Fax: 0 22 05 / 90 10 6-88
E-Mail: info@eul-verlag.de
http://www.eul-verlag.de

Bei der Herstellung unserer Bücher möchten wir die Umwelt schonen. Dieses Buch ist daher auf säurefreiem, 100% chlorfrei gebleichtem, alterungsbeständigem Papier nach DIN 6738 gedruckt.

Vorwort

Vor dem Hintergrund einer zunehmenden Kommunikations- und Informationsfunktion, sowie der notwendigen Profilierung der Hochschule wird die Public Relations im Rahmen des Kommunikationsmanagements von Bildungseinrichtungen untersucht. Das Erkenntnisinteresse der Masterarbeit richtet sich auf die Analyse und Konzeption der theoretischen Grundlagen und strategischen Aspekte integrierter Public Relations für Hochschulen in Deutschland.

Das Forschungsziel der Arbeit ist die wissenschaftliche Auseinandersetzung mit der konkreten Gestaltung von Public Relations für Hochschulen am Standort Deutschland. Auf der Grundlage theoretisch gestützter Analysen werden praxisrelevante Handlungsmöglichkeiten entwickelt und diskutiert. Anliegen der Masterarbeit ist es, das Konzept der Public Relations, welches in vielen Bereichen der Industrie, des Handels und der Dienstleister enorm an Bedeutung gewonnen hat, auf Hochschulen zu übertragen und für diese in der Praxis nutzbar zu machen.

Im Fokus der Arbeit steht die Fragestellung, inwieweit ein für die Praxis relevantes und auch implementierbares Konzept für das PR-Management aus den spezifischen Rahmenbedingungen und Herausforderungen abgeleitet und aufgebaut werden kann, um auch für den Praktiker eine Entscheidungshilfe bei seiner täglichen Arbeit im Hochschulsektor geben zu können.

An dieser Stelle möchte ich mich bei all jenen Personen bedanken, die dazu beigetragen haben, dass diese Arbeit dank interessanter Diskussionen sowie manch wertvoller Kritik fertiggestellt werden konnte und nun in Buchform vorliegen kann. Herzlicher Dank gilt meinen akademischen Lehrern von der Hochschule Mittweida, Herrn Rektor Prof. Dr.-Ing. Lothar Otto und Herrn Prorektor Prof. Dr. phil. Jan-Peter Domschke, die diese Masterarbeit mit kritischen Anregungen betreuten und begutachteten. Besonderer Dank gilt meinen Eltern, die mich auf meinem Lebensweg stets unterstützend und motivierend begleitet haben. Ihnen ist diese Arbeit gewidmet.

Chemnitz, im Dezember 2009 André Schneider

Inhaltsverzeichnis

Abbildungsverzeichnis

Tabellenverzeichnis

Abkürzungsverzeichnis

Abb.	Abbildung
Anm.	Anmerkung
Aufl.	Auflage
bzw.	beziehungsweise
CD	Corporate Design
CI	Corporate Identity
d. h.	das heißt
Dr.	Doktor
DPRG	Deutschen Public Relations Gesellschaft
f.; ff.	folgende Seite(-n)
FH	Fachhochschule
ggf.	gegebenenfalls
H.	Heft
HRG	Hochschulrahmengesetz
HRK	Hochschulrektorenkonferenz
Hrsg.	Herausgeber
i.d.R.	in der Regel
Jg.	Jahrgang
Nr.	Nummer
o.	ohne
Prof.	Professor
PR	Public Relations
PRSA	Public Relations Society of America
S.	Seite
Sp.	Spalte
Tab.	Tabelle
vgl.	vergleiche
z. B.	zum Beispiel
z. T.	zum Teil

1 Einleitung

1.1 Problemstellung und Zielsetzung

Die Public Relations der Hochschulen ist auf das engste mit ihrem Selbstverständnis, mit ihren strategischen Entscheidungen über das anvisierte Aufgaben- und Leistungsprofil bei der Pflege und Entwicklung der Wissenschaften und Künste in Forschung, Lehre und Studium, jedoch auch in den Bereichen der Dienstleistungen und der kulturellen Angebote verbunden. Ihre effektive Wahrnehmung liegt demnach in ihrem ureigenen Interesse.[1]

Immer mehr Hochschulen erkennen, dass Kommunikation in der Lage ist, ihren Erfolg im Wettbewerbsumfeld nachhaltig positiv zu beeinflussen. Für ihre Ziele und Ergebnisse wie auch für die gesellschaftliche Reputation gewinnen die Public Relations als strategischer Erfolgsfaktor zunehmend an Bedeutung. Die zunehmende Anzahl von wissenschaftlichen Beiträgen und Studien zur Problemstellung des Hochschulmarketing und Hochschul-PR spiegeln diesen Zusammenhang wider.[2]

Hochschulen sehen sich enormen politischen, wirtschaftlichen und sozialen Veränderungen konfrontiert. Die einst so stabile und berechenbare Umwelt dieses „Bildungsunternehmens" Hochschule hat sich in ein dynamisches Wettbewerbsumfeld verwandelt.

Infolge gewinnt die Kommunikation für die Entwicklung und Profilierung einer Hochschule zunehmend an Bedeutung. Das metakommunikatives Axiom von WATZLAWICK „ … man kann nicht nicht kommunizieren …"[3] entwickelt sich für die Public Relations als ein Leitgedanke, welcher auf die Notwendigkeit der Kommunikation für den Aufbau von Wettbewerbsvorteilen gegenüber der Konkurrenz abzielt. Gerade weil es Hochschulen immer seltener gelingt sich erfolgreich von Konkurrenzangeboten des Wettbewerbs abzugrenzen und einzigartig zu positionieren, tritt der Aufbau, Erhalt und die

---

[1] Vgl. Hochschulrektorenkonferenz (1995), Vorwort

[2] Vgl. Bernecker, M. (2007); Bühler, H./ Naderer, G./ Koch, R./ Schuster, C. (2007); Wefers, U. (2007); Arndt, H.-W. (2006); Brüser, R. (2006); Bode, C. (2006); Julius, A. (2006); Voss, R. (2006); Gerhard, J. (2004); Jenckel, J. (2005); Escher, H. (2001)

[3] Watzlawick, P./ Beavin, J.H./ Jackson, D.D. (1967), S. 53

Verteidigung von komparativen Konkurrenzvorteilen[4] mit Hilfe eines integrierten und strategischen PR-Managements in den Fokus der Hochschulaktivitäten.

In den letzten Jahren ist die Entwicklung im Hochschulsektor durch umfassende Struktur- und Wettbewerbsveränderungen gekennzeichnet. Tradierte Hochschulen sehen sich auf ihrem angestammten Umfeld vollkommen neuen, nicht nur nationalen, sondern auch internationalen Wettbewerbern ausgesetzt. Neue Bildungskonzepte und Leistungskategorien entstehen. Demnach ist ein zunehmender Wettbewerbsdruck auf die Hochschulen zu verzeichnen. Das klassische Umfeld und Strukturen in der Hochschullandschaft sind deutlich in Bewegung geraten, selten ist es so wie es einst war; eine klare Positionierung, Kommunikation und klare Strategieausrichtung gewinnen für eine positive Entwicklung und das langfristige Überleben der Hochschulen an Bedeutung.[5]

Während die Pressearbeit, flankiert von Werbmaßnahmen an Schulen, Beteiligung an Messen u.a. Kommunikationsmaßnahmen und Instrumenten, von den Dienstleistungsunternehmen allgemein anerkannt ist, wird von vielen der Branche die Bedeutung der Public Relations immer noch unterschätz bzw. die Potentiale nicht erkannt und genutzt. Die Unternehmen des tertiären Sektors müssen nicht nur die Chancen und Möglichkeiten der Public Relations erkennen, sondern die Herausforderung einer geeigneten Wahl und Kombination der einzelnen Medien im Rahmen eines integrierten Kommunikationsmanagements nutzen. Grundlage für erfolgreiche Public Relations ist eine aktive und strategisch angelegte kommunikative Strategie. Die Public Relations muss zu einem integrativen Bestandteil der Gesamtkommunikation einer Hochschule werden, genau wie beispielsweise Werbung in Schulen und Pressearbeit, und mit diesen Instrumenten zusammen ein ganzheitliches Bild in der Hochschule und ihrem Umfeld bilden.

Vor dem Hintergrund einer zunehmenden Kommunikations- und Informationsfunktion sowie der notwendigen Profilierung der Hochschule soll Public Relations im Rahmen des Kommunikationsmanagements von „Bildungsunternehmen“ untersucht werden.

---

[4] Vgl. Vollert, K. (2004), S. 46f., Anm.: Synonym zum Begriff des komparativen Konkurrenzvorteil werden in der Literatur die Begriffe Kundenvorteil, Effektivitätsvorteil oder Unique Selling Proposition genutzt

[5] Vgl. Klein-Bölting, U./ Gürntke, K. (2002), S. 7ff.

Das Erkenntnisinteresse der Masterarbeit soll sich auf die Analyse und Konzeption der theoretischen Grundlagen und strategischen Aspekte einer integrierten Public Relations für Hochschulen in Deutschland richten.

Forschungsziel soll die wissenschaftliche Auseinandersetzung mit der konkreten Gestaltung von Public Relations für Hochschulen am Standort Deutschland sein. Auf der Grundlage theoretisch gestützter Analysen sollen praxisrelevante Handlungsmöglichkeiten entwickelt und diskutiert werden. Anliegen der Masterarbeit ist es, dass Konzept der Public Relations, welches in vielen Bereichen der Industrie, des Handels und der Dienstleister enorm an Bedeutung gewonnen hat, auf Hochschulen zu übertragen und für diese in der Praxis nutzbar zu machen.

Im Fokus der Arbeit soll die Fragestellung stehen, wie ein für die Praxis relevantes und auch implementierbares Konzept für das PR-Management aus den spezifischen Rahmenbedingungen und Herausforderungen angeleitet und aufgebaut werden kann, um auch für den Praktiker eine Entscheidungshilfe bei seiner täglichen Arbeit im Hochschulsektor zu geben.

Eine umfangreiche Diskussion der Public Relations für Hochschulen gewinnt gerade deshalb an Bedeutung, weil die Dienstleistungsbranche gegenüber der Industrie- und dem Handel fundamentale Leistungsunterschiede aufweist, welche folglich zu Differenzierungen für ein integriertes und strategisches PR-Management für den tertiären Sektor führen müssen. Das Anliegen der Masterarbeit soll ein Beitrag zum Abbau des bestehenden Forschungsdefizits bezüglich der Public Relations für Hochschulen sein.

1.2 Aufbau der Arbeit

Die inhaltliche Konzeption der Masterarbeit soll sich an den Zielsetzungen und Aufgabenstellungen orientieren. Das Aufgabengebiet der Public Relations für Hochschulen soll im Rahmen der Arbeit durch die folgenden Kapitel erarbeitet werden:

Kapitel 2 umreißt zunächst das Gegenstandsfeld und stellt die Relevanz des Themas vor.

In Hinblick auf das Erkenntnisobjekt der Hochschulen sollen im Kapitel 3 die wesentlichen gesellschaftlichen, wirtschaftspolitischen, rechtlichen und hochschulspezifischen Rahmenbedingungen der Public Relations erörtert werden. Damit soll neben der Klärung der begrifflichen Grundlagen und Rahmenbedingungen des Hochschulsystems auch die vielfältigen Verknüpfungen und Abhängigkeiten der Hochschulen innerhalb der Volkswirtschaft veranschaulicht werden.

Im vierten Kapitel sollen die allgemeinen Grundlagen der Public Relations ausführlich diskutiert werden. Nach einer Erarbeitung einer Definition, d. h. was unter Public Relation zu verstehen ist, sollen die verschiedenen aktuellen wissenschaftlichen Erklärungsansätze von Public Relations verglichen und systematisiert werden. Ein weiterer Arbeitsschwerpunkt liegt in der integrierten Kommunikation und dem Kommunikationsmanagement. Hier sollen die Möglichkeiten und Strategien der Koordination und Vernetzung aller zur Verfügung stehenden kommunikationspolitischen Instrumente und Medien untersucht werden.

Nach der Diskussion und Erarbeitung der grundsätzlichen Bedeutung und theoretischen Grundlagen der Themenstellung für die Hochschulen soll im Kapitel 5 ein Rahmen für ein integriertes und strategisches Public Relation Management erarbeitet werden. Es soll demnach eine Konzeption eines strategisch ausgerichteten PR-Managements für Hochschulen, d. h. von der Situationsanalyse über die Planung und Umsetzung bis zur Kontrolle, umfassend erarbeitet und dargestellt werden. Der Fokus der Arbeit innerhalb dieses Kapitels soll auf den spezifischen und individuellen Inhalten und Themen der Public Relations für Hochschulen als Anbieter von Dienstleistungen liegen, welche die Basis für eine abgestimmte und strategisch ausgerichtete PR-Arbeit darstellen.

Im Kapitel 6 sollen die im fünften Kapitel erarbeiteten Erkenntnisse über die Strategien, Inhalte und Instrumente eine integrierten und strategischen PR-Managements unter der Berücksichtigung der im zweiten Themenkomplex gesammelten Grundlagen zusammengeführt und in ein Rahmenkonzept für die Public Relations in Hochschulen führen. Dieses soll der Ausgangspunkt und Rahmen für die Konzeption von operativen Maßnahmen der Public Relation im Rahmen der Hochschulkommunikation sein. Zusätzlich soll die Möglichkeit und Notwendigkeit der strukturellen Implementierung der Public Relation in die strategische Hochschulführung erörtert werden.

Abschließend soll im siebten Kapitel eine kritischen Analyse und Diskussion von aktuellen und zukünftigen Problemen und Herausforderungen für das strategische PR-Management im Hochschulsektor erfolgen. Es sollen mögliche Entwicklungstendenzen und Zukunftsperspektiven eines integrierten und strategischen PR-Managements im Hochschulbereich darlegt werden.

2 Hochschulen im Wettbewerb

2.1 Hochschulen im deutschen Hochschulsystem

Bei der Betrachtung der deutschen Hochschullandschaft, so wie sie seit dem zweiten Weltkrieg gewachsen ist und wie sie sich im Zuge der Ausdifferenzierung der globalen Bildungs- und Wissensmärkte immer komplexer und heterogener darstellt, wird deutlich, dass die Hochschule als Einheitsbegriff und als gleichartiges Tätigkeitsfeld für eine pauschale PR-Modelltheorie nicht existieren kann.

Die folgenden Ausführungen dienen dazu, den Fokus auf einen bedeutenden Teil des deutschen Hochschulsystems zu richten, um für diesen einen adäquaten theoretischen wie praktischen PR-Bezugsrahmen herzuleiten. Diese betrifft die staatlichen Hochschulen, die zugleich auch Körperschaften des öffentlichen Rechts sind. Ihre besondere Charakteristika und Abgrenzung soll im folgenden Überblick über die Hochschularten näher beleuchtet werden.

1.2.1 Hochschulsystem

Im tertiären Bereich des Bildungsmarktes verfügt die Bundesrepublik Deutschland über eine ausdifferenzierte Hochschullandschaft, die einen bedeutenden Bestandteil des gesamten Bildungswesens ausmacht.[6]

1.2.2 Hochschularten

Hochschulen sind Einrichtungen des tertiären Bildungsbereichs, die entsprechend ihrer Aufgabenstellung der Pflege und Entwicklung der Wissenschaften und der Künste durch Forschung, Lehre und Studium dienen.[7] Diese Bildungseinrichtungen haben umfassende Selbstverwaltungsrechte, die aus der grundgesetzlich garantierten Freiheit von Forschung und Lehre resultieren. Sie unterliegen staatlicher Rechtsaufsicht und werden entweder vollständig staatlich finanziert oder erhalten einen wesentlichen Zuschuss.

---

[6] Vgl. Bühler, H./ Naderer, G./ Koch, R./ Schuster, C. (2007), S. 5
[7] Vgl. Hochschulrahmengesetz (HRG) vom 19. Januar 1999, § 2, Abs. 1

In Deutschland können folgende staatliche Hochschultypen unterschieden werden:

- **Universitäten:** Hier handelt es sich um Hochschulen, die über ein universales Fächerspektrum verfügen und das Recht zur Verleihung von Promotion und Habilitation haben. Ihnen obliegt die Grundlagenforschung und die freie Bildung durch Wissenschaft, sowie die Qualifizierung für gehobene akademische Berufe wie z. B. von Anwälten und Ärzten. Im Universitätsrang stehen auch die technischen Universitäten und die Bundeswehruniversitäten. Die Universitäten in Deutschland haben an der Hochschulgesamtzahl nur eine kleinen Anteil, dennoch bilden sie traditionell dessen Kern und stellen die Mehrzahl der Professoren und Studierenden. Seit 1970 bestehen in den Bundesländern Hessen und Nordrhein-Westfalen zusätzlich sechs Gesamthochschulen und als Sonderform die Fernuniversität Hagen. Diese sind den Universitäten als wissenschaftliche Hochschulen gleichgestellt.

- **Pädagogische Hochschulen:** Sie zählen zusammen mit den nachfolgend beschriebenen theologischen Hochschulen zu den wissenschaftlichen Spezialhochschulen mit eigenem Promotionsrecht. Diese Spezialhochschulen bilden den Lehrernachwuchs für die Grund-, Haupt- und Mittelschule aus. Von den bundesweit sechs pädagogischen Hochschulen besteht seit 1994 nur noch eine in Baden-Württemberg als selbständige Einrichtung.

- **Theologische Hochschulen:** Dies sind kirchliche oder philosophisch-theologische Hochschulen in ganzer oder teilweiser kirchlicher Trägerschaft. Die bundesweit 16 theologischen Hochschulen bestehen neben den theologischen Fakultäten der Universitäten und besitzen teilweise das Promotions- und Habilitationsrecht.

- **Kunsthochschulen:** Als Hochschule gehören diese nur im weiteren Sinne zu den wissenschaftlichen Hochschulen. In Deutschland existieren 46 staatliche Kunsthochschulen, die sich in Einrichtungen für bildende Künste, Gestaltung, Musik, Schauspiel, Medien und Film gliedern. Diese bereiten auf künstlerische Berufe oder auf Lehrtätigkeiten im jeweiligen Fach vor und werden mit einer hochschuleigenen oder einer staatlichen Prüfung abgeschlossen.

- **Fachhochschulen:** Die staatlichen Fachhochschulen zählen nicht zu den wissenschaftlichen Hochschulen. Vielmehr vermitteln diese anwendungsbezogenes, auf Forschung beruhendes Wissen und Fördern so die Erschließung wissenschaftlicher Erkenntnisse für die Praxis. Forschung betreiben die Fachhochschulen selbst nur insoweit, als dadurch Ihr Ausbildungsauftrag nicht beeinträchtigt wird. Insbesondere in den Fächern Ingenieurwesen, Wirtschaft, Gestaltung, Sozialwesen und Informatik vermitteln sie kürzere und anwendungsbezogene Qualifikationen auf wissenschaftlicher Basis. Die Fachhochschulen besitzen kein Promotions- und Habilitationsrecht.[8]

- **Verwaltungsfachhochschulen:** Als Sonderform der Fachhochschulen bestehen diese seit Ende der siebziger Jahre. Diese bilden Beamte für alle föderalen Ebenen und Behörden im nichttechnischen gehobenen Dienst aus. An den Verwaltungshochschulen kann nur studieren, wer als Nachwuchskraft für den gehobenen öffentlichen Dienst zugelassen ist.

Neben den staatlichen Hochschulen existieren in Deutschland verschiedene private Hochschultypen. So ist beispielsweise die Zahl der nicht in kirchlicher Trägerschaft stehenden nichtstaatlichen Privathochschulen seit Mitte der 80er Jahre stark angestiegen. Diese zeichnen sich durch ein hohes Maß an wissenschaftlicher Spezialisierung und durch in der Regel nur wenige ausgesuchte Studierende aus.

Inzwischen dringen diese Hochschulen immer weiter auch in traditionelle Universitätsdisziplinen wie Medizin oder Wirtschaftswissenschaften vor. Die erste rein privat finanzierte Universität in Deutschland war die Universität Witten/Herdecke, welche 1983 gegründet wurde. Inzwischen existieren 9 weitere private Universitäten. Zu diesen privaten wissenschaftlichen Hochschulen gesellten sich bis 2008 noch bundesweit 62 private Fachhochschulen.

---

[8] Anm: Bisher einmalig in Deutschland wurde am 29. Januar 1998 vom Landtag in Sachsen-Anhalt Fachhochschulen das Promotionsrecht verliehen.

1.2.3 Fokus Hochschulen mit Marktorientierung

Die aufgeführten Hochschultypen lassen sich vor dem Hintergrund der Zielstellung dieser Arbeit der Konzeption und Strategieformulierung zur Public Relations für wissenschaftliche Hochschulen grob in die folgenden Problemfelder untergliedern:[9]

- **Hochschulen mit fester institutioneller Verankerung:** Zu diesen zählen beispielsweise die theologischen Hochschulen der Kirchen, die Verwaltungshochschulen der Länder und die Universitäten der Bundeswehr. Alle gemeinsam beziehen ihre Existenzberechtigung und damit auch ihre Existenzgrundlage allein aus der Gewährsträgerverantwortung der tragenden Institution. Der Bedarf diesen Hochschultypen und der durch diese vermittelten Qualifikationen und Absolventen resultiert aus dem jeweils höheren institutionellen bzw. staatlichen Interesse. Ihre angebotenen Leistungen und die dafür benötigten Ressourcen und Kapazitäten werden mehr oder weniger planwirtschaftlich gesteuert. Dies kann beispielsweise im Rahmen einer behördlich-staatlichen Stellenplanung zur Ermittlung des zukünftigen Beamtenbedarfs im gehobenen Verwaltungsdienst erfolgen. Demnach sind Absolventenzahlen, Qualifikation und Studiendauer vorgegeben. Eine hoheitliche bzw. institutionelle Verankerung lässt die Notwendigkeit zum eigenen ressourcengerichteten Wettbewerb und damit zum Einsatz von Public Relations und Marketing nur gering erscheinen.

- **Hochschulen mit Marktorientierung:** Völlig gegensätzlich zu den institutionell getragenen und damit von diesen Stellen legitimierten Hochschulen sind die staatlichen und privaten Fachhochschulen sowie Universitäten in ihrer Existenz abhängig von einem jeweils konkreten Bedarf an Fachkräften und Qualifikationen. Hieraus ergibt sich eine direkte Korrelation zu der Nachfrage und Differenzierung auf den Absatzmärkten der Wirtschaft und Gesellschaft. Der Hochschulmarkt, bestehend aus dem Arbeits-, Wissens- und Forschungsmarkt, ist in diesem Zusammenhang der wesentliche Steuerungsmodus. Es reguliert die Zulassung von Studierenden, die Bildung neuer Studiengänge, das Aufkommen an Studienan-

[9] Vgl. Escher, H. (2001), S. 25f.

fängern und Absolventen und die Setzung von neuen Studien- und Forschungsschwerpunkten.[10]

2.2 Wettbewerbsformen und Entwicklungen im Hochschulsystem

Unter dem Begriff des Wettbewerbs wird der sanktionierte Leistungsvergleich zwischen zwei oder mehreren Akteuren verstanden, nach vereinbarten Leistungskriterien und Wettbewerbsregeln sowie mit dem Ziel einer erfolgsabhängigen Zuteilung von Sanktionen. Voraussetzung für einen funktionierenden Wettbewerb ist, dass Leistungen vergleichbar sind, Erfolge und Misserfolge in leistungsgerechte Sanktionen überführt werden können und sie den Trägern der Leistung zuordenbar sind. Sanktionen können sowohl materieller als auch immaterieller Art sein. Die marktwirtschaftliche Form des Wettbewerbs, wie er in den meisten Fällen unter dem Begriff subsumiert wird, spielt für staatliche Hochschulen nur eine sekundäre Rolle.[11]

Grundsätzlich ist Hochschulwettbewerb in vielerlei Hinsicht möglich, wobei drei Grundformen genannt werden können:[12]

- **Intrauniversitärer Wettbewerb:** Wettbewerb zwischen Fachbereichen, Instituten, Gruppen oder Personen in einer Hochschule
- **Interuniversitärer Wettbewerb:** Wettbewerb zwischen verschiedenen Hochschulen oder Arten von Hochschulen
- **Außeruniversitärer Wettbewerb:** Wettbewerb von Institutionen der Bildung und Wissenschaft mit anderen staatlichen oder gesellschaftlichen Institutionen

Im deutschen staatlichen Hochschulsystem sind die Voraussetzungen für echten Wettbewerb im obigen Sinne bislang noch kaum gegeben. Hochschulen sind per se keine Wettbewerbsorganisation, zumindest nicht im Sinne der Marktwirtschaft. Sie unterliegen der Verantwortung des Staates, speziell der Bundesländer und sind dabei nach wie vor in ein komplexes Geflecht der staatlichen Reglementierung eingebunden. Wettbewerbsspielräume sind demnach stark eingeschränkt. Dort wo mehr Wettbewerb angemessen erscheint und

10 Vgl. Escher, H. (2001), S. 25
11 Vgl. Escher, H. (2001), S. 29
12 Vgl. Rosigkeit, A. (1994), S. 168ff.

von politischer Seite auch gefordert wird, taucht das Grundproblem auf, dass Hochschulen komplexe Gebilde sind, die in einer Vielzahl teilautonomer Untereinheiten zerfallen. Träger von Leistungen, d. h. die Wettbewerbsträger der Hochschulen sind kaum auszumachen. Einzelne Leistungsbeiträge zum Gesamterfolg der Hochschule sind auf Grund der heterogenen Leistungsspektren, mangelnder Transparenz und der vielfachen Leistungsvernetzungen nur schwer zu isolieren. Objektive oder gar messbare Leistungskriterien sind nur schwer definierbar und sind selten konsensfähig. Sanktionsmöglichkeiten existieren so gut wie keine und wenn, dann kommen sie selten gezielt bei den Leistungsträgern an. Üblicherweise treffen sie die Hochschulen bzw. das Ansehen der Hochschulen als Ganzes. Sieht man Wettbewerb als einen zirkulären Prozess, so muss man für die staatlichen Hochschulen feststellen, dass sich der Kreis selten schließt, da Leistungsträger und Sanktionsbezieher auseinander fallen. Von einem echten, d.h. leistungsregulierenden Wettbewerb kaum daher nur begrenzt die Rede sein. Intrauniversitär kommt Wettbewerb so gut wie nicht zum Tragen, es sei denn durch die inzwischen mancherorts eingeführten indikatorgestützten Leistungsanreizsysteme.[13]

In den staatlichen Hochschulen wird der Wettbewerbsdruck wegen der weithin noch fehlenden persönlichen Sanktionen verständlicherweise bislang noch kaum wahrgenommen. Das Bemühen, Anreiz- und Wettbewerbselemente intern zu verankern, wird den Hochschulleitungen daher bisweilen als „Aktionismus" vorgehalten, einen ansonsten nicht existierenden Wettbewerb nur künstlich zu erzeugen. Vernachlässigt wird dabei der von außen verstärkt auf die einzelnen Hochschulen sowie auf das staatliche Hochschulsystem insgesamt einwirkende Legitimationsdruck durch die Politik und Öffentlichkeit, den die Hochschulleitung bemüht sind, nach innen weiterzuvermitteln. In zwei übergeordneten Dimensionen und auf mehreren Leistungsebenen zeichnet sich verstärkter Wettbewerbsdruck für die Hochschulen ab. Einerseits in ihrem öffentlichen Ansehen, das im schärfer werdenden globalen Forschungs- und Bildungswettbewerb ein immer wichtiger Erfolgsfaktor für die Hochschulen wird. Andererseits in der damit korrespondierenden Sicherung der Ressourcen, vor allem hinsichtlich der schwindenden und heute politisch in Frage gestellten staatlichen Alimentierung sowie der daraus resultierenden notwendigen Komplementärfinanzierung durch Spenden, Sponsoring oder Auftragsforschung.

---

[13] Vgl. Escher, H. (2001), S. 30

In den folgenden Ausführungen werden die verschiedenen Wettbewerbsströmungen und -formen im Hochschulsystem näher beleuchtet. Vom Interesse sind hierbei auch jene bislang nur mehr oder weniger subtilen Wettbewerbstendenzen, die Hochschulen bzw. ihre Leistungen unter Zugzwang setzen, mehr „unternehmerischer" zu handeln und sich auf das Hochschulumfeld einzustellen. Angesprochen sind hierbei Wettbewerbsfelder sowohl im interuniversitären als auch im außeruniversitären Gebiet.

2.2.1 Profilbildung und Imagewettbewerb

Spätestens seit der Publikation der ersten öffentlichen Hochschulrankings in den Medien seit Anfang der Neunzigerjahre sind die Hochschulen dafür sensibilisiert worden, dass es heute nicht mehr hinreicht, nur gute Arbeit in Forschung und Lehre zu leisten. Zunehmend kommt es im Medienzeitalter auch darauf an, die steigenden Leistungen öffentlichkeitswirksam nach innen und außen zu vermarkten, sie bestimmten Ziel- und Anspruchsgruppen verständlich und interessant zu vermitteln.[14] Die damalige Pressesprecherin der Universität Lüneburg äußerte 1991 zu diesem Themenfeld Folgendes: „Universitäten leben von der Gesellschaft und die wiederum will einen erkenn- und erfahrbaren Sinn in ihren Universitäten sehen".[15] Die Hochschulrektorenkonferenz verwies in ihren Empfehlungen zur Öffentlichkeitsarbeit der Hochschulen im Jahr 1995 auf die zentrale Rolle der strategischen Profilbildung für die Hochschulen und ihrer Leistungen im Wettbewerb: „Die Hochschulen bekennen sich dazu, die profilierenden Konturen von Hochschularten und einzelnen Hochschulen zu schärfen und in einen leistungssteigernden Wettbewerb einzutreten."[16]

Demnach, so die Rektorenkonferenz, sei nicht gesagt, dass der Wettbewerb um öffentliche Reputation und um die eigene medienwirksame Selbstprofilierung Selbstzweck sei. „Positive Selbstprofilierung ist stets gekoppelt an tatsächlich vorweisbare Leistungen und kann diese nicht ersetzen."[17] Im Fokus der Betrachtungen steht vielmehr, dass Leistungen der Hochschulen im sich verschärfenden Wettbewerb stärker denn je vermittlungsbedürftig seien und die Akteure gefordert seien, sich diesen öffentlichen Wettbewerbstrends bewusster werden. Auch heute noch erscheint das interne Bewusstsein der Angehörigen der

[14] Vgl. Escher, H. (2001), S. 31
[15] Beyer, C. (1991), S. 3
[16] Hochschulrektorenkonferenz (1995), S. 3
[17] Hochschulrektorenkonferenz (1995), S. 1

Hochschulen dafür, dass man sich auf Märkten der öffentlichen Meinungen und Images befindet und das dies zunehmend zur Existenzfrage auch für die staatlichen Hochschulen und für die eigentliche wissenschaftliche Ressourcenbasis wird, eher noch unausgeprägt.[18] Eine Vielzahl von Hochschulen, insbesondere angesichts der dürftigen Ausstattung vieler Hochschulepressestellen, verkennt offenbar nach wie vor die intensive und existenzielle Bedeutung von strategischer Wettbewerbskommunikation.[19]

2.2.1.1 Wettbewerb um Forschungsreputation

Aus ihrer Tradition heraus ist der Wettbewerb um wissenschaftliche Reputation durch Forschungsleistungen für die Wissenschaftshochschulen von herausragender Bedeutung. Dies zählt zu ihrem institutionellen Selbstverständnis. Die Wissenschaftshochschulen stehen der Gesellschaft gegenüber in der Pflicht als Impulsgeber für den kulturellen und technologischen Fortschritt. Diese befinden sich hierbei zwangsläufig mit anderen gesellschaftlichen Kräften (Politik, Medien, Unternehmen) und mit anderen Forschungsanbietern im Austausch und Wettbewerb. Der Wettbewerb in der Forschung, die den wissenschaftlichen Hochschulen als einer ihrer Hauptzwecke ihre besondere Positionierung verleiht und diese von anderen Hochschulen unterscheidet, lässt sich in drei Ebenen differenzieren:[20]

- **Grundlagenforschung:** Sie generiert wissenschaftliche Grundlagenkenntnisse um ihrer selbst Willen bzw. mit einer nur unbestimmten Verwertungsperspektive. Im geistigen-idealistischen Sinne meint Grundlagenforschung an der Hochschule die Schöpfung von Erkenntnis, Wahrheit und Tugend zum Zwecke der Bildung des individuellen Intellekts. Ihr Selbstzweck ist es, „in den Sphären des Lebens eine geordnete Erkenntnis der Wahrheit anzustreben".[21] Das hierauf basierende Recht der Autonomie der Wissenschaften meint die prinzipielle Freiheit von Verwertungsansprüchen und äußeren profanen Zwecken. Dennoch befindet und befand sich auch die Grundlagenforschung der Hochschulen niemals nur im abgeschotteten „Elfenbeinturm", stets wurde und wird sie an der Relevanz und Plausibilität ihrer Forschungsinteressen und -ziele gemessen. Diese steht im Prüfblick einer mehr

[18] Vgl. Escher, H. (2001), S. 31
[19] Vgl. Bühler, H./ Naderer, G./ Koch, R./ Schuster, C. (2007), S. 2; Seeling, S. (1998), S. 12
[20] Vgl. Escher, H. (2001), S. 32ff.
[21] Schelsky, H. (1971), S. 14

oder weniger breiten Fachöffentlichkeit, von Wissenschaftsfunktionären und Politikern, ebenso im Wettbewerb mit konkurrierenden Forschungsinteressen und -institutionen, gerade wenn es um Forschungsfördermittel geht.[22] Hauptimpulsgeber für den Wettbewerb in der Grundlagenforschung ist in Deutschland die Deutsche Forschungsgemeinschaft. Diese vergibt nach eingehenden Gutachten durch unabhängige und vereidigte Sachverständige Fördermittel nur an solche Forschungsprojekte, die wissenschaftlich als Erfolgversprechend bewertet werden. Die Mittel werden durch den Bund, die Länder, den Stifterverband für die Deutsche Wirtschaft und andere aufgebracht. Diese haben einen erheblichen Anteil an der Gesamtfinanzierung der wissenschaftlichen Hochschulen. Die Projekte, die bei der Deutschen Forschungsgemeinschaft auf dem Prüfstand und dabei im Wettbewerb stehen, sind auf der Ebene der Hochschule vor allem die Sonderforschungsbereiche. Jene tragen zur Hochschulprofilierung durch Bildung von fachlichen, oft multidisziplinären Forschungsschwerpunkten bei. Neben der Deutschen Forschungsgemeinschaft gehören auch zahlreiche Stiftungen, Ministerien von Bund und Ländern sowie die EU-Kommission zu den Wettbewerbsförderern der Grundlagenforschung.

- **Problemorientierte Forschung:** Diese befasst sich mit ausgewählten komplexen Problemfeldern im Rahmen von zumeist interdisziplinären Forschungsprojekten. Dies kann beispielsweise zu gesellschaftlichen Grundfragen der Armutsentwicklung oder zum volkswirtschaftlichen Phänomen der Inflation erfolgen. In derartigen Feldern leistet die problemorientierte Forschung einen Beitrag zur Aufdeckung und Aufhellung von schwierigen und alltäglichen Problemen der Zeit und stellt eine Zwischenform zwischen der Grundlagen- und der anwendungsorientierten Forschung dar. Nicht selten befindet sich diese im Konflikt und Wettbewerb mit anderen Erklärungsmächten bzw. Institutionen, sei es der Politik, Ideologie, religiöse oder andere weltanschauliche Mächte. Gerade mit der problemorientierten Forschung im Rahmen von multidisziplinären Projekten wie z. B. zu Alternativen Verkehrssystemen haben die Hochschulen und ihren Wert für die Gesellschaft öffentlich darzustellen.

---

[22] Vgl. Fritz, W. (1996), S. 75

- **Anwendungsorientierte Forschung:** Zielt auf die konkreten Probleme, d. h. auf die Entwicklung und auf den Einsatz von praktischen Lösungsverfahren und Technologien ab. Zu differenzieren sind anwendungsorientierte Forschungsleistung, die die Hochschulen beispielsweise durch empirische Lehrveranstaltungen oder durch Forschungsarbeiten von sich aus erbringen sowie die so genannte Auftragsforschung durch die Wirtschaft. Beide haben großen Anteil an der Forschungstätigkeit der Hochschulen. Insbesondere letztere ist ein bedeutender Faktor in der Drittmittelfinanzierung. Ohne diese würde die Forschung und damit eng verbundene Ausbildung des akademischen Nachwuchses wahrscheinlich in vielen Hochschulinstituten zum Erliegen kommen. Gerade die Auftragsforschung ist mehrfach wettbewerbslastig. So konkurrieren Fachinstitute verschiedener Universitäten um Aufträge und Forschungskooperationen mit der Wirtschaft, ebenso die anwendungsnah forschenden Fachhochschulen und die zum Teil ebenfalls forschenden Privathochschulen. Mitbewerber sind zudem die Großkonzerne selbst, und zwar durch ihre eigenen Forschungs- und Entwicklungsabteilungen. Mit der wachsenden Bedeutung der Drittmittelforschung für die Hochschulfinanzierung haben seit Mitte der 80iger Jahre viele Hochschulen mit dem Aufbau von Wissens- und Technologietransferstellen begonnen. Diese sind insbesondere Instrumente des Hochschulmarketing und sollen den Absatz verwertbarer Forschungsprodukte und wissenschaftliche Dienstleistungen befördern. Gradmesser für den Wettbewerb bei der Anwendung in der Forschung sind ferner auch die Patentanmeldungen der Hochschulen und deren Verwertung durch die Wirtschaft. Auch der Staat bestätigt sich im geringen Umfang als Wettbewerbsmotor bei Anwendungen in der Forschung. In Einzelfällen stellen die Bundesländer zusätzliche Forschungsmittel über die Grundmittel hinaus bereit, die dann nach Wettbewerbskriterien vergeben werden.[23]

Wirksam sind neben den monetären und materiellen Wettbewerbsanreizen auch ideelle Sanktionsmechanismen, vor allem das oft übersehbare natürliche Ethos des Wissenschaftlers und Forschers. Insbesondere die Motivation, vor den Mitbewerbern der Scientific Community am Forschungsziel zu sein. Zusätzliche Anreize erfährt der Ehrgeiz des Forschers durch Formen der öffentlichen Auszeichnung und Anerkennung. In

[23] Vgl. Rosigkeit, A. (1994), S. 180

Deutschland sind Würdigungen für herausragende Forschungsleistungen im Vergleich zu anderen Wissenschaftsnationen, vor allem der USA, nicht so verbreitet. Und dies, obwohl auch hier der Einfluss und die Anziehungskraft einer Hochschule bzw. ihrer Forschungseinrichtungen für Studieninteressenten, Dozenten, Sponsoren oder für Kooperationspartner aus der Wirtschaft eher steigt, wenn diese ausgezeichnete Wissenschaftler hervorgebracht hat.

2.2.1.2 Wettbewerb um qualifizierte Lehre und Studium

Während der Wettbewerb in der Forschung relativ ausgeprägt ist und als strategischer Erfolgs- und Finanzierungsfaktor kaum bestritten wird, tun sich Hochschulen immer noch schwer, ihre Leistungen in der Lehre und Studienleistungen im gleichen Sinne als wettbewerbsrelevant anzusehen und damit zu werben. Entwicklungen in jüngster Zeit deuten jedoch darauf hin, dass sich bei den Hochschul- und Fachbereichsleistungen ein Bewusstsein aufbaut, dass sich auch die Leistungen in der Lehre in der öffentlichen Wertschöpfungsbilanz der Hochschulen niederschlagen und deshalb als strategischer Erfolgsfaktor zur Sicherungen der eigenen Existenzbasis langfristig eine bedeutende Rolle einnehmen wird. Verschiedenste Ansätze zu mehr Wettbewerb mehren sich auch hier, die teils auf echtem und teils auf künstlichem Wettbewerb basieren. Einen Impuls zu mehr Wettbewerb in der Hochschule löste das erste Ranking des Spiegels im Frühjahr 1990 aus. In dieser Veröffentlichung wurden die Ergebnisse einer umfassenden Meinungsumfrage abgedruckt, die das Magazin unter den Studierenden der damaligen westdeutschen Bundesländern vom Emnid-Institut hatte durchführen lassen. Die Wirkung dieser Studie war gewaltig. Tageszeitungen brachten mehr oder weniger ausführliche Berichte, zahlreiche Rundfunk- und Fernsehanstalten sendeten Interviews und Kommentare, die Landtage debattierten über das Thema und die Hochschulen sahen sich zu öffentlichen Stellungsnahmen herausgefordert.[24]

Nach dem Spiegel veröffentlichten zahlreiche weitere Zeitschriften der Publikumspresse in regelmäßigen Abständen Rankings. Die bereits in den 80iger Jahren aufkommende Diskussion um die Evaluation der Lehre wurde somit neu belebt. [25] Als Vorbild galt das damalige Hochschulsystem der Niederlande, das seit Mitte der 80iger Jahre ergänzend zur

---

[24] Vgl. Neidhardt, F. (1991), S. 289
[25] Vgl. Escher, H. (2001), S. 35

Straffung seiner Studiengänge ein universitätsübergreifendes Beurteilungssystem mit interner und externer Evaluation der Lehr- und Studienqualität eingeführt hatte. Ein Netzwerk aus hochschulübergreifenden fächerkompetenten Gutachterkommissionen beurteilt in Abständen die niederländischen Hochschulen auf Basis der vereinbarten „Performance Indicators".[26]

Durch diese Evaluationen gerieten die Hochschulen verstärkt unter einen Rechtfertigungs- und Handlungsdruck, der wiederum eine Vielzahl von Aktivitäten der Bildungsinstitutionen nach sich zog. An vielen Hochschulen werden und wurden Modelle zur Selbstevaluation und der studentischen Veranstaltungskritik erprobt, Pilotprojekte zu besserem Service für die Studierenden gestartet und Anläufe unternommen, um kürzere, straffere und bedarfsgerechtere Studiengänge und Studienabschlüsse einzuführen. Hierbei sehen sich die Hochschulen gefordert, ihre Maßnahmen öffentlich zu vermitteln.[27]

Auftrieb erhält weiterhin die Diskussion um die Wettbewerbsfähigkeit des deutschen Hochschulsystems durch die Gründung von neuen, studiengebührfinanzierten internationalen „elitären" Hochschulen. Beispiele sind die International University Bremen oder auch das Northern Institute of Technology der TU Hamburg-Harburg. Die staatlichen Hochschulen werden dadurch gefordert, ihre eigenen Studienangebote stärker auf die internationalen Bildungsmärkte auszurichten. Im Jahre 1998 bereits kündigte der Vorsitzende der Hochschulrektorenkonferenz Landfried im Rahmen eines Forums vor internationalen Wirtschaftsvertretern eine Initiative zur Qualitätssicherung in der Lehre an, dass Lehrinhalte und -formen stärker als bisher an internationalen Standards und Bedürfnissen orientiert werden sollten. Der Wettbewerb in und zwischen den Hochschulen sollte verstärkt und Leistungsanreize zu mehr Qualität in der Lehre geschaffen werden: „Hochschulen müssen sich mehr wie Unternehmen verhalten lernen, um rascher auf Nachfrageveränderungen in der Lehre reagieren zu können."[28]

Ebenfalls hinsichtlich der wissenschaftlichen Weiterbildung haben sich für die Hochschulen in den vergangenen Jahren neue relevante Wettbewerbsherausforderungen ergeben. An den meisten Hochschulen sind Koordinations- und Vermittlungsstellen für

---

26 Vgl. Richter, R. (1991), S. 348ff.
27 Vgl. Escher, H. (2001), S. 36
28 Hochschulrektorenkonferenz-Pressemitteilung vom 26.10.98

wissenschaftliche Weiterbildungsangebote entstanden. Angesichts der sich heute verkürzenden Verfallsfristen von beruflichem Fachwissen sehen sich die Hochschulen gefordert, lebenslanges Lernen anzubieten. Anstatt langjähriger fixer Studiengänge mit einmaligen Abschlüssen fordert der Arbeitsmarkt berufsbegleitende, lebenslange und bedarfsgerechte Bildungsangebote. Die Fachdisziplinen müssen sich zukünftig stärker, auch mit einer wachsenden Zahl spezialisierter Bieldungsanbieter, daran messen, wie gut sie diesen Anspruch einlösen.[29]

2.2.1.3 Wettbewerbsfaktor Hochschulmodernität

Einen weiteren Wettbewerbsfaktor, der inzwischen gehobenen Stellenwert in der öffentlichen und politischen Aufmerksamkeit genießt, ist der Reformwille der Hochschulen, ihre Bereitschaft und Fähigkeit, sich aus ihren bürokratischen Organisationsstrukturen und Verhaltensmustern zu lösen. In der politischen Diskussion wird hierbei regelmäßig von einem weiteren Zurückfallen des deutschen Hochschulsystems im globalen Wettbewerb gewarnt. Insbesondere der Vorwurf der Unbeweglichkeit, Unzeitmäßigkeit und Ineffektivität hält sich hartnäckig. Das öffentliche Bedauern um die maroden und vom Staat vernachlässigten höheren Bildungsstätten mischt sich allerdings mit dem Hinweis, die Hochschulen müssten sich auch selbst um ihre Binnenmodernisierung bemühen. Insbesondere bürokratische Wasserköpfe müssen abgebaut werden, aktuelle und bedarfsgerechte Bildungsangebote offeriert und anstelle der „Elfenturmmentalität“ Leistungs- und Dienstleistungsbewusstsein in den Hochschulen implementiert werden.[30] Bei dieser Diskussion stehen die Universitäten als „Dinosaurier der Bildungslandschaft“ in der öffentlichen Kritik.[31]

Umso auffälliger ist das Spektrum an Reformaktivitäten und -modellen, die die Hochschulen in den vergangenen Jahren ergriffen haben um zukunftsfähig zu bleiben. Auch wenn die Hochschulen die laufende Selbsterneuerung als selbstverständliche, sogar gesetzliche Pflicht obliegt, setzte doch gerade Mitte der 90iger Jahre ein bemerkenswerter Boom der Hochschulmodernisierung in Deutschland ein, der auch zunehmend institutionelle Formen annimmt. Beispielsweise gründete die Hochschulrektorenkonferenz gemeinsam

---

[29] Vgl. Escher, H. (2001), S. 37
[30] Vgl. Glotz, P. (1996); Daxner, M. (1996)
[31] Vgl. Westerfeldt, I. (1999)

mit der Bertelsmann-Stiftung das Zentrum für Hochschulentwicklung in Gütersloh. Dieses zielt in seiner Förderpolitik von Hochschulreformprojekten auf mehr Eigeninitiative und mehr Wettbewerb ab. Mit den Förderprogrammen und den damit verbundenen finanziellen Mitteln erhält die Modernisierung der Hochschulen neue, auch unmittelbar finanzielle Wettbewerbsanreize.[32]

Modernität scheint heute demnach ein wichtiger Erfolgsfaktor im Hochschulwettbewerb zu sein. Durch flexiblere Strukturen sind die Hochschulen gefordert, sich auf wechselnde Bedarfe und Bedingungen einzustellen. Politik, Wirtschaft und Öffentlichkeit sind offenbar dafür sensibilisiert worden, ob und wie gut die Hochschulen bereit sind und über die Fähigkeit verfügen, neue veränderte Herausforderungen anzunehmen und mit den globalen Innovationsdynamiken Schritt zu halten.[33]

2.2.2 Ressourcenwettbewerb

Dreh und Angelpunkt aller Wettbewerbsformen und -entwicklungen im staatlichen Hochschulsystem ist in letzter Konsequenz die nachhaltige Sicherung der Hochschulressourcen in den verschiedenen relevanten Dimensionen.

2.2.2.1 Wettbewerb um qualifiziertes Personal

Wie auch andere Dienstleistungsorganisationen stehen auch die Hochschulen im Wettbewerb um qualifiziertes Personal. Besonders in strukturschwachen Gebieten oder in den klassischen Universitätsstädten nimmt die Hochschule traditionell eine dominante Stellung als Arbeitgeber für die Region ein. Heute scheint sich diese starke Stellung durch den anhaltenden Stellenabbau und auf Grund der vergleichsweise geringen Attraktivität der Beschäftigung im öffentlichen Dienst immer mehr aufzuweichen. Demzufolge geraten die Hochschulen zusehends ins Hintertreffen, wenn es um die Verpflichtung von qualifizierten Mitarbeitern geht. Der Wettbewerb um Personal spielt sich auf der Ebene der Rekrutierung, Fort- und Weiterqualifizierung sowie der Leistungsmotivation ab.[34]

---

[32] Vgl. Escher, H. (2001), S. 38
[33] Vgl. Escher, H. (2001), S. 39
[34] Vgl. Escher, H. (2001), S. 39

Dieser Wettbewerb um Personal umfasst alle Statusgruppen der Hochschule wie Professoren, wissenschaftliche Mitarbeiter, Mitarbeiter des technischen und administrativen Dienstes sowie die Studierenden. Dieser Personalwettbewerb an den Hochschulen beginnt bereits bei der Auswahl der besten Studienbewerber.

Als Leidtragende des durch fehlende Sanktionen verzerrten Wettbewerbs im Hochschulpersonalwesen gilt hauptsächlich der wissenschaftliche Nachwuchs. Der Anreiz, eine Hochschullehrerlaufbahn einzuschlagen ist unter den heutigen Bedingungen erheblich reduziert. Die Aussicht auf eine Professorenstelle in der Zukunft ist vor dem Hintergrund der anhaltenden rezessiven Personalhaushalte nur gering. Zudem existiert in einigen Fachbereichen wie den Wirtschaftswissenschaften, Informatik und Ingenieurwissenschaften das Problem, dass Absolventen von der Privatwirtschaft mit vielversprechenden Anfangsgehältern abgeworben werden, was dann dazu führt, dass gerade die Eliten als wissenschaftlicher Nachwuchs verloren gehen.

Negative Folgen hat die Verzerrung des Wettbewerbs ebenfalls für die Berufung von Hochschullehrern. Einerseits fordert die Politik unter Bezug auf den globalen Bildungswettbewerb von den staatlichen Hochschulen mehr Leistungsorientierung bei ihren wissenschaftlichen Leistungsträgern. Auf der anderen Seite sind bei den Hochschulen durch staatliche Einschränkungen die Sanktionsspielräume weithin genommen. Das Berufungsverfahren von Professoren wäre im Prinzip ein hervorragendes Instrument, um Differenzierung und Qualitätswettbewerb zu fördern. Angesichts der Tatsache, dass die Hochschullehrer in Deutschland nach wie vor Beamte oder Angestellte des Bundeslandes sind, haben die Hochschulen nur indirekten Einfluss auf die Besoldung. Somit bleibt ihnen momentan ein wichtiges Wettbewerbsinstrument versagt. Zudem ist die Möglichkeit, hervorragenden Wissenschaftlern besonders attraktive Arbeitsbedingungen zu bieten, durch die Vorschriften in den Hochschulgesetzen des Bundes und der Länder noch eingeschränkt.[35]

Als eine zentrale Herausforderung lässt sich im Hochschulwettbewerb um Personal unter den heutigen Rahmenbedingungen der anonymen Massenuniversitäten und Fachhochschulen die Motivation und Identifikation der Hochschulangehörigen identifizieren. An

---

[35] Vgl. Escher, H. (2001), S. 40

mehreren Fronten kämpfen heute die großen Hochschulen um die Wahrnehmung und Identifikation als korporative Einheiten im Bewusstsein ihrer Anspruchsgruppen. So hat die Aufspaltung der vielen Aufgaben der Hochschulen als Folge einer wachsenden Komplexität und Globalität der Gesellschaft den korporativen Zusammenhang der Hochschulen in den letzten Jahrzehnten einem wachsenden Spannungsdruck ausgesetzt. Das enorme Wachstum, die Spezialisierung und Ausdifferenzierung der Wissenschaften hat die Hochschulen zu unüberschaubaren Großbetrieben werden lassen. Folge ist eine zunehmende Anonymität und Isolation der Anspruchsgruppen. Oftmals steht die Hochschule im Identifikationswettbewerb mit sich selbst, mit ihren eigenen Fachbereichen und Instituten, die für die Angehörigen zumeist den eigentlichen Fixpunkt ihres Hochschuldaseins bilden.[36]

Letztendlich stehen die Hochschulen, wie auch andere Organisationen und Institutionen unserer Zeit, auch im Wettbewerb mit einer rapide wachsenden Zahl konkurrierender Lebenswelten. Die Hochschule steht heute längst nicht mehr im Fokus des Lebens eines Studierenden oder Wissenschaftlers. Die allgemeine Auflösung sowie die Dynamik der biographischen Muster, das ständig wachsende Angebot an alternativen Lebensentwürfen und Sinnangeboten führen dazu, dass die Bildungswirkungen einzelner Institutionen abnehmen. Man lebt heute nicht mehr in nur einer Welt, sondern ist gleichzeitig in vielen Welten zuhause. Studierende sind heute eher als Durchreisende einer Hochschule zu sehen. Diese haben ihre Prägungen in vielfacher Weise von außerhalb der Hochschule erhalten, sind zugleich Eltern, Berufstätige und Studierende in einer Person und nehmen die Bildungsangebote der Hochschulen oftmals nur noch sehr selektiv wahr. Der Vollzeitstudent wird mehr und mehr zur Ausnahmeerscheinung. Schlussendlich schwindet das Zugehörigkeitsgefühl des Einzelnen auf allen Ebenen.[37]

2.2.2.2 Wettbewerb um Finanz- und Sachmittel

Im Mittelpunkt aller sämtlicher Wettbewerbstendenzen steht unter den heutigen Vorzeichen von mehr Ökonomie und Entstaatlichung der Hochschulen die Finanzierung dieser Einrichtungen. Die Ursache für den sich verstärkenden Wettbewerb um die Finanzmittel liegt in der schwindenden Grundalimentierung der Hochschulen durch den Staat.

---

[36] Vgl. Escher, H. (2001), S. 40f.
[37] Vgl. Escher, H. (2001), S. 42

Auch ein Blick in die Zukunft verspricht in der nächsten Zeit keine nennenswerten neuen Finanzspielräume für die Hochschulen. Vielmehr wird die angekündigte konsequente Kritik aller hoheitlichen Aufgaben und Ausgaben wohl dazu führen, dass sich die Hochschulen noch stärker im politischen Verteilungswettbewerb mit anderen Staatsaufgaben und Ressorts wiederfinden werden. Demnach stehen Privilegien wie der Beamtenstand der Professoren, die leistungsunabhängige Grundalimentierung sowie die staatliche Trägerschaft folglich einmal mehr zur Disposition. Erschwerend kommt hinzu, dass die Hochschuldichte in Deutschland insgesamt stark zugenommen hat, so dass sich immer mehr Institutionen das schwindende Staatsbudget in Bund und Ländern teilen müssen.

Betrachtet man sämtliche Rahmenbedingungen und Entwicklungstendenzen, so dürfte in den nächsten Jahren auch der öffentliche Rechtfertigungsdruck für das staatliche Hochschulsystem steigen. Gerade den politischen Institutionen und der Öffentlichkeit gegenüber stehen die Hochschulen heute stärker in der Pflicht zur laufenden Rechenschaft über den wirtschaftlichen Umgang mit Steuergeldern. Aus folgenden Gründen werden die Hochschulen ihr Engagement um anteilige Selbstfinanzierung durch Fundraising noch verstärken müssen:

- Als öffentlich-rechtliche Körperschaften stehen die Hochschulen per se in einer gewissen Distanz zum Staat, die sich resultierend der fortschreitenden Dezentralisierung, Autonomie und Privatisierung in Bund und Ländern noch ausbauen dürfte, so dass ihr Anspruch auf staatliche Alimentierung eher schwinden als steigen dürfte.
- Auf Grund der anhaltenden und sich weiter abzeichnenden öffentlichen Finanznöte müssen sich die Institutionen stärker in der Öffentlichkeit und in der Politik ihrer verbleibenden staatlichen Zuwendungen versichern, d. h. sich ihrer würdig erweisen, indem diese das ihnen Mögliche und Zumutbare beitragen, um auch durch Eigeninitiative gewisse Einnahmen zu erlangen.
- Die Haushaltslücken der Hochschulen, resultierend aus weiter sinkenden oder stagnierenden staatlichen Etats und den ebenfalls weiter steigenden Ausgaben, können diese nur durch eigenes Fundraising schließen.

All dies führt die Hochschulen immer tiefer in den Ressourcenwettbewerb. Einerseits in einem Wettbewerb um Spender und Sponsoren, was vor allem die Public Relations als

Instrument des Fundraising anspricht. Andererseits führt es die Institutionen in echten Marktwettbewerb um den Absatz von wissenschaftlichen Leistungen und anderen Hochschulangeboten wie beispielsweise Forschungs- und Technologietransfers, Patentverkäufe, wissenschaftliche Dienstleistungen, Gutachten, Angebote zur wissenschaftlichen Weiterqualifizierung oder der Akquisition um Forschungsauftragsmitteln.[38]

[38] Vgl. Escher, H. (2001), S. 42f.

3 Bedeutung und Rahmenbedingungen von Public Relations für Hochschulen

Die Wettbewerbssituation auf dem Bildungsmarkt hat sich in den letzten Jahren auf nationaler und internationaler Ebene deutlich verschärft. Innerhalb Deutschlands sind die Hochschulen heute einem Konkurrenzkampf um Sach- und Personalmittel, Forschungsförderung, wissenschaftliche Reputation und öffentliche Anerkennung ausgesetzt, der vor einigen Jahren in dieser Form noch undenkbar war.[39]

Auf internationaler Ebene trägt zum einen der Angleichungsprozess zur Schaffung eines europäischen Hochschulraumes durch die Einführung von Bachelor- und Masterabschlüssen seinen Teil zur Intensivierung des Wettbewerbes zwischen den Hochschulen bei. Andererseits erfordert die intensive internationale Zusammenarbeit in Forschung und Lehre, die unter anderem auch mit verschiedenen Austausch- und Mobilitätsprogrammen unterstützt wird, eine präzise Profilierung der einzelnen Hochschulen. Zudem erhöht außerhalb des Hochschulbereichs der Wettbewerb von Bildungseinrichtungen mit anderen staatlichen, gesellschaftlichen und verstärkt auch privaten Institutionen um die Ressourcen des Staates den Legitimationsdruck auf die Hochschulen.[40]

Die Entwicklungen fordern die Hochschulen und insbesondere ihre Kommunikation nach innen und außen in einem ganz neuen Ausmaß. Demnach müssen sich Hochschulen in einem komplexen System von Austauschbeziehungen[41] mit eigenen Identitäten entwickeln und sich als unverkennbare Bildungsinstitutionen mit eigenen prägnanten Profilen in der Öffentlichkeit präsentieren. Im kommunikativen Netzwerk gewinnt hierbei vor allem die Public Relations an Bedeutung und hat zunehmend vielfältige Aufgaben zu erfüllen.[42]

Zu Beginn der Untersuchung steht die Frage, warum eine Hochschule überhaupt in der heutigen Zeit Public Relations betreiben sollte. Betrachtet man die Entwicklungen und Rahmenbedingungen, welche die Notwendigkeit und Rahmenbedingungen der Öffent-

---

[39] Vgl. Bühler, H./ Naderer, G./ Koch, R./ Schuster, C. (2007), S. 1
[40] Vgl. Trogele, U. (1995), S. 68
[41] Vgl. Nietiedt, T. (1996), S. 49
[42] Vgl. Bühler, H./ Naderer, G./ Koch, R./ Schuster, C. (2007), S. 2

lichkeitsarbeit für Hochschulen verdeutlichen, so lassen sich folgende übergeordnete Bereiche identifizieren:

- Neue Informations- und Kommunikationstechnologien sowie die Medienvielfalt gewinnen zunehmend an Bedeutung und Beeinflussen die Entwicklung des Hochschulsektors,
- Wertewandel und Trends in der Gesellschaft fordern von den Hochschulen einen Beitrag zur Bewältigung vielfältiger Herausforderungen,
- bestimmte Rechtsvorschriften nehmen Einfluss auf die Hochschulstruktur und engt den Rahmen für die PR-Arbeit ein,
- neben vielen externen Faktoren bestimmen hochschulinterne Sachverhalte die Position mit, die eine Hochschule in ihrem Wettbewerbsumfeld und in der Öffentlichkeit einnimmt.

Die folgenden Ausführungen befassen sich mit diesen für die RP-Arbeit der Hochschulen wichtigen Rahmenbedingungen. Hierbei soll im Folgenden der Versuch unternommen werden, diese Rahmenbedingungen im Einzelnen zu analysieren. In diesem Zusammenhang werden auch die Notwendigkeit, die Bedeutung und die Chancen der Öffentlichkeitsarbeit für Hochschulen aufgezeigt. Die Interpretation dieser Entwicklungen und deren Einbeziehung in die Konzeption der Public Relations stellen einen wesentlichen Erfolgsfaktor für effiziente Öffentlichkeitsarbeit im Hochschulsektor dar. Hierbei kann jedoch kein umfassender Katalog sämtlicher Rahmenbedingungen und Herausforderungen erarbeitet werden, sondern es sollen lediglich die für Public Relations besonders im Fokus stehenden Entwicklungen und Faktoren im Hochschulumfeld und auch innerhalb der Hochschulen diskutiert werden.

3.1 Public Relations in der Medien- und Informationsgesellschaft

Bei der Betrachtung der Medien- und Informationsgesellschaft ist festzustellen, dass die Kommunikation in den letzten Jahrzehnten deutlich an Bedeutung und Einfluss gewonnen hat. Insbesondere seit den neunziger Jahren bewirken die neuen und immer weiterentwickelten vernetzten elektronischen Informations- und Kommunikationstechnologien sowie die dynamische Entwicklung der Medienmärkte strukturelle Veränderungen in fast allen Bereichen der Gesellschaft. Die Menschen sind in der Folge dieser Entwicklung heute in Deutschland einer sehr hohen Informationsflut ausgesetzt. Die Information stellt einen wichtigen Wettbewerbsfaktor dar, die auch maßgeblich den Erfolg der Organisation am Markt beeinflusst. Damit erhält diese einen wachsenden und neuen Stellenwert und gewinnt auch für das Hochschulwesen eine herausragende Bedeutung.

Die Entwicklung zur Medien- und Informationsgesellschaft trägt dazu bei und erfordert, dass Hochschulen sich den Veränderungsprozessen auf den Medienmärkten ergebenden Risiken und Chancen stellen müssen, um wettbewerbsfähig zu bleiben und Wettbewerbsvorteile zu erlangen. Im Rahmen der Hochschulkommunikation ergeben sich hier vielfältige Aufgaben für die Öffentlichkeitsarbeit.

3.1.1 Zur Bedeutung und Funktion der Medien

In der heutigen Gesellschaft wird der weitaus größte Teil der von der Bevölkerung aufgenommenen und verarbeiteten Informationen über Medien vermittelt. Der Begriff der Medien wird in der Literatur auf unterschiedlichste Weise definiert. Medien bedeuten soviel wie Mittel, Vermittler oder Träger eines physikalischen Vorganges. Grundlegend auf den folgenden Ausführungen, werden Medien im Kommunikationsprozess als Transportmittel verstanden, durch die eine Botschaft vom Kommunikator zum Rezipienten übermittelt wird. Medien können jedoch auch als Infrastruktur verstanden werden, denn diese bilden das System, welches Öffentlichkeit herstellt, Informationen vermittelt und ausbreitet.[43]

Medien lassen in zwei Gruppen differenzieren: den Massenmedien und den individuellen Medien. Die individuellen Medien wenden sich an einzelne Personen oder kleinere Gruppen. Hierzu zählen beispielsweise persönliche Gespräche, Vorträge, Diskussionen, Telefongespräche und Briefe. Im Gegensatz dazu sind die Massenmedien durch eine massenhafte Vervielfältigung und die Adressierung an eine mehr oder minder weitreichende Öffentlichkeit charakterisiert.[44] Bei den Massenmedien besteht die Möglichkeit der Differenzierung in die klassischen Medien wie Zeitungen, Zeitschriften, Hörfunk, Fernsehen, Videotext und Telefax und das Internet. In den meisten Fällen steht der Rezipient

---

[43] Vgl. Dyllick, T. (1992), S. 64

[44] Vgl. Sühling, V. (1996), S. 9; Jarass, H.D. (1978), S. 31f.

gleichzeitig unter dem Einflüssen durch individuelle Medien und durch Massenmedien, welche wiederum auch in Konflikt und Konkurrenz zueinander geraten können.[45]

Eine Vielzahl von Autoren sieht in der Vermittlung von Informationen die Grundfunktion der Medien.[46] Hinsichtlich der Informationsverbreitung erfolgen eine Komplexitätsreduktion und eine Darstellung der Sachverhalte. Jedoch werden diese Ausgaben oftmals bereits von der Öffentlichkeitsarbeit geleistet. Über die Funktion der Informationsvermittlung hinaus weist diese eine Funktion auf, die sich in der Herstellung spezifischer Öffentlichkeiten niederschlägt.[47] Demzufolge ist die Funktion der Medien in der Zuteilung der Publizität zu sehen, indem Sachverhalte zur Sprache gebracht und damit Öffentlichkeit für diese geschaffen wird. Die Medien überwinden hierbei die zeitlichen, räumlichen und oftmals auch die finanziellen Beschränkungen der Teilnahme.[48] Die Herstellung der Öffentlichkeit bedeutet aber nicht nur die Umsetzung von Informationen und Themen in Auflage und Reichweite, sondern vor allem auch ihre Strukturierung. Genauer gesagt können Medien in ihrer Berichterstattung einzelne Sachverhalte in den Vorder- oder Hintergrund rücken und die Thematik in unterschiedliche Zusammenhänge stellen.[49] Die zu vermittelnden Informationen werden dadurch für die Öffentlichkeit in bestimmter Weise strukturiert. Zudem ist als zusätzliche Funktion der Medien die Beeinflussung von Einstellungen und Meinungen zu nennen.[50] In diesem Zusammenhang stellt sich jedoch die Frage, inwieweit die Medien überhaupt die Fähigkeit besitzen, Einstellungen und Meinungen zu verändern.

In diesem Kontext ist die Agenda-Setting-Funktion der Medien zu nennen.[51] Hierunter ist die Thematisierung und Prioritätensetzung von Themen zu verstehen. Insbesondere basiert sie auf dem Ansatz, dass es hauptsächlich die Massenmedien sind, aus denen die Gesellschaft die Tagesordnung der öffentlichen Diskussion bezieht.[52] Folglich entscheidet das Mediensystem mehr oder weniger über die Zulassung von Anliegen zur öffentlichen Diskussion und bestimmt, mit welchen Themen sich die öffentliche Meinung befasst. Die Medien als gewinnorientierte Unternehmen sind bei der Wahl der Themen auf jene

---

45 Vgl. Sühling, V. (1996), S. 9
46 Vgl. Kroeber-Riel, W. (1992), S. 607; Avenarius, H. (1995), S. 100
47 Vgl. Ronneberger, F. (1978), S. 116ff.; Dyllick, T. (1992), S. 75f.
48 Vgl. Scherer, H. (1995), S. 64
49 Vgl. Beger, R./ Gärtner, H.-D./ Mathes, R. (1989), S. 207
50 Vgl. Kroeber-Riel, W. (1992), S. 595
51 Vgl. Brosius, H.-B. (1994), S. 269ff.; Ehlers, R. (1983), S. 167ff.
52 Vgl. Schönbach, K. (1992), S. 325

fokussiert, die ein jeweils möglichst hohes Leser- oder Publikumsinteresse versprechen. Themen mit weniger Attraktivität treten in den Hintergrund oder werden vernachlässigt.[53]

Demzufolge kann festgestellt werden, dass die Medien für Hochschulen, die im Blickpunkt des öffentlichen Interesses stehen, eine zentrale Vermittlerinstanz zu Gesellschaft und Öffentlichkeit darstellen. Solange beispielsweise die Aktivitäten der Hochschulen durch individuelle Medien oder Massenmedien nicht bekannt gemacht werden, können diese auch nicht in das Bewusstsein der Öffentlichkeit gelangen.[54]

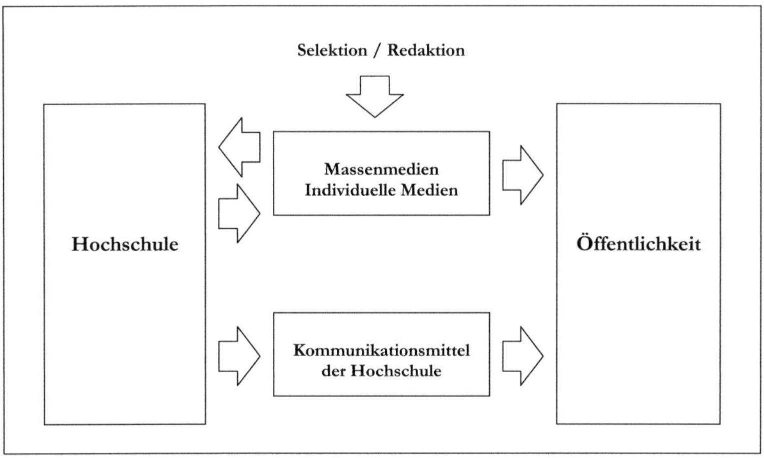

Abb. 1: Medien als Vermittlerinstanz zwischen Hochschule und Öffentlichkeit

In gewisser Hinsicht besitzt die Hochschulkommunikation die Chance, erfolgreich die Selektionsschwelle der Medien überwinden zu können. Die Informationen aus den Hochschulen sind oftmals die Basis für die Berichterstattung und Kommentierung der Massenmedien. Ein nicht zu unterschätzender Anteil der Beiträge ist auf die Aktivitäten der Public Relations-Abteilungen bzw. -Stellen zurückzuführen, wobei seit einigen Jahren eine zunehmende Akzeptanz von PR-Quellenmaterial zu verzeichnen ist.[55]

53 Vgl. Sühling, V. (1996), S. 10
54 Vgl. Beger, R./ Gärtner, H.-D./ Mathes, R. (1989), S. 206
55 Vgl. Sühling, V. (1996), S. 11; Dorer, J. (1994), S. 22

Die Medien können in ihrer Funktion in der pluralistischen Gesellschaft aber nur erfüllen, wenn die Input-Informationsleistung auch erbracht wird. Sobald die Medien in diesen Prozess ungenügend einbezogen sind, also keinen oder nur einen mangelnden Zugang zu Informationen aus den Hochschulen erhalten, können sie die genannten Funktionen nicht mehr wahrnehmen. Medien schaffen keine Informationen und Nachrichten. Die Nachrichten entstehen auf anderen Gebieten wie Wirtschaft, Wissenschaft, Politik und Gesellschaft. Aus dieser Sicht sind die Medien auf Öffentlichkeitsarbeit angewiesen. Public Relations ist demzufolge ein enorm wichtiger Partner für das Mediensystem. Dies bezieht sich nicht nur auf die Informationsleistung, sondern die Öffentlichkeitsarbeit ist neben der Werbung auch eine Einnahmequelle für die Medien.[56]

Die Bedeutung der Medien wird in vielen Hochschulen im Allgemeinen noch unterschätzt.[57] Ihr Einfluss nimmt aber in der heutigen Informations- und Wissensgesellschaft ständig zu. Die Urteile der Menschen basieren immer weniger auf eigenen Erfahrungen und Beobachtungen, d. h. sie sind in den meisten Fällen durch Medien geprägt. Somit erlebt der Einzelne viele Entwicklungen nicht mehr persönlich. Demzufolge wird die Realität durch die Medienrealität ersetzt, die aus den verschiedensten Varianten der Massenkommunikation der Medien geprägt wird.[58]

Massenmedien besitzen zwar nicht mehr eine Monopolstellung, jedoch wenn es um die schnelle Herstellung einer Öffentlichkeit geht, haben diese immer noch eine marktbeherrschende Stellung. Dies gilt vor allem in dem Fall, wenn die vielen Möglichkeiten in Betracht gezogen werden, durch die jene Massenmedien ihren Einfluss entfalten können.

Was die Schnelligkeit und Erreichbarkeit großer Zielgruppen betrifft, sind die Massenmedien anderen Kommunikationswegen eindeutig überlegen. Information und Kommunikation sind heute weitgehend nur durch organisierte Massenkommunikation möglich.[59] Wer im Fokus der Öffentlichkeit steht, und das sind alle Hochschulen, ist weitgehend von dem Bild abhängig, welches die Medien von ihr und ihren Handlungsweisen entwerfen.

---

[56] Vgl. Kalt, G. (1994), S. 11
[57] Vgl. Bühler, H./ Naderer, G./ Koch, R./ Schuster, C. (2007), S. 2; Sühling, V. (1996), S. 12
[58] Vgl. Beger, R./ Gärtner, H.-D./ Mathes, R. (1989), S. 197
[59] Vgl. Sühling, V. (1996), S. 13

3.1.2 Entwicklung und Gestaltung der Informationsgesellschaft

Seit den neunziger Jahren ist eine dynamische Entwicklung auf den Medienmärkten zu verzeichnen. Seitdem sind die Anzahl an Medienangeboten und die Vielzahl der eingesetzten Kommunikationsmedien rasant gestiegen, so dass von einer „Atomisierung der Medien“[60] gesprochen werden kann. Der Stellenwert und die Bedeutung der Massenmedien in der Politik, Gesellschaft und Wirtschaft haben weiter zugenommen und dieser Trend wird sich in der Zukunft vermutlich noch verstärken.[61]

Die Bedeutung der Massenkommunikation ist in einer umfangreichen Betrachtung als Teil der Medien- und Informationsgesellschaft zu sehen. Die Informationsgesellschaft setzt sich aus den Medien sowie den übermittelten Informationen zusammen. Diese definiert sich dadurch, dass neue Informations- und Kommunikationstechnologien in immer mehr gesellschaftlichen Bereichen genutzt werden.[62]

Durch neue Technologien konnten globale engmaschige elektronische Netzwerke geschaffen werden, durch diese Informationen mit Lichtgeschwindigkeit über beliebige Entfernungen in alle Richtungen ununterbrochen und zu jeder Tageszeit transportiert werden können. Diese Datenautobahnen sind die Voraussetzung für elektronische Medienverbundsysteme, die mit dem Begriff Multimedia bezeichnet werden.[63] Die Informationsnetze werden ein wichtiger Bestandteil zukünftiger Kommunikationslandschaften sein, deren Charakter durch Multi-Medialität und einer Verdrängung der Einweg-Kommunikation gekennzeichnet sein wird. Diese Entwicklungen wirken sich auf das Privat-, Schul-, Studien und Arbeitsleben der Deutschen und somit auch auf das Konsum- und Freizeitverhalten aus. Problematisch ist in diesem Zusammenhang die Entwicklung, die zu einer weiteren Polarisierung von Zielgruppensegmenten der Hochschulen beiträgt, so dass bestimmte Zielgruppen mit Hilfe der neuen Informations- und Kommunikationstechnologien immer besser informiert sind und ihren Nutzenvorteil optimieren, während kommunikationsschwache Zielgruppen in Relation immer weiter zurückfallen.[64]

---

[60] Bruhn, M. (1995), S. 3
[61] Vgl. Sühling, V. (1996), S. 13
[62] Vgl. Kiener, S. (1994), S. 108
[63] Vgl. Silberer, G. (1995a), S. 3ff.
[64] Vgl. Sühling, V. (1996), S. 14

Indikator für die Veränderungen der Kommunikationsbedingungen der Hochschulen ist vor allem in der seit Jahren voranschreitenden Informationsüberlastung zu sehen.[65] Diese ist darauf zurückzuführen, dass ein vor allem durch die elektronischen Medien ausgelöstes Informationsangebot über ein viel stärkeres Maß zunimmt als die Informationsnachfrage. Bereits Ende der achtziger Jahre betrug die durchschnittliche Informationsüberlastung in Deutschland über 98 Prozent, d. h. dass höchstens 2 Prozent der angebotenen und verfügbaren Informationen überhaupt beachtet werden.[66] Mit diesem Informationsüberangebot geht ein gleichzeitig sinkendes Informationsinteresse einher. Für die Hochschulen wird es demnach immer schwieriger, mit ihren Informationen die Zielgruppen zu erreichen.[67]

Hieraus ergeben sich Herausforderungen und auch Chancen für die Öffentlichkeitsarbeit der Hochschulen. Die Bedingungen für Kommunikation für Hochschulen sind durch die diskutierten Veränderungen auf den Medienmärkten, die durch eine zunehmende Vielfalt der Medien, veränderte Medienschwerpunkte und eine steigende Medienverfügbarkeit gekennzeichnet sind, erschwert. Infolge der nachlassenden Informationsaufnahme- und Informationsverarbeitungskapazität der Rezipienten entsteht sowohl ein quantitativer und qualitativer Informationswettbewerb.[68] Viele Hochschulen sind zudem einer starken Gleichartigkeit der kommunikativen Auftritte ausgesetzt. Für die Organisationen wird es demzufolge in einer dynamischen und komplexer werdenden Umwelt immer schwieriger, ein klares und prägnantes Bild der Hochschule zu vermitteln. Vielmehr müssen diese versuchen, in der Kommunikationspolitik tradierte Wege zu verlassen, um auf neue Art und Weise ihre Zielgruppen zu erreichen und sich damit von der Konkurrenz am Bildungsmarkt abzuheben und komparative Konkurrenzvorteile aufzubauen. In Bezug auf die Hochschulkommunikation bedeutet dies jedoch auch, dass die Kommunikationsmaßnahmen entsprechend aufbereitet werden müssen und insbesondere auch im Rahmen eines ganzheitlichen Ansatzes aufeinander abgestimmt werden müssen, um eine hohe Wahrnehmung und Aufmerksamkeit bei den Zielgruppen zu erreichen sowie entsprechend verarbeitet zu werden. Hierbei ist ein zentraler Ansatzpunkt für die Gestaltung von integrierten Public Relations gegeben.[69]

---

[65] Vgl. Kroeber-Riel, W. (1992), S. 593
[66] Vgl. Kroeber-Riel, W. (1988), S. 182ff.
[67] Vgl. Sühling, V. (1996), S. 15
[68] Vgl. Trommsdorff, V./ Vilmar, A. (1993), S. 158f.
[69] Vgl. Sühling, V. (1996), S. 16

3.2 Trend und Wertewandel als Herausforderung

Infolge der zunehmend multimedial geprägten Informationsgesellschaft ergeben sich Konsequenzen für die Bildungsmärkte und das Verhalten der Zielgruppen der Hochschulen. Aus dem Zusammenhang dieser und weiterer Rahmenbedingungen resultieren Wertewandel und gesellschaftliche Trends. Globale wie auch regionale Entwicklungen stehen hierbei nebeneinander und überlagern sich teilweise.[70]

Trends im gesellschaftlichen, wirtschaftlichen und technologischen Bereich kennzeichnen die letzten Jahre und lassen wichtige Einflüsse auf die Hochschulen und somit ihren Handlungsspielraum langfristig erwarten. Bereits zu Beginn der achtziger Jahre wurde festgestellt, dass sich das Denken und die Einstellungen der Menschen zum Leben verändern.[71] Im wissenschaftlichen Bereich ebenso wie in der öffentlichen Diskussion wurde von einem so genannten Wertewandel gesprochen, der sich zunächst nur langsam vollzog. Die Entwicklung in den letzten Jahrzehnten führte jedoch bis heute in allen gesellschaftlichen Gruppen zu einem bedeutenden Wandel der Wertvorstellungen mit veränderten Einstellungen zu ökonomischen, sozialen, ökologischen und technologischen Fragestellungen.[72]

Die folglich induzierten Erwartungen und Forderungen seitens der Öffentlichkeit, der Studenten, Professoren und Mitarbeiter sowie anderer Gruppen zählen für die Hochschulen zu den strategischen Herausforderungen der Zukunft. Mit den gesellschaftlichen Trends und im Rahmen des Wertewandels entstehen neue Anforderungen und Konsequenzen für eine professionelle und strategisch geplante Public Relations-Politik. Die Öffentlichkeitsarbeit der Hochschulen ist gefordert, einen Beitrag zur Bewältigung der sich dadurch ergebenen vielfältigen Anforderungen zu leisten.

Eng verbunden mit den Entwicklungen in der Hochschullandschaft sind umfassende in den Wertestrukturen, die Auswirkungen in alle Bereichen der Gesellschaft zeigen. Vorangestellt soll aufgrund der immer wiederkehrenden spontanen materiellen Assoziation des Begriffs „Wert“ im wirtschaftlichen Kontext eine Begriffsbestimmung erfolgen. Im

---

[70] Vgl. Sühling, V. (1996), S. 16
[71] Vgl. Beger, R./ Gärtner, H.-D./ Mathes, R. (1989), S. 28f.
[72] Vgl. Oehme, W. (1990), S. 242

Folgenden wird die Definition von WIEDEMANN/ RAFFÉ zugrunde gelegt, die Werte als wesentliche, explizite und/ oder implizite Konzeptionen des Wünschenswerten charakterisieren.[73] Hierbei dürfen einzelne Werte gesellschaftlicher oder individueller Natur nicht isoliert, sondern nur in ihrer Einbindung im Wertesystem betrachtet werden. Dies bedeutet insbesondere, dass immer das gesamte Wertesystem bzw. die Stellung einzelner Werte im Wertesystem verhaltensprägend ist.[74] Ein Wertewandel ist demzufolge als eine Veränderung im Wertesystem zu verstehen. Der Wandel kann sich dadurch äußern, dass die Aufgabe, Schwächung, Verzerrung oder Neuorientierung gegebener Werthaltungen verstärkt verstellbar sind.[75] Durch RONNEBERGER wurde in diesem Zusammenhang die nahestehende und interessante These aufgestellt, dass der Wertewandel in erster Linie durch das Massenkommunikationssystem in Gang gehalten, gefördert, gesteuert und demokratisch legitimiert wird.[76]

Für die Hochschulen ist von großer Bedeutung, den Prozess des Wertewandels, der keineswegs eindeutig, sondern vielschichtig und widersprüchlich verläuft,[77] sowohl im internen als auch externen Hochschulumfeld zu erfassen und Veränderungen der Werte frühzeitig zu identifizieren. Bedeutung erlangen Werte, weil diese ihrerseits die Hochschulkultur beeinflussen und damit in hochschulpolitische Entscheidungen einfließen sowie andererseits Lebensstile und Präferenzen prägen und demzufolge zu Änderungen des Verhaltens der Zielgruppen führen können.[78] Werthaltungsrelevante Aspekte berühren schlussendlich die gesamte Kommunikationspolitik der Hochschule.[79]

In der heutigen pluralistischen Gesellschaft übernehmen Werte die Funktion von Orientierungsstandards und sind demzufolge als Einflussgrößen des persönlichen Verhaltens anzusehen.[80] Eine Veränderung der Wertvorstellungen der Gesellschaft kann sich also im Verhalten der Zielgruppen widerspiegeln, indem diese zu durchaus widersprüchlichen Präferenzen für Bildungsangebote, Dienstleistungen und Hochschule führen.[81]

---

73 Vgl. Wiedemann, K.-P./ Raffé, H. (1986), S. 13; Silberer, G. (1991), S. 3
74 Vgl. Wiedemann, K.-P./ Raffé, H. (1986), S. 13
75 Vgl. Etzioni, A. (1975), S. 270
76 Vgl. Ronneberger, F. (1990), S. 162
77 Vgl. Eggert, U. (1995), S. 48
78 Vgl. Hansen, U. (1990), S. 57
79 Vgl. Silberer, G. (1985), S. 122
80 Vgl. Sühling, V. (1996), S. 24
81 Vgl. Windhorst, K.-G. (1990), S. 232; Berndt, R./ Herrmanns, A. (1993a), S. 1033

Durch diesen Wertepluralismus gekennzeichnete Gesellschaft ergibt sich für die Hochschulen Chancen und Risiken. Die Chancen beinhalten im Wesentlichen das Entstehen neuer Märkte und folglich neue Tätigkeitsfelder für die Hochschulen. Die zunehmende Individualisierung des Nachfrageverhaltens der Zielgruppen eröffnet den Hochschulen neue Chancen als Anbieter von speziellen Studienangeboten, Forschungsergebnissen und zielgruppenspezifischen Dienstleistungen. Die Risiken des Wertewandels bestehen darin, dass die damit verbundene Umstrukturierung der Märkte von der Hochschule verschlafen oder nicht entsprechend umgesetzt wird. Hier ergeben sich Ansatzpunkte für Public Relations. Auf Basis dieser strategischen Relevanz müssen die Trends und Entwicklungen aktiv in die Öffentlichkeitsarbeit und Informationspolitik der Hochschulen eingebunden werden. Die Zielgruppen interessieren sich heute nicht mehr allein für die Studienangebote und deren Nutzen. Mehr und mehr interessieren sich diese für die hinter den Angeboten stehenden Organisationen, Forscher- und Lehrkräfte. Dies betrifft nicht nur die Hochschulen an sich, sondern auch die mit ihr eng verbundenen Institutionen. Hier ist insbesondere die Public Relation als Kommunikationsinstrument gefordert, um ein möglichst positives Image der Hochschule in der internen und externen Öffentlichkeit zu vermitteln.[82]

3.3 Public Relations und hochschulinterne Rahmenbedingungen

Neben den externen Rahmenbedingungen, die das Verhältnis der Hochschule zu ihrem Umfeld bestimmen, existieren eine Reihe von hochschulinternen Bedingungen, die für die Öffentlichkeitsarbeit von Bedeutung sind. Differenziert werden hochschulstrukturelle Faktoren, welche die wesentlichen Leistungsbereiche von Hochschulen umfassen, und hochschulpolitische Aspekte, die hauptsächlich das Verhältnis der Hochschulen zu ihren Angehörigen betreffen, aber auch die Einstellung der Hochschulleitung zu Public Relations.

3.3.1 Strukturelle Faktoren

Durch die strukturellen Gegebenheiten ist der wissenschaftliche und ökonomische Rahmen der Hochschule für ihre Tätigkeit und auch für die kommunikationspolitischen Maß-

[82] Vgl. Sühling, V. (1996), S. 24

nahmen vordefiniert.[83] Als wesentliche hochschulstrukturelle Sachverhalte werden erachtet: Hochschulart, Hochschulgröße, Standort, Forschungsprofile, Studiengänge und Studienformen.

Die Wahl der strukturellen Gegebenheiten zählen zu den konstruktiven Entscheidungen der Hochschulen. Die Organisationsstruktur stellt Regeln zur Aufgabenteilung und Koordination von Tätigkeiten innerhalb der Hochschule bereit. Hierzu zählen auch die vielfältigen Kommunikationsstrukturen, Machtstrukturen, Problemlösungs- und Entscheidungsprozesse. Analog dazu wird auf die Verhaltensweisen der Hochschulmitglieder und auch auf das soziale Beziehungsgefüge in der Hochschule Einfluss genommen.[84] Organisationsstrukturen bestimmen demzufolge die formellen Kommunikations- und Interaktionsbeziehungen in der Institution. Die ist vor allem bei großen Hochschulen von Bedeutung, da hier die Organisationsstrukturen durch starke Aufgabenteilung und Kompetenzdifferenzierung gekennzeichnet sind. Dies führt in der Konsequenz häufig zu einem Fachbereichsbzw. Ressortdenken, welches übergeordneten Hochschulzielen oft zuwiderläuft und eine Identifikation der Hochschulangehörigen mit der Gesamtorganisation hemmt. Ein auf die Angehörigen bezogene, interne Öffentlichkeitsarbeit kann dem entgegenwirken.

Als eine bedeutende Einflussgröße für die Durchführung von Public Relations-Aktivitäten ist grundsätzlich die Größe der Hochschule anzusehen. Die betrifft vor allem die strategische Konzeption der Öffentlichkeitsarbeit, im Einzelnen den Umfang, die Inhalte und das Instrumentarium der Public Relations. In kleinen Hochschulen sind die finanziellen Mittel und auch die personellen Kapazitäten gegenüber den großen Hochschulen stark begrenzt. Es ist demnach offensichtlich, dass gerade die großen Hochschulen in dieser Hinsicht im Vorteil gegenüber den kleinen und mittleren Institutionen sind. Hohe finanzielle Budgets für Public Relations und eine entsprechende personelle Ausstattung bieten der Hochschule eher die Möglichkeit, in der Öffentlichkeit über Massenmedien aufzutreten und seine kommunikationspolitischen Ziele zu erreichen. Allerdings haben auch die kleinen und mittleren Hochschulen verschiedene Möglichkeiten, effiziente PR-Politik zu betreiben, indem diese beispielsweise den Medien persönlich für Gespräche und Interviews zur Verfügung stehen.

[83] Vgl. Sühling, V. (1996), S. 38
[84] Vgl. Kieser, A./ Kubicek, H. (1983), S. 15f.

Die Hochschulen treten in unterschiedlichsten Erscheinungsformen auf, den so genannten Hochschulformen und -typen, die jeweils durch eine Reihe von bestimmten Strukturmerkmalen gekennzeichnet sind.[85] Innerhalb der Strukturmerkmale haben vor allem das Forschungsprofil, Forschungsleistungen, Studienrichtungen und Studienangebote eine besondere Bedeutung. Diese bilden wichtige Ansatzpunkte für Public Relations-Maßnahmen, weil sich die meisten Hochschulen in ihrer Gesamtdarstellung noch viel zu gering differenzieren und von den Zielgruppen häufig als austauschbar wahrgenommen werden.

3.3.2 Hochschulpolitische Aspekte

Gegenstand der Hochschulpolitik sind alle Aktivitäten, die übergeordneten Hochschulgrundsätzen und -zielen für sämtliche Bereiche der Institution dienen.[86] Bei den hochschulinternen Rahmenbedingungen spielt hauptsächlich das Verhältnis der Hochschule zu seinen Mitgliedern eine herausragende Rolle. Die Bedeutung der Mitglieder der Hochschule ergibt sich im Allgemeinen aus dem Kontakt zu den Zielgruppen, insbesondere im Rahmen von Lehr- und Forschungsaktivitäten. Die Zielgruppen beurteilen eine Hochschule unter anderem über die Personalkomponente, die sich beispielsweise über die Qualität der Forschungs- und Lehrleistungen ausdrückt. Diese kann das Nachfrageverhalten nach bestimmten Bildungsangeboten und Forschungsdienstleistungen beeinflussen und vor allem auch Auswirkungen auf das Image der jeweiligen Hochschule haben.

Um den Zusammenhang einer Hochschule als Ganzes gewährleisten zu können, bedarf es der Koordination der verschiedenen Handlungen seiner Mitglieder und deren Ausrichtung an übergeordneten Zielen der Hochschule. Hierfür sind das interne Informationsverhalten und der hochschulinterne Informationsaustausch von herausragender Bedeutung.[87]

Für den Leistungserstellungsprozess wird der internen Information und Kommunikation insofern ein großes Gewicht beigemessen, als diese für die Identifikation der Mitglieder mit ihrer Hochschule und damit auch für die Motivation eine zentrale Rolle spielen. Publik Relations als Kommunikationsmanagement können einen Beitrag dazu leisten, die interne

[85] Vgl. Abschnitt 1.2.2
[86] Vgl. Schüller, B. (1991), S. 80f.
[87] Vgl. Anders, W. (1983), S. 29

Kommunikation zum Beispiel durch die Verfügbarkeit von Informationen für die Mitglieder zu verbessern bzw. effizienter zu gestalten.[88]

Zudem haben sich als Folge des beschrieben Wertewandels die Einstellungen und Vorstellungen der Mitglieder gegenüber der Arbeit und Hochschule geändert, gerade in der heutigen Zeit wird nach Orientierung und Begründung für bestimmte Handlungen und Tätigkeiten gesucht. Damit verbunden ist eine generell veränderte Loyalitätseinstellung der Mitglieder gegenüber der Hochschule. Hierbei kann auf die Verhaltensweisen des Hochschulpersonals und auch auf das soziale Beziehungsgeflecht in der Hochschule Einfluss genommen werden. Durch Public Relations kann darauf hingewirkt werden, dass ein Zusammenhalt dieser Gruppen entsteht und eine Identifikation mit der jeweiligen Hochschule erfolgt.

Nachdem in der heutigen Zeit bei den Mitarbeitern zunehmend die individuellen Bedürfnissen und die persönliche Selbstverwirklichung im Fokus stehen, ist es für das Management der Hochschule wichtiger denn je, als attraktiver Arbeitgeber bzw. Arbeits- und Forschungsplattform aufzutreten. Insbesondere Hochschulen wird jedoch ein vergleichbar schlechtes Arbeitgeberimage zugesprochen.

Als Ursache kann hier in erster Linie das im Verhältnis zur Industrie und Handel geringere Lohn- und Gehaltsniveau angegeben werden. Dies wirkt sich vor allem im Wettbewerb um die Eliten aus. Hier sind in Zukunft vermehrt Anstrengungen notwendig, um die Attraktivität der Hochschulen für qualifizierte Mitarbeiter zu erhöhen. Hierzu können auch Maßnahmen im Bereich der Öffentlichkeitsarbeit einen wesentlichen Beitrag leisten.

Damit dürften die wesentlichen hochschulinternen Rahmenbedingungen der Öffentlichkeitsarbeit für Hochschulen ausführlich charakterisiert worden sein. Generell kann festgestellt werden, dass gerade in Hinsicht auf hochschulpolitische Aspekte häufig deutliche Defizite zu erkennen sind. Das Instrumentarium der internen Public Relations kann hier eine wesentliche Hilfestellung leisten.

---

[88] Vgl. Sühling, V. (1996), S. 40

3.4 Zwischenfazit

Zusammenfassend lässt sich sagen, dass sich die Hochschulen in einem dynamischeren und wettbewerbsintensiveren Umfeld als in den 80iger und 90iger Jahren konfrontiert sehen. Die im Überblick beschriebenen hochschulexternen und hochschulinternen Rahmenbedingungen haben deutliche Auswirkungen auf die hochschulpolitischen Entscheidungen und auch die Kommunikationspolitik der Institutionen. Die aktive Auseinandersetzung mit den Chancen und Risiken der aufgezeigten Entwicklungen stellen große Herausforderungen für die Hochschulen dar.

Als Zwischenfazit kann festgehalten werden, dass neben der Dynamik der Entwicklungen der Hochschulumwelt und den veränderten Wertvorstellungen der Ziel- und Anspruchsgruppen, insbesondere die Entwicklungen auf den Medienmärkten prägend für vergangene Jahre gewesen ist. Auch in der Hochschullandschaft herrscht ein Kommunikationswettbewerb, der sich in einem Überangebot an Informationen auf der Seite der Zielgruppen und auch in einem sinkenden Interesse an der klassischen Werbung dokumentiert. Das Kommunikationsmanagement der Hochschule muss sich den aus den Veränderungsprozessen ergebenden Chancen und Risiken der Kommunikationsmärkte stellen. Aufgrund der aufgezeigten Änderungen des Verhaltens und Werte der Ziel- und Anspruchsgruppen und der gesellschaftlichen Erwartungen an die Hochschulen, wird der Erfolg der Institutionen in Zukunft ganz wesentlich von der gesellschaftlichen Akzeptanz der Aktivitäten der Hochschule abhängen.

Für die Hochschulen resultiert daraus, dass die dargestellten Entwicklungstendenzen und Rahmenbedingungen einer frühzeitigen Antizipation im Rahmen zielgruppenorientierter Entscheidungen bedürfen. Diese müssen demnach bei der Planung, Konzeption und Durchführung der Hochschul-PR berücksichtigt werden und stellen die Grundlage für eine strategisch geplante PR-Politik dar.

Im folgenden Kapitel ist nun notwendig, zunächst die Grundlagen der Public Relations zu erarbeiten, um auf dieser Basis unter Berücksichtigung der aufgezeigten internen und externen Rahmenbedingungen eine PR-Konzeption für Hochschulen abzuleiten.

4 Grundlagen der Public Relations

Public Relations kann als ein Bereich der Wissenschaft bezeichnet werden, dessen Erfahrungen hauptsächlich auf den Erkenntnissen verschiedener anderer Disziplinen basiert. Hierzu zählen beispielsweise die Kommunikationswissenschaften, Soziologie, Psychologie und Betriebswirtschaftslehre. Trotz der in der Wissenschaft und Praxis erkannten Notwendigkeit zur Öffentlichkeitsarbeit steht die wissenschaftliche Erforschung von Public Relations im deutschsprachigen Raum, im Gegensatz zum amerikanischen Raum, noch in den Anfängen. Auch wenn die Zahl der Veröffentlichungen in den letzten Jahren zur Öffentlichkeitsarbeit zugenommen hat, so mangelt es innerhalb der Wissenschaften noch an fundierten Analysen, Synthesen und hauptsächlich an einer theoretischen Grundlegung des Wissenschaftsgebietes. Die Mehrheit der Publikationen, insbesondere die amerikanische Literatur, weisen eine lehr- und handbuchartige Gestaltung auf und versuchen das weite Feld der Public Relations im Überblick darzustellen. Diese Darstellungen haben vorwiegend praxisbezogenen Charakter.[89]

In diesem Abschnitt soll der Versuch unternommen werden, die wesentlichen Grundlagen von Public Relations darzulegen, um die Basis für die Entwicklung eines PR-Konzeptes für Hochschulen zu schaffen. In einem ersten Schritt wird eine begriffliche Erläuterung und terminologische Abgrenzung der Gegenstandsbereiches der Public Relations anhand der Fachliteratur vorgenommen. Insbesondere in der Kommunikationspraxis ist ein äußerst differenziertes Verhältnis von Public Relations zu verzeichnen. Aus diesem Grund sollen die zentralen Begrifflichkeiten dargelegt werden. Eine Abgrenzung erfolgt gegenüber verwandten Bereichen wie Marketing sowie den Kommunikationsinstrumenten der Werbung oder Verkaufsförderung.

In einem weiteren Schritt gilt es, die Frage nach einer theoretischen Fundierung der Public Relations zu beantworten. Nach einer Einführung in den Stand der derzeitigen Theoriediskussion werden insbesondere verschiedene Theorieansätze vorgestellt und untersucht.

Anschließend wird auf die Funktionen und Erscheinungsformen der Öffentlichkeitsarbeit eingegangen, um die Aufgaben der Hochschul-PR explizit zu verdeutlichen. Da heute in

[89] Vgl. Sühling, V. (1996), S. 44

der Theorie und Praxis eine Abstimmung und Vernetzung der einzelnen Kommunikationsinstrumente und -maßnahmen für sehr wichtig erachtet wird, werden darüber hinaus die theoretischen Aspekte einer Integration von Public Relations innerhalb der Hochschulkommunikation grundlegend diskutiert.

Dieser Teil der Arbeit trägt weitgehend einen allgemeinen Charakter, da sich die Darstellung notwendigerweise überwiegend auf Organisationen generell bezieht, d.h. es werden nur vereinzelt Hochschulaspekte berücksichtig. Dies ist darauf zurückzuführen, dass zur folgenden Konzeption der hochschulspezifischen Public Relations erst ein Rahmen zu entwickeln ist. Dieser muss jedoch auf dem notwendigen Abstraktionsgrad Gültigkeit für eine Vielzahl von Hochschulen besitzen. In den nachfolgenden Kapiteln der Arbeit werden dann auf der Basis der Grundlagen der Public Relations geradezu zwangsläufig Hochschulbesonderheiten eingebracht, weil die vorliegende Arbeit auf die Öffentlichkeitsarbeit der Hochschulen abzielt.

4.1 Begriff und Abgrenzung der Public Relations

Durch eine Betrachtung der Öffentlichkeitsarbeit im Kontext historischer Entwicklungen kann ein erster Aufschluss über das gegenwärtige Verständnis zur Public Relations gegeben werden. Daher folgt vorab ein allgemeiner Überblick zur Geschichte der Public Relations.[90]

Die Ursprünge der Public Relations liegen in den USA. Erste Prinzipien, Methoden und auch eine Terminologie sind auf BERNAYS zurückzuführen, welcher bereits 1923 die erste Vorlesung über Public Relations an der New York University hielt und auch einige Jahre später das erste Buch zu diesem Thema publizierte.[91] Als erste deutschsprachige betriebswirtschaftliche Publikation zu Public Relations wird gemeinhin ein Aufsatz gesehen, der im Jahre 1938 von HUNDHAUSEN in der Zeitschrift für Betriebswirtschaft unter dem Eindruck amerikanischer Erfahrungen des Autors veröffentlicht wurde.[92] Die Public Relations haben sich jedoch erst nach dem zweiten Weltkrieg in Deutschland durchgesetzt.[93] Die in

[90] Anm.: Eine ausführliche Beschreibung der historischen Entwicklung der Public Relations findet sich beispielsweise bei Bauer, G. (1993a), S. 33ff.; Cutlip, S.M./ Center, A.H./ Broom, G.M. (1994), S. 89ff.; Hoy, P. (2002); Bentele, G. (2003), S. 54ff. Zur Historie der Öffentlichkeitsarbeit der Hochschulen siehe Escher, H. (2001), S. 13ff.

[91] Vgl. Bernays, E.L. (1929); Avenarius, H. (2000), S. 34ff.

[92] Vgl. Hundhausen, C. (1969), S. 144; Oeckel, A. (1993), S. 225

[93] Vgl. Binder, E. (1983), S. 10f.

den Anfängen kritiklose Übernahme amerikanischer Theorien deutet darauf hin, dass Public Relations zu diesem Zeitpunkt weder Vorläufer noch Tradition hatte. Die ersten Publikationen zu diesem Thema[94] und die Errichtung von PR-Abteilungen in der Wirtschaft zu Beginn der 50er Jahre waren letztendlich entscheidend für den Durchbruch der Public Relations in Deutschland und verschafften dem neuen Gedanken der Öffentlichkeitsarbeit allmählich eine breite Wirkung und Anerkennung. Es wurde immer wieder der Versuch unternommen, den Begriff der Public Relations einzudeutschen.[95] Heute ist der Begriff zum Bestandteil der Umgangssprache geworden und wird als Synonym von Öffentlichkeitsarbeit gebraucht.[96]

Grundlegend lassen sich für die Entwicklung der Public Relations in Deutschland vereinfacht drei Entwicklungsphasen nennen, die gleichzeitig den Wandel in der Öffentlichkeitsarbeit von Organisationen aufzeigen. Die Phase der:[97]

- Informationsorientierung (produktbezogene PR),
- Imageorientierung (organisationsbezogene PR) und
- Gesellschaftsorientierung (strategische PR).

Diese Phasen waren jeweils auf die konkrete historische Situation bezogen und orientierten sich an den vorherrschenden Organisationszielen.

Im Folgenden wird der Versuch unternommen, den Gegenstandsbereich auf Grundlage der vorhandenen wissenschaftlichen Literatur zu definieren.

4.1.1 Begriffliche Grundlagen

In der Theorie und Praxis existiert bis heute ein uneinheitliches Verständnis, was unter dem Begriff Public Relations zu verstehen ist. Daher finden sich in der Literatur zu dem Gegenstandsbereich eine Vielzahl unterschiedlicher Definitionen und Begriffsauslegungen.[98] Die Ursache ist vor allem in der Historie des Begriffs und dem ständigen

94 Vgl. Domizlaff, H. (1951); Gross, H. (1951); Hundhausen, C. (1951)
95 Vgl. Binder, E. (1983), S. 10
96 Vgl. Sühling, V. (1996), S. 46f.
97 Vgl. Meffert, H. (1988), S. 376f.; Fuchs, R./ Kleindiek, H.W. (1984), S. 56f.
98 Vgl. Sühling, V. (1996), S. 48; Bühler, H./ Naderer, G./ Koch, R./ Schuster, C. (2007), S. 7

Wandel im Begriffsverständnis zu finden. Im Verlauf der historischen Entwicklung und wissenschaftlichen Diskussion haben sich vielfältige Verständnisweisen von Public Relations herausgebildet. Bei der Auseinandersetzung mit der sehr umfangreichen Literatur ist schnell festzustellen, dass sich die Public Relations in begrifflicher Hinsicht kaum generalisieren lässt. Auch in inhaltlicher Hinsicht existiert eine Vielzahl kontroverser Auffassungen, die sich sowohl auf den Gestaltungsumfang als auch auf die Charakterisierung beziehen.[99] Mit der inhaltlichen Fixierung der Public Relations verbindet sich das generelle Problem der ungenügenden Präzisierung des Gegenstandbereiches der Öffentlichkeitsarbeit.[100] In den USA ist bei Umfragen festgestellt worden, dass es für das Wort Public Relations mehr als 2000 Begriffsbezeichnungen gibt, die sich voneinander unterschieden.[101] Innerhalb der Wissenschaften, die sich mit diesem Themenfeld beschäftigen, wird bis heute keine Definition allgemein anerkannt und einheitlich verwendet.[102]

Der Terminus „Public Relations" ist ein Begriff, der sich aus zwei Bestandteilen zusammensetzt. Das Substantiv „relations" , das soviel wie „Beziehung" bedeutet sowie dem Adjektiv „public" , das sich mit „Öffentlichkeit" übersetzen lässt. Bei einer wörtlichen Übersetzung des Begriffs Public Relations aus dem amerikanischen in den deutschen Sprachgebrauch, trägt dieser die Bedeutung „öffentliche Beziehungen". Heute gilt der Begriff „Öffentlichkeitsarbeit" als die deutsche Übersetzung von „Public Relations" und wird in der Regel dem amerikanischen Begriff gleichgesetzt bzw. als Synonym verwendet.[103]

Bei Public Relations handelt es sich um ein klassisches Instrument der Organisationskommunikation.[104] Damit steht nicht der Ansatz von Leistungen im Fokus, sondern primär die Pflege und Ausgestaltung der Beziehungen zur Öffentlichkeitsarbeit.[105] Dies bildet den kleinsten gemeinsamen Nenner der in der Literatur sehr vielfältigen Definitionen der Public Relations. Zudem wird der Begriff in Grundlagenwerken, wie beispielsweise dem Lexikon der Publizistik/Massenkommunikation nicht vertieft.[106] Um das Spektrum des

[99] Vgl. Sühling, V. (1996), S. 48
[100] Vgl. Barthenheier, G. (1982), S. 3
[101] Vgl. Oeckl, A. (1964), S. 25; Knödler, T. (2005), S. 19; Scharf, W. (1971), S. 66; Bruhn, M. (1997), S. 544; Merten, K. (1977)
[102] Vgl. Rinck, A. (2001), S. 25
[103] Vgl. Sühling, V. (1996), S. 48
[104] Vgl. Zerfaß, A. (1996), S. 25
[105] Vgl. Knödler, T. (2005), S. 19
[106] Vgl. Noelle-Neumann, E./ Schulz, W./ Wilke, J. (2000)

Begriffes Public Relations zu demonstrieren, sollen nachfolgend einige ausgewählte Definitionen vorgestellt werden.

Eine Definition der Public Relation als eine grundlegende Managementfunktion geht auf NESKE zurück.[107] Die Public Relations wird hierbei verstanden als ein Kommunikationsinstrument zur Darstellung der gesamten Organisation sowie seiner Politik und ist direkt dem Management zuzuordnen.[108]

Aus der Untersuchung im Jahre 1976 von 472 PR-Definitionen hat HARLOW eine Synthese der essentiellen Faktoren zu der folgenden ziemlich umfangreiche Definition generiert:

„Public relations is a distinctive management function which helps establish and maintain mutual lines of communication, acceptance and cooperation between an organization and its publics; involves the management of problems or issues; helps management to keep informed on an responsive to public opinion; defines and emphasizes the responsibility of management to serve the public interests; helps management keep abreast of and effectively utilize change, serving as an early warning system to help anticipate trends; and uses research and sound and ethical communication techniques as its principal tools."[109]

Auffällig an diesem eindrucksvollen Textgebäude ist die Tatsache, dass sich nur die ersten sechs Aussagen mit der Außenwelt befassen. Alle anderen beschreiben die Aufgaben einer vom Management zu differenzierenden PR-Abteilung nach innen. Aus dieser Darstellung wird vor allem deutlich, worum es zu diesem Zeitpunkt in der amerikanischen PR-Welt hauptsächlich ging – die organisationsinterne Anerkennung.[110]

Eine stärker nach außen gerichtete Definition veröffentlichte MEFFERT:

„Unter Public Relations wird die planmäßige, systematische und wirtschaftlich sinnvolle Gestaltung der Beziehungen zwischen den Unternehmungen und einer nach Gruppen gegliederten Öffentlichkeit verstanden. Ihr Ziel ist es, bei diesen Teilöffentlichkeiten Ver-

---

107 Vgl. Neske, F. (1977)

108 Vgl. Sühling, V. (1996), S. 50

109 Harlow, R. (1976), S. 36; für eine deutsche Übersetzung siehe Ronneberger, F./ Rühl, M. (1992), S. 29

110 Vgl. Avenarius, H. (2000), S. 50f.; Sühling, V. (1996), S. 50

trauen und Verständnis für das unternehmerische Handeln zu gewinnen bzw. auszubauen."[111]

MEFFERT und auch die meisten anderen deutschen Autoren favorisieren die persuasiven Kommunikationsziele der Public Relations.[112] Damit stehen diese in der Tradition von HUNDHAUSEN, d. h. der Werbung um das öffentliche Vertrauen.[113]

Grundsätzlich kann festgestellt werden, dass die bisherigen Definitionen eine Vielzahl von Universalbegriffen und Sachverhalten umfassen wie z. B. Information, Kommunikation, Handlung, Kooperation, zwischenmenschliche und institutionelle Beziehungen, Management, Anpassung, Verständnis und Vertrauen. Diese Beschreiben die Tätigkeitsabsichten, Anstrengungen sowie die Pflege von Public Relations und beinhalten die Wirkungsweisen Überzeugung und Akzeptanz.

Nach der Definition der Deutschen Public Relations Gesellschaft (DPRG), ist die Öffentlichkeitsarbeit als ein Prozess und nicht als Maßnahmenbündel zu verstehen. Der gesamte Prozess wird demnach geplant, gestaltet und kontrolliert. Die Öffentlichkeitsarbeit wird von der DPRG wir folgt definiert:

„Öffentlichkeitsarbeit ist das Management von Kommunikationsprozessen für Organisationen mit deren Bezugsgruppen. Öffentlichkeitsarbeit will den politischen, wirtschaftlichen und sozialen Handlungsspielraum einer Organisation im Prozess öffentlicher Meinungsbildung schaffen und sichern. Dabei besteht ihre Aufgabe darin, Identität, Zielsetzungen und Interesse einer Organisation sowie deren Tätigkeiten und Verhaltensweisen nach innen und außen zu vermitteln."[114]

Der amerikanische Berufsverband der PR-Fachleute, die Public Relations Society of America (PRSA), hat hingegen folgende Schwerpunkte von Public Relations herausgearbeitet:

---

111 Meffert, H. (1991), S. 36

112 Vgl. Sühling, V. (1996), S. 50

113 Vgl. Avenarius, H. (2000), S. 51

114 Deutsche Public Relations Gesellschaft e.V. (1991), S. 1

„Public relations helps our complex, pluralistic society to reach decisions and function more effectively by contributing to mutual understanding among groups and institutions. It serves to bring private and public policies into harmony. In helping to define and implement policy, the public relations practitioner uses a variety of professional communication skills and pays an integrative role both within the organization and between the organisation and the external environment."[115]

Im Ergebnis kann festgehalten werden, dass eine Vielzahl von unterschiedlichen Verständnisweisen des Begriffs Public Relations existieren. Die Definitionen unterscheiden sich wesentlich in Hinsicht auf Umfang und Generalisierung.

In der Darstellung der verschiedenen Definitionen von Public Relations wird zudem deutlich, wie sehr die einzelnen Formulierungen von situationsbedingten Einflüssen und die Herkunft des Verfassers abhängig sind.

Zusammenfassend kann nun die folgende aus mehreren Definitionen abgeleitetet Arbeitsdefinition für die Public Relations von Hochschulen erstellt werden:

Public Relations ist das Management der Kommunikation zwischen einer Hochschule und seinen Teilöffentlichkeiten. Public Relations bemüht sich durch die Selbstdarstellung seiner Interessen und Verständnis und Goodwill in der Öffentlichkeit zur Erreichung der Ziele der Hochschule.

Diese Definition beschränkt sich nicht allein darauf, Public Relations ausschließlich als Kommunikationsmanagement zu verstehen. Vielmehr gesteht sie der Öffentlichkeitsarbeit auch eine gesellschaftliche Dimension zu.

4.1.2 Abgrenzung zu Marketing und kommunikationspolitischen Instrumenten

Die vielfältigen Definitionen der Public Relations haben mit Sicherheit auch dem Konturenverlust und den Nivellierungstendenzen gegenüber anderen Kommunikationsformen und -instrumenten Vorschub geleistet. In der Theorie und Praxis existieren bis

[115] Cutlip, S.M./ Center, A.H./ Broom, G.M. (1994), S. 4f.

heute Abgrenzungsprobleme des mehrdeutigen Begriffs Public Relations in Bezug auf Marketing und gegenüber weiteren Kommunikationsinstrumenten. Schwierigkeiten im Verständnis bereitet insbesondere der Umstand, dass der Bergriff Public Relations verschiedentlich mit anderen kommunikations-wissenschaftlichen Begriffen synonym gebraucht wird. Derartige Gleichsetzungen tragen zu einer allgemeinen Begriffsverwirrung bei und schaffen eine Reihe weiterer Abgrenzungsprobleme.[116]

Im Rahmen dieser Arbeit steht nicht das Ziel, eine umfassende Begriffsabgrenzung vorzunehmen und alle unterschiedlichen Begriffsauslegungen und Auffassungen zu behandeln.[117] Im folgenden Abschnitt sollen nur die Beziehungen und wesentlichen Unterschiede zwischen den Bereich Public Relations und Marketing sowie zwischen Public Relations und den Instrumenten Werbung, Propaganda, Publicity und Verkaufsförderung aufgezeigt werden.

4.1.2.1 Abgrenzung zu Marketing

Seit der Etablierung des Marketingbegriffs seit den 50er Jahren in der deutschsprachigen Literatur und öffentlichen Diskussion hat dieser mehrere und im Zeitverlauf veränderte Bedeutungen erfahren.[118] Heute besteht Einigkeit darüber, den Begriff des Marketing für ein bestimmtes Konzept des Managements von Organisationen zu verwenden, dass einen klaren Richtungswechsel im Denken und Planen von der Produktionsorientierung zur Marktorientierung zur Grundlage hat.[119] Es existiert zwar eine große Vielfalt an Marketingbegriffen, jedoch besteht in der Literatur weitgehend Konsens darüber, dass Marketing als Management von Transaktionsvorgängen und Transaktionsbeziehungen[120] beziehungsweise als Schlüsselvariable im Rahmen der Steuerung zwischenmenschlicher und gesellschaftlicher Prozesse verstanden werden kann.[121]

Ausgehend von einem derartigen Marketingverständnis steht hinsichtlich der Marketinginstrumente die Kommunikationspolitik neben der Produktpolitik, der Distributionspolitik

116 Vgl. Sühling, V. (1996), S. 54
117 Anm.: Ausführliche Abgrenzungen finden sich beispielsweise bei Headrich, G. (1982), S. 67ff; Laube, G.L. (1986), S. 73ff.; Cutlip, S.M./ Center, A.H./ Broom, G.M. (1994), S. 6ff.
118 Vgl. Vollert, K. (1999), S. 14
119 Vgl. Kotler, P./ Bliemel, F. (1999), S. 20ff.
120 Vgl. Scheuch, F. (1989), S. 31
121 Vgl. Nieschlag, R./ Dichtl, E./ Hörschgen, H. (1994), S. 25

und der Preispolitik.[122] Public Relations ist bei dieser klassischen Betrachtungsweise zum Beispiel neben der Werbung, Verkaufsförderung und dem persönlichen Verkauf zum kommunikationspolitischen Instrumentarium bzw. zum Kommunikationsmix zu zählen.[123]

Die Beziehungen zwischen Marketing und Public Relations werden sowohl in der Praxis als auch in der Wissenschaft sehr unterschiedlich gesehen. In vielen Hochschulen steckt die Public Relations immer noch in den Kinderschuhen und ist auf die Unterstützung der gesamten Hochschulkommunikation angewiesen.[124] Diesem Bild entspricht auch der in der Marketingwissenschaft gebräuchlichen Einordnung der Public Relations in das Instrumentarium der Kommunikationspolitik.[125]

Ein weiterer Ansatz verfolgt den Vorschlag, die Public Relations als primäres Instrument der Imagegestaltung zu einer der zentralen Managementfunktionen zu erheben.[126] In diesem Zusammenhang vollziehen beispielsweise KOTLER/ MINDAK einen sehr weitreichenden Schritt in diese Richtung, die Public Relations als eine eigenständige Funktion neben dem Marketing betrachten.[127]

Danach sind grundsätzlich fünf Alternativen denkbar, um in der Organisation das Verhältnis von Marketing und Public Relations zu regeln: Bei Organisationen der Gruppe A sind Marketing und PR zwei getrennte Bereiche, die unterschiedliche Funktionen, Ausrichtungen und Potentiale besitzen. Im Fall B besitzen beide Bereiche unterschiedliche Aufgaben, überschneiden sich jedoch in einigen Funktionen, vor allem bei der Produktpublizität und bei den Konsumentenbeziehungen. Im Fall C ist das Marketing die dominierende Funktion und Public Relations ordnet sich dem erweiterten Konzept des Marketings unter. Bei Organisationen der Gruppe D ist Public Relations die dominierende Funktion und stellt Beziehungen zu allen Zielgruppen her; insbesondere in Non-Profit-Organisationen findet sich eine solche Anordnung wieder. Bei Organisationen der Gruppe E sind Marketing und PR gleichrangige, miteinander eng verzahnte Bereiche. Die Frage, welche Alternative die beste für die Public Relations – und die Unternehmung – ist, wird bis heute

---

122 Vgl. Escher, H. (2001), S. 49; Bruhn, M. (1997), S. 31; Scheuch, F. (1993), S. 311
123 Vgl. Trogele, U. (1995), S. 147; Berndt, R. (1993), S. 11ff.; Nieschlag, R./ Dichtl, E./ Hörschgen, H. (1994), S. 21
124 Vgl. Bühler, H./ Naderer, G./ Koch, R./ Schuster, C. (2007), S.2
125 Vgl. Sühling, V. (1996), S. 56
126 Vgl. Tietz, B. (1993), S. 553; Sühling, V. (1996), S. 56
127 Vgl. Kotler, P./ Mindak, W. (1978), S. 17f.

sehr kontrovers diskutiert und lässt sich nicht abschließend beantworten. KOTLER/ MINDAK führen dazu aus, dass unterschiedliche Organisationstypen unterschiedliche Abmachungen erfordern.[128]

Die Entwicklung zum strategischen Marketing im Rahmen veränderter Umwelt- und Marktbedingungen hat zu einem tiefgreifenden Einstellungswandel gegenüber der Public Relations geführt. Public Relations wird zu einem Führungskonzept, dessen Entwicklung ähnlich wie die des Marketings, d. h. von einer Verkaufs- hin zu einer Führungskonzeption,[129] beschrieben werden kann. Die höchste Entwicklungsstufe liegt dabei in Gestalt einer öffentlichkeits- bzw. gesellschaftsorientierten Organisation vor.[130] As Folge dieser Entwicklung ist die Forderung entstanden, Marketing und Public Relations als gleichberechtigte Instrumente in einer einheitlichen Führungskonzeption zusammenzuführen.[131] Public Relations sind somit nicht mehr in das Marketing-Instrumentarium zu integrieren, sondern verstehen sich als zentraler Bestandteil des Managements.[132]

In den USA fand Anfang der 90er Jahre eine hitzige Debatte über die Unterschiede zwischen Marketing und Public Relations sowie über das ihnen zugrunde liegende Rollenverständnis statt.[133] Nach GRUNIG unterscheiden sich Marketing und Public Relations vor allem aufgrund ihrer Ausrichtung auf Märkte respektive Teilöffentlichkeiten.[134] Märkte bestehen aus Personen, die Produkte oder Dienstleistungen einer Organisation nachfragen. Teilöffentlichkeiten funktionieren dagegen nach anderen Prinzipien. Diese konstituieren sich selbst. Während Organisationen Märkte bilden, die der Zielerreichung dienen, haben sie ebenso Beziehungen zu Teilöffentlichkeiten herzustellen, um von diesen Zielen nicht abgelenkt zu werden. Da der Bereich Public Relations solche Verbindungen aufzubauen hat, arbeitet er mit den Subsystemen der Unternehmung zusammen, wie zum Beispiel dem Marketing, dem Personal- und Finanzbereich, und kommuniziert mit den Ziel- oder Anspruchsgruppen, welche auf die Subsysteme einwirken. Demnach haben Marketing und Public Relations getrennte und gemeinsame Funktionen. Überschneidungen bestehen eindeutig bei der Kommunikation von Produkten und Dienstleistungen, häufig mit „Marke-

---

128 Vgl. Kotler, P./ Mindak, W. (1978)
129 Vgl. Oehme, W. (1992), S. 25ff.
130 Vgl. Vgl. Kotler, P./ Mindak, W. (1978), S. 15f.
131 Vgl. Headrich, G. (1987), S. 28f.
132 Vgl. Sühling, V. (1996), S. 57
133 Vgl. Leuven, J. (1991), S. 215ff.
134 Vgl. Grunig, J.E. (1992a), S. 50

ting-Kommunikation“ oder „Produkt-Promotion“ bezeichnet. Beide Bereiche – Marketing und Public Relations – erfordern daher nach GRUNIG eine Koordinierung, wo immer sie auch angesiedelt sind.[135] Bei diesem Ansatz berichten sowohl Marketing als auch Public Relations direkt an die Unternehmensleitung, koordinieren jedoch ihre kommunikativen Aktivitäten im Sinne einer langfristig und ganzheitlich ausgerichteten Strategie.[136]

4.1.2.2 Public Relations versus Werbung

Nach der Darstellung möglicher Beziehungen zwischen Marketing und Public Relations sollen im Folgenden die Unterschiede und Gemeinsamkeiten zwischen einzelnen kommunikationspolitischen Instrumenten aufgezeigt werden. Betrachtet man die gesamte Kommunikationspolitik einer Unternehmung, so liegen die Unterschiede der vier kommunikationspolitischen Instrumente des Marketing grundsätzlich in der Zielsetzung und in den angesprochenen Zielgruppen, während die Mittel derer sich die einzelnen Bereiche bedienen, teilweise gleich oder ähnlich sind.[137]

Innerhalb der Kommunikationspolitik nimmt Public Relations eine Sonderstellung ein.[138] Während der persönliche Verkauf, die Verkaufsförderung und die Werbung – darüber hinaus auch das gesamte übrige Marketing-Instrumentarium – letztlich darauf ausgerichtet sind, den Absatz des betrieblichen Leistungsangebotes am Markt sicherzustellen und damit lediglich einen Teilbereich der Organisation betreffen, geht es für Public Relations vorwiegend darum, nicht nur für einzelne Produkte oder Dienstleistungen, sondern für die Organisation als Ganzes um Vertrauen in der Öffentlichkeit zu werben. Daraus ergibt sich eine weitere wichtige Besonderheit der Public Relations: Nicht nur die Partner am Markt der Organisation sind als Zielgruppen anzusehen, wie dies für die übrigen Marketing-Mix-Faktoren zutrifft, sondern eine Reihe weiterer Adressaten wie zum Beispiel Meinungsführer und relevante Teilöffentlichkeiten.[139]

Trotz dieser unterschiedlichen Ausrichtungen und Schwerpunkte besteht auch eine Reihe von Gemeinsamkeiten mit Public Relations: Alle kommunikationspolitischen Instrumente

[135] Vgl. Grunig, J.E. (1992a), S. 52
[136] Vgl. Sühling, V. (1996), S. 58
[137] Vgl. Zieselmair, R. (1993), S. 319f.
[138] Vgl. Treis, B. (1974), S. 111f.
[139] Vgl. Sühling, V. (1996), S. 58

orientieren ich an den übergeordneten Organisationszielen. Marketing und Public Relations legen gemeinsam fest, welche Maßnahmen eine Organisation ergreifen sollte, um sich gegenüber den relevanten Subsystemen zu positionieren.[140] Gemeinsamkeiten mit der Öffentlichkeitsarbeit ergeben sich auch aus der Doppelstellung bzw. Überschneidung bestimmter Zielgruppen. Darüber hinaus bedienen sich die einzelnen Kommunikationsinstrumente teilweise derselben Medien.

Das wohl lange Zeit wichtigste Anliegen der PR-Praxis war die eigene Standortbestimmung, die Suche nach einer eigenständigen Identität, die sie in einer klaren Abgrenzung zum Bereich der Werbung zu finden hoffte. Die Versuche einer idealtypischen Abgrenzung von Public Relations und Werbung führten in der wissenschaftlichen Literatur zu einer bis heute noch nicht entschiedenen Grundsatzdiskussion. Die verschiedenen Kommunikationsbereiche unterscheiden sich in ihren Schwerpunkten. Im Bemühen um Begrenzung lassen sich die folgenden Kriterien herauskristallisieren:[141]

- Public Relations hat als Gegenstand die gesamte Organisation und seine Handlungen, Werbung bezieht sich immer direkt auf eine Marktleistung, auf Produkte oder Dienstleistungen.[142]
- Während es das Ziel von Public Relations ist, die Vorstellungsbilder bzw. Einstellungen bestimmter Teilöffentlichkeiten zu verändern, ist es Zielsetzung der Werbung, den Verkauf bestimmter Produkte und/oder Dienstleistungen zu fördern.[143]
- Kennzeichnend für Public Relations ist, dass sie sich an ausgewählte Teilöffentlichkeiten der Gesellschaft richtet; die Zielgruppen der Werbung umfassen in erster Linie die aktuellen und potentiellen Kunden.[144]
- Public Relations ist eher mittel- oder langfristig konzipiert, während Werbung häufig eine kurzfristige Wirkdauer hat.[145]

---

140 Vgl. Haedrich, G. (1992), S. 263f.
141 Vgl. Nickel, V (1990), S. 50; Faulstich, W. (1992), S. 10; Huth, R./ Pflaum, D. (1993), S. 531ff.; Müller-Vogg, H. (1994), S. 201ff.
142 Vgl. Oehme, W. (1992), S. 370
143 Vgl. Sühling, V. (1996), S. 59
144 Vgl. Jung, H. (1994), S. 35
145 Vgl. Sühling, V. (1996), S. 59

- Ein wichtiger Unterschied besteht auch in der Wirkungsrichtung: Werbung ist überwiegend Einwegkommunikation; Public Relations dagegen impliziert den Dialog, also den Meinungsaustausch mit den Teilöffentlichkeiten.[146]
- Ein weiterer Unterschied besteht im Einsatz der Mittel. In der Werbung werden vor allem klassische Werbemittel wie zum Beispiel Anzeigen, TV-Spots und Prospekte eingesetzt; die Instrumente der Public Relations sind vielgestaltiger, wie beispielsweise Sponsoring oder Sozi-Programme.[147]

In Form einer Zusammenfassung sind in der folgenden Tabelle die wesentlichen Unterschiede zwischen Public Relations und Werbung gegenübergestellt, wobei zu berücksichtigen ist, dass die Kriterien nicht trennscharf sind.

	Werbung	**Public Relations**
Gegenstand	Produkte/ Dienstleistungen	Gesamte Organisation
Zielsetzung	Absatzförderung	Akzeptanz / Einstellung
Zu beeinflussende Größe	Kaufverhalten	Meinungsbildung
Adressaten	Aktuelle/potentielle Kunden	Interne/externe Teilöffentlichkeiten
Instrumente	Klassische Werbemittel	Vielgestaltiges Instrumentarium
Zugang zum Mediensystem	Kauf von Anzeigen	Präsenz im redaktionellen Teil
Kommunikationsform	Einwegkommunikation / Monolog	Einwegkommunikation/ Dialog
Wirkung der Botschaft	Kurzfristig	Mittel- bis langfristig

Tab. 1: Tendenzielle Abgrenzung von Werbung und Public Relations [148]

---

[146] Vgl. Kalt, G. (1994), S. 13
[147] Vgl. Silberer, G.(1991), S. 203ff.
[148] Tabelle: In Anlehnung an Sühling, V. (1996), S. 60

4.1.2.3 Public Relations versus Propaganda

Im Gegensatz zum Kernverständnis von Public Relations als intentional-strategischer, jedoch zwangsfreier Wettbewerbskommunikation sind Propaganda und noch mehr Indoktrination Formen gewaltsamer, einseitig politischer Willensbildung. Sie beabsichtigen das vorbehaltlose Infiltrieren zweckbestimmter Ansichten mit dem Ziel der Gleichschaltung ohne Rücksicht auf Einseitigkeit oder Verzerrungen der Wahrheit.[150] Auch Agitation als affektive Massenaufpeitschung, mit Mitteln der personalen Polemik, fällt hierunter. Alle drei Termini zielen auf die Inszenierung von Scheinöffentlichkeiten in zumeist totalitärem Regime.[151]

4.1.2.4 Public Relations versus Publicity

Während Public Relations auf die nachhaltige, sachlich-argumentative Gewinnung der öffentlichen Meinung abzielt, setzt Publicity auf das kurzfristige Sensationsempfinden der Rezipienten. Wenig sachliche Selbstinszenierungen, starke Emotionalität, Rummel, spektakuläre Show-Effekte und medienwirksame, affektiv aufgeladene Kampagnen sollen die öffentliche Aufmerksamkeit erregen. Die Umweltschutzorganisation Greenpeace gebraucht beispielsweise nur ihre publikumswirksamen Aktionen den verwandten Ausdruck „Campaigning".[152]

4.1.2.5 Public Relations versus Verkaufsförderung

Neben den bereits vorgestellten Begriffen gehört die Verkaufsförderung im Rahmen des Kommunikations-Mix zu den weiteren Instrumenten des Marketings. Unter Verkaufsförderung sind die primär kommunikativen Maßnahmen, die der Unterstützung und Erhöhung der Schlagkraft der eigenen Absatzorgane, der Marketingtätigkeit der Absatzmittler und der Unterstützung der Verwender bei der Beschaffung und Benutzung er Produkte dienen, zu verstehen.[153] Verkaufsförderung umfasst nicht nur kommunikative, sondern darüber hinaus den Absatz steigernde Maßnahmen. Ziel ist vor allem die kurzfristige und

---

150 Vgl. Balfanz, D. (1983), S. 6
151 Vgl. Escher, H. (2001), S. 137
152 Vgl. Escher, H. (2001), S. 138
153 Vgl. Meffert, H. (1979), S. 2

unmittelbare Erhöhung des Absatzes.[154] Verkaufsförderungsaktionen sind zeitlich begrenzt, das heißt, sie werden temporär zu bestimmten Anlässen, zum Beispiel zur Einführung eines Produktes oder zur Eröffnung einer Warenhausfiliale, eingesetzt. Bei Public Relations handelt es sich dagegen häufig um kontinuierlich durchgeführte Kommunikationsmaßnahmen. Zielsetzung und Zielgruppen der Public Relations sind im Allgemeinen umfassender als bei Verkaufsförderungsmaßnahmen.[155]

4.2 Theorieansätze der Public Relations

Ein wesentlicher Grund für die Vielzahl an Definitionen, was Public Relations ist und beinhaltet, ist vor allem in dem Umstand zu sehen, dass bisher noch keine anerkannte und allgemeingültige Theorie vorliegt, auf die bei der Argumentation zurückgegriffen werde kann. Obwohl die Forschungstätigkeit im Bereich Public Relations in den letzten Jahren deutlich zugenommen hat, ist man von einer einheitlichen PR-Theorie noch weit entfernt. Dies wird auch nach Durchsicht der vorliegenden Theorieansätze rasch deutlich. Die Kritik am Überwiegen praktizistischer und normativer Denkweisen in der PR-Literatur hat in den letzten Jahren sowohl im deutschen als auch im amerikanischen Raum Intensität gewonnen.[156] Insbesondere wird hervorgehoben, dass der Praktizismus die Theorieentwicklung und Akzeptanz der Public Relations behindert habe.[157]

In der wissenschaftlichen Diskussion der letzten zwanzig Jahre hat sich die Erkenntnis durchgesetzt, dass der Zweck wissenschaftlichen Arbeitens weniger in der Entdeckung von Wahrheiten gesehen werden kann. Vielmehr kommt es darauf an, "to build theories that solve the most relevant problems to researchers working in a scientific domain".[158] Der Vorteil liegt darin, dass Theorien unter Loslösung von den Einzelerscheinungen - also auf einer höheren Abstraktionsebene - Zusammenhänge sichtbar machen und erklären können, vor allem aber, dass daraus Prognosen für spezifische Fragestellungen abgeleitet, werden können. BURKART/ HÖMBERG verstehen unter 'Theorie' eine systematisch geordnete Menge von Aussagen bzw. Aussagesätzen über einen Bereich der objektiven Realität oder des Bewusstseins, die in der Lage ist, sowohl Sachverhalte ihres Objektbereiches zu er-

[154] Vgl. Nieschlag, R./ Dicht/, E./ Hörschgen, H. (1994), S. 535
[155] Vgl. Pflaum, D, (1993), S. 515
[156] Vgl. Pavlik, J.V. (1987); Botan, C.H. (1989), S. 99ff.; Hazleton, V./ Botan, C.H. (1989), S. 3ff.
[157] Vgl. Signitzer, B. (1990), S. 291.
[158] Grunig, J.E. (1989), S. 19

klären als auch neue, bis dahin unbekannte Sachverhalte vorherzusagen.[159] Der Wert einer Theorie wird determiniert durch den Grad, in welchem sie zur Problemlösung beiträgt.[160] Je komplexer dabei die Begründungszusammenhänge sind, desto schwieriger ist es, generell gültige Erklärungen zu finden und zukünftige Entwicklungen zu prognostizieren. Die wissenschaftliche Auseinandersetzung mit Public Relations, welche die Realität erklären und nützliche Verhaltensrichtlinien aufzeigen will, muss allerdings zwangsläufig eine Situationstheorie sein. Sie hat daher zu berücksichtigen, dass Branche, Organisationsgröße, Leistungsprogramm, Art der Organisation und des Führungsstils sowie zahlreiche andere Faktoren auf das Verhalten einer Unternehmung einwirken.[161]

Als Untersuchungsobjekt kann Public Relations am besten als eine spezifische Form der angewandten Kommunikation definiert werden. Unter Kommunikation versteht man generell "die Übermittlung und den Austausch von Nachrichten und Informationen".[162] Kommunikation ist Teil des unternehmerischen Handelns; eine Unternehmung ist intern und extern mit den vielfältigsten Kommunikationsprozessen befasst. Die Bedeutung der Kommunikation im Rahmen der Organisationsstrategie wächst, je stärker das gesellschaftliche Umfeld ins Kalkül einbezogen werden muss. MEFFERT/ KIRCHGEORG sehen als zentrales Merkmal der Kommunikation "die Übermittlung von Informationen und Bedeutungsinhalten zum Zweck der Steuerung von Meinungen, Einstellungen, Erwartungen und Verhaltensweisen gemäß spezifischer Zielsetzungen".[163] In der Forschung über Public Relations werden daher oft weitverbreitete, allgemeine Theorien der Kommunikationswissenschaft zur Klärung von PR-Fragestellungen herangezogen.[164] Nach BOTAN/ HAZLETON sollen Kommunikationstheorien angewendet werden, um die Public Relations-Praxis zu erklären und Prognosen zu erstellen. Umgekehrt sollen Untersuchungsergebnisse aus der PR-Praxis Beiträge zur Entwicklung von Kommunikationstheorien leisten können.[165] Prinzipiell findet dabei das gesamte theoretische und methodische Instrumentarium der Kommunikationswissenschaften Anwendung.

---

159 Vgl. Burkart, R./ Hömberg, W. (1992), S. 4
160 Vgl. Hazleton, V./ Botan, C.H. (1989), S. 11
161 Vgl. Sühling, V. (1996), S. 62
162 Hopfenbeck, W./ Roth, P. (1994), S. 28
163 Meffert, H./ Kirchgeorg, M. (1993), S. 227
164 Vgl. Stignizer, B. (1988), S. 102ff.
165 Vgl. Botan, C.H./ Hazleton, V. (1989), S. XIII

Die amerikanische Theoriebildung hat hinsichtlich der wissenschaftlichen Fundierung zur Beschreibung und Erklärung von Prozessen der Public Relations - nicht zuletzt dank ihrer Institutionalisierung als Forschung in den Hochschulen - wohl die meisten Fortschritte erzielt.[166] In der amerikanischen Managementliteratur haben sich bereits seit den fünfziger Jahren neben den praxisorientierten Publikationen, die sich an die Biographie von BERNAYS[167] anlehnen, auch theoretisch fundierte Analysen zu Public Relations etabliert.[168] In den USA wird Public Relations - anders als im deutschsprachigen Raum - deutlich eine Stellung neben dem Marketing zugesprochen. Theorie und Praxis der PR-Arbeit beruhen dabei überwiegend auf Theorien, Modellen und Konzepten der amerikanischen Kommunikationswissenschaften. Daneben finden sich organisationstheoretische und empirische Untersuchungen wie die Arbeit von GRUNIG/ HUNT.[169] Der Diskussionsstand bei PR-Theorien in den USA ist insgesamt durch ein vergleichsweise hohes Reflexionsniveau gekennzeichnet, das aber noch nicht zu einer Integration der zahlreichen Konzepte und Theoreme geführt hat.[170] Eine insgesamt geschlossene Theorie, die übergreifend zur Erklärung der Public Relations herangezogen werden kann, ist hier noch nicht erkennbar.[171]

Im Gegensatz zur amerikanischen PR-Forschung, deren Ausrichtung organisationsbezogen ist, wird Public Relations im deutschsprachigen Raum unter Bezugnahme auf Gesellschafts- und Demokratietheorien als gesamtgesellschaftliches Phänomen betrachtet.[172] RONNEBERGER hat als erster den umfassenden Versuch unternommen, die gesellschaftliche Notwendigkeit der Öffentlichkeitsarbeit theoretisch zu begründen. Der Theorieansatz von RONNEBERGER,[173] der in den siebziger Jahren eine vollkommene Neuorientierung der PR-Theorie darstellte, wurde im amerikanischen Raum gar nicht zur Kenntnis genommen. Insgesamt kann festgestellt werden, dass der Reflexionsstand des PR-Anwendungswissens im deutschen Raum nach wie vor unterentwickelt ist; "die Entwicklung des wissenschaftsfähigen PR- Wissens hinkt hinter der Praxis her".[174]

---

166 Vgl. Long, L.W./ Hazleton, V. (1993), S. 223ff.
167 Vgl. Bernays, E.L. (1967)
168 Vgl. Crable, R.E./ Vibbert, S.L (1986); Botan, C.H./ Hazleton, V. (1989); Baskin, O./ Aronoff, C.E. (1992); Cutlip, S.M./ Center, A.H./ Broom, G.M. (1994)
169 Vgl. Grunig, J.E./ Hunt, T. (1984)
170 Vgl. Botan, C.H./ Hazleton, V. (1989)
171 Vgl. Sühling, V. (1996), S. 63
172 Vgl. Dorer, J./ Lojka, K. (1991), S. 7
173 Vgl. Ronneberger, F. (1977)
174 Rühl, M. (1992), S. 37

Neben der Anwendung allgemeiner kommunikationswissenschaftlicher Theorien auf Public Relations lassen sich in Anlehnung an SIGNITZER drei verschiedene Ansätze von Public Relations unterscheiden: der organisationstheoretische, der gesellschaftstheoretische und der marketingtheoretische Ansatz.[175] Die Unterschiede dieser theoretischen Ansätze ergeben sich einerseits aus den verschiedenen wissenschaftlichen Kulturen und Disziplinen, denen die PR-Theoretiker entstammen, andererseits aber auch aus den differenzierten Ansprüchen, die an die Reichweite einer PR-Theorie gestellt werden.

Im Folgenden werden einige unterschiedliche theoretische Sicht- und Verständnisweisen von Public Relations dargestellt. Referiert werden die wesentlichsten Aussagen sowie die Hauptvertreter des jeweiligen Theorieansatzes. Viel Beachtung in der fachwissenschaftlichen Literatur haben auf der Makroebene die umfassende Theorie zur Öffentlichkeitsarbeit nach RONNEBERGER und auf der Mikroebene die Modell-Theorie von GRUNIG/ HUNT gefunden. Im Folgenden soll es sich jedoch keineswegs um eine vollständige Erfassung und Diskussion von PR-Theorieansätzen handeln.[176] Zweck dieses Grundlagenteils ist vielmehr, eine Einführung in die wesentlichen Aussagen der verschiedenen Verständnisweisen und Theorieentwürfe zu geben, um die nachfolgenden Ausführungen zur Hochschul-PR besser einordnen zu können. Die Auswahl der referierten Theorieansätze bestimmt sich nach der Bedeutung des jeweiligen Ansatzes in der gegenwärtigen theoretischen Konzeption für Hochschulen.

Wenn in diesem Teil der Arbeit die organisationsorientierten PR-Theorieansätze ausführlicher diskutiert werden, dann liegt die Begründung sicherlich in der Themenstellung der vorliegenden Arbeit, deren Erkenntnisobjekt Organisationen, speziell Hochschulen, sind. Ausschlaggebend dafür ist zudem, dass grundlegende Theoriearbeiten im Bereich der organisationsorientierten Sichtweise heute schon zugänglich sind.[177] Die marketingorientierten PR-Theorieansätze werden eher stiefmütterlich behandelt. Die Erklärung dafür ist, dass es in der aktuellen Marketingwissenschaft, von wenigen Ausnahmen abgesehen, kaum eine intensive Theorieauseinandersetzung mit Public Relations existiert.[178]

---

[175] Vgl. Signitzer, B. (1992), S. 135ff.
[176] Vgl. Kunczik, M. (1993), S. 88ff.
[177] Vgl. Grunig, J.E./ Grunig, L.A.(1989); Botan, C.H./ Hazleton, V. (1989)
[178] Vgl. Meffert, H. (1989), S. 493ff.; Nieschlag, R./ Dichtl, E./ Hörschgen, H. (1994), S. 537ff.; Kotler, P./ Bliemel, F. (1995), S. 1019ff.

4.2.1 Organisationstheoretischer Ansatz

Die Hauptrichtungen amerikanischer PR-Theoriebildung sind größtenteils organisationsbezogen; gesamtgesellschaftliche Komponenten, wie dies in der deutschen PR-Forschung der Fall ist, werden kaum berücksichtigt.[179] Der organisationstheoretische Ansatz sieht in Public Relations eine Kommunikationsfunktion der Organisation. Eine Organisation ist intern und extern mit den vielfältigsten Kommunikationsprozessen befasst. Kommunikation findet darüber hinaus aber auch mit solchen Teilen der Öffentlichkeit statt, die nicht direkt von dem Tätigkeit der Organisation abhängen. Wie verhält sich Organisation in solchen Fällen? Gibt es bestimmte, unterscheidbare Verhaltensmuster? Mit der Bildung von Modellen sowie der Formulierung theoretischer Aussagen wird das Verhältnis der PR-Funktion zum gesamten Unternehmen festgehalten. Der Ausgangspunkt des Forschungsinteresses ist immer die geplante Organisationskommunikation.[180]

Der organisationstheoretische Ansatz hat den Vorteil, dass er auf ein breites Theoriensystem über Organisationen und Management zurückgreifen kann, und dass darüber hinaus die Organisationskommunikationsforschung diesen Bereich bereits gut erschlossen hat. Mit den Ausgangspunkten Kommunikation und Organisation besteht zum einen die Möglichkeit der Fokussierung auf Forschungsfragen, unter anderem im Hinblick auf die Beziehung zu anderen Organisationsfunktionen und zu den verschiedenen Umweltsystemen, was konkrete Beiträge zur Wissenssystematik und auch zur Praxiskritik zulässt. Zum anderen erscheint mit der Verwendung eines breiteren Organisationsbegriffes auch einer Anwendung zu gesellschaftlichen Problemstellungen denkbar.[181]

Aus den theoretischen Arbeiten der letzten Jahre, die die Funktion Public Relations zu erklären versuchen, ist das Paradigma der allgemeinen Systemtheorie hervorgegangen.[182] Sie ist aus verschiedenen Gründen geeignet, den Public Relations-Prozess theoretisch zu erklären. Im Folgenden soll daher zunächst die Integration der Systemtheorie erörtert werden. Daran anschließend werden die Modelle der Public Relations nach GRUNIG/ HUNT sowie die situative Theorie der Teilöffentlichkeiten mit ihren wesentlichen Grund-

[179] Vgl. Barthenheier, G. (1982a), S. 15ff.
[180] Vgl.Long, L./ Hazleton, V. (1987), S. 6
[181] Vgl. Sühling, V. (1996), S. 65
[182] Vgl. Signitzer, B. (1988), S. 97

lagen vorgestellt. Beide Theorieansätze sind der organisationsorientierten Verständnisweise von Public Relations zuzuordnen.

4.2.1.1 Anwendung der allgemeinen Systemtheorie

Bei der theoretischen Analyse von Public Relations wird häufig ein systemtheoretischer Bezugsrahmen benutzt. So versuchen verschiedene Autoren der Public Relations-Forschung mit Hilfe systemtheoretischer Ansätze eine theoretische Fundierung zu geben. Die Systemtheorie scheint der PR-Wissenschaft einen Rahmen für spezifische Erklärungsmodelle anzubieten, da sie den Beziehungen der Systeme[183] zu ihren Umwelten eine zentrale Bedeutung zuweist und damit den Beziehungsaspekt der Kommunikation in den Mittelpunkt der Überlegungen zu Public Relations stellt.[184]

Die Beziehung System - Umwelt ermöglicht die Unterscheidung von offenen und geschlossenen Systemen „nach dem Vorhandensein bzw. der Qualität und/oder Quantität von Austauschbeziehungen mit der Umwelt".[185] Offenheit bezieht sich auf das Ausmaß, in dem ein System diverse Inputs aufnimmt und diverse Outputs abgibt. Auf Organisationen bezogen ist Public Relations beziehungsweise die Art und Weise, in der Public Relations betrieben wird, eine für den Grad der Offenheit entscheidende Komponente. In der Praxis der PR- Theoriebildung war vor allem in den letzten Jahren das Organisationsverständnis der Systemtheorie mit der offenen Systemauffassung dominierend.[186]

Die Überlegung, die Systemtheorie auf die Organisationsforschung anzuwenden, geht auf KATZ/KAHN zurück.[187] GRUNIG/ HUNT haben Public Relations in das von KATZ/KAHN entwickelte Organisationssystem integriert. Sie verstehen Public Relations als Management Subsystem und weisen - in Anlehnung an die Klassifikation von KATZ/KAHN - der Public Relations unterschiedliche Funktionen innerhalb der Organisation zu.[188] Public Relations ist in dieser Konzeption als "boundary role" interpretierbar: "They have one foot in the Organization and one outside".[189] Obwohl Public Relations im

183 Vgl. Hall, A.D./ Fagen, R.E. (1971), S. 94
184 Vgl. Avenarius, H. (1995), S. 59
185 Kunczik, M. (1984), S. 149
186 Vgl. Baskin, O./ Aronoff, C.E. (1992), S. 51f.
187 Vgl. Katz, D./ Kahn, (1978), S. 17ff.
188 Vgl. Grunig, J.E./ Hunt, T. (1984), S. 9
189 Grunig, J.E./ Hunt, T. (1984), S. 9

Allgemeinen ein Teil des Management-Subsystems ist, unterstützt sie relativ häufig auch andere Subsysteme - den Vertrieb (Disposal Subsystem), den Personalbereich (Maintenance Subsystem), die Entwicklungs- und Planungsabteilungen (Adaptive Subsystem), die Produktion (Production Subsystem) und die Unternehmensleitung (Management Subsystem) - bei der Bewältigung ihrer kommunikativen Aufgaben.[190] Die folgende Abbildung veranschaulicht dies nochmals.

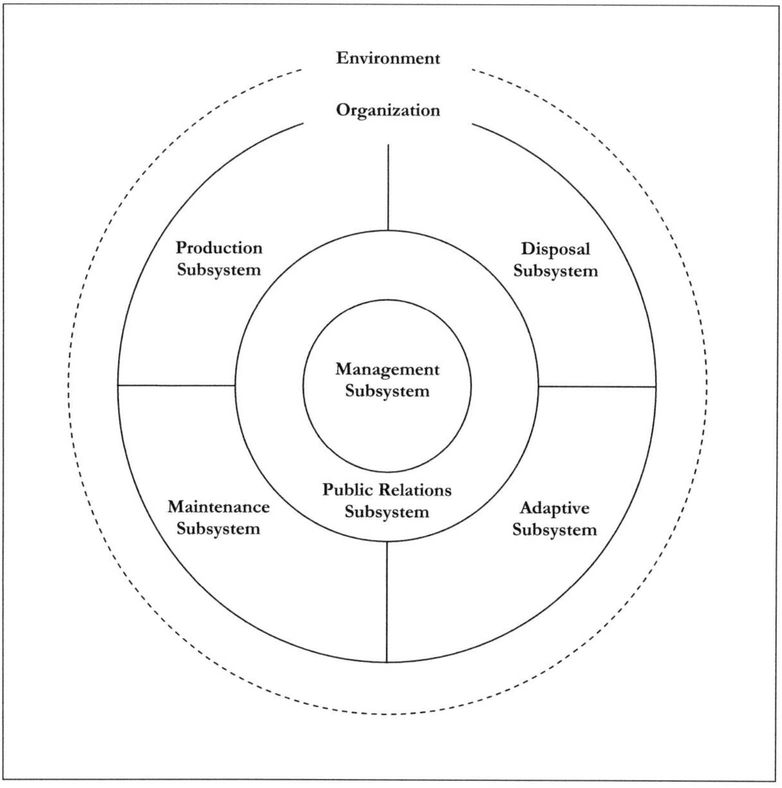

Abb. 2: Public Relations als Organisations-Subsystem[193]

[190] Vgl. Sühling, V. (1996), S. 67

[193] Abbildung in Anlehnung an Sühling, V. (1996), S. 68

Eine weitere, noch differenziertere systemtheoretische Beschreibung des Public Relations-Prozesses stammt von LONG/HAZLETON.[194] Ihr Modell besteht aus einem mehrdimensionalen Umweltsystem (legal-politische, soziale, wirtschaftliche, technologische und kompetitive Dimension) und drei Subsystemen der Organisation. Inputs aus der Umwelt beeinflussen die Entwicklung von Organisationszielen, Organisationsstrukturen, den Erwerb von Ressourcen, die Unternehmensphilosophie etc. Durch diese Inputs wird der Bezugsrahmen für PR-Aktivitäten im Handelsunternehmen festgelegt. Der Public Relations kommt hier eine entscheidende Transformationsaufgabe zu: Sie identifiziert Veränderungen der Umwelt, interpretiert diese für die Organisation und sichert durch strategisches und programmatisches Vorgehen Handlungsspielräume für die Organisation ab. Der PR-Prozess kann als ständiger und wechselseitig vernetzter Input-Transformation-Output-Prozess zwischen dem Supersystem Umwelt und den drei für Public Relations relevanten Subsystemen verstanden werden.[195]

Der Vorteil dieses systemtheoretischen Ansatzes ist darin zu sehen, dass die wechselseitigen Verflechtungen. der verschiedenen Komponenten des PR-Prozesses verdeutlicht werden.[198] Dieser PR-Prozess stellt auch die Basis für den Aufbau und Ablauf von PR-Strategien und PR-Kampagnen in Hochschulen dar.

4.2.1.2 Modelle der Public Relations von GRUNIG und HUNT

Zwar gibt es immer wieder Bemühungen, ausgewählte kommunikationswissenschaftliche Modelle auf Teilaspekte der Public Relations anzuwenden,[199] es liegen aber erst vereinzelt Modelle vor, die den Anspruch erheben, die Realität der Public Relations in ihrer Gesamtheit abzubilden. Ein in der Literatur vielbeachteter Vorschlag zur Klassifikation der Entwicklung der Public Relations in den USA und zur Differenzierung praktizierter und wünschendwerter Public Relations, der einen großen Einfluss auf die PR-Theorienentwicklung genommen hat, stammt von GRUNIG/ HUNT.[200]

---

194 Vgl. Long, L.W./ Hazleton, V., (1987), S. 8f.; Hazleton, V. (1992), S. 33ff.
195 Vgl. Sühling, V. (1996), S. 69
198 Vgl. Long, L.W./ Hazleton, V., (1987), S. 10
199 Vgl. Mac Quail, D./ Windahl, S., (1993)
200 Vgl. Grunig, J.E./ White, J. (1992), S. 31ff.

Die Autoren gehen von einem Grundmodell aus, das soziale Systeme, also auch Hochschulen in ihrem Beziehungsfeld zur sozialen Umwelt untersucht; daraus wird dann eine Typologie unterschiedlicher Beziehungsformen entwickelt. Die insgesamt vier Modelle umfassende Typologie basiert auf der Kombination zweier voneinander unabhängiger Dimensionen (Einweg-Kommunikation versus Zweiweg-Kommunikation und asymmetrische Kommunikation versus symmetrische Kommunikation) und ist Ausdruck von verschiedenen Werten, Zielvorstellungen und Annahmen über kommunikatives Verhalten in Organisationen.[201] Diese vier PR-Modelle – Publicity (press agentry/ publicity), Informationstätigkeit (public information), asymmetrische Kommunikation (two-way asymmetric) und symmetrische Kommunikation (two-way symmetric) – sind insofern im Sinne einer historischen Entwicklung einzuordnen, als sie den Weg von einer niedrigen zu einer höheren Entwicklungsstufe der Public Relations in den USA im Zeitraum eines Jahrhunderts nachzeichnen.[202]

Zum anderen sind die Modelle auch aktuell-situativ und stellen situationsbedingte Handlungsalternativen dar, da die Anwendung der einzelnen Modelle in der Gegenwart von der jeweiligen Beziehungsstruktur zwischen Unternehmen und Umwelt abhängt, wie SIGNITZER anband von Beispielen verdeutlicht.[203] Das Modell der Publicity bemüht sich primär um eine positive Berichterstattung in den Medien. Das Modell der asymmetrischen Kommunikation geht davon aus, dass eine Organisation eine bessere Übersicht hat als die breite Öffentlichkeit. Das Modell der symmetrischen Kommunikation geht von der Gleichrangigkeit der Kommunikationspartner aus und zeichnet sich durch einen kooperativen Ansatz aus. Ziel sind angemessenere Vorstellungen und ein besseres Verständnis zwischen der Organisation und seinen Teilöffentlichkeiten.[204]

Im Jahre 1989 katalogisierte GRUNIG seine vier Modelle neu und fasste die ersten drei Modelle unter der Bezeichnung asymmetrisch zusammen. Nur das letzte seiner vier Modelle sei tatsächlich als ausgewogene Zweiwegkommunikation zu charakterisieren, denn PR-Manager, die dem Modell der asymmetrischen Zweiwegkommunikation anhängen, beabsichtigten auch, überreden und manipulieren zu wollen. Diejenigen, die dem Informationsmodell folgen, manipulieren die Öffentlichkeit im Endeffekt ebenfalls, selbst wenn

---

201 Vgl. Grunig, J.E./ Hunt, T. (1984), S. 21ff.; Grunig, J.E./ Grunig, L.A. (1992), S.285ff.
202 Vgl. Grunig, J.E./ Hunt, T. (1984), S. 25
203 Vgl. Signitzer, B. (1992), S. 140f.
204 Vgl. Sühling, V. (1996), S. 70

dies nicht beabsichtigt sei. Das Modell der symmetrischen Zweiwegkommunikation wird als vom traditionellen Weltbild der Public Relations abweichendes, vollkommen neues Modell interpretiert, da es von der prinzipiellen Gleichrangigkeit der Kommunikationspartner ausgeht und eher auf Verständigung als auf Überredung aus ist.[205]

Hinsichtlich der Verwendung der Modelle der Public Relations in der Praxis hat sich gezeigt, dass Organisationen zumeist verschiedene PR-Modelle gleichzeitig anwenden, wobei das Modell der Publicity am weitesten verbreitet ist. Das Modell der asymmetrischen Zweiwegkommunikation ist in Wirtschaftsunternehmen und das Modell der Informationstätigkeit in Behörden am ehesten üblich. Das symmetrische Zweiwegmodell wird in vielen Organisationen gelegentlich verwandt, ist aber sehr selten das dominante Modell. Bislang ist es noch nicht gelungen zu erklären, unter welchen Bedingungen einzelne Organisationen bestimmte Modelle praktizieren. Keines der Modelle passt ausschließlich weder zu bestimmten Typen von Organisationen noch zu bestimmten PR-Modelle von der Organisation als situationsadäquate Strategien ausgewählt werden, liegen nach GRUNIG in den Machtverhältnissen der Organisation, der Organisationskultur und dem Fachwissen der PR-Manager.[206] Dennoch gibt es diese vier Modelle als unterscheidbare Formen von Kommunikationsprozessen, und sie scheinen die unterschiedlichen PR-Verhaltensweisen besser zu erfassen als jede andere Theorie.[207] Dies macht auch deutlich, dass das eigentliche Ziel bei GRUNIG/ HUNT die Ableitung von Handlungsanweisungen für PR-Praktiker zu sein scheint.[208]

4.2.1.3 Theorie der Teilöffentlichkeit

Schon aus der PR-Definition von GRUNIG als dem Management der Kommunikation zwischen einer Organisation und ihren Teilöffentlichkeiten[209] geht hervor, dass der Begriff Teilöffentlichkeit ein zentrales Element der Public Relations-Theorie darstellt. Für das Verständnis, aber auch aus Gründen der Abgrenzung gegenüber anderen Auffassungen und weiteren kommunikativen Begriffen, ist es daher zweckmäßig, die Begriffe Öffentlichkeit und Teilöffentlichkeit zu präzisieren.

[205] Vgl. Grunig, J.E. (1989), S. 30
[206] Vgl. Grunig, J.E. (1989), S. 30f.
[207] Vgl. Grunig, J.E./ Grunig, L.A. (1989a), S. 59
[208] Vgl. Stuiber, H.-W. (1992), S. 207
[209] Vgl. Grunig, J.E./ Hunt, T. (1984), S. 6

Der Begriff Öffentlichkeit stand ursprünglich als Bezeichnung für einen zwischen Staat und Gesellschaft angesiedelten Wirkungsbereich.[210] HUNDHAUSEN definierte für eine Kommunikationssphäre, in der Public Relations wirkt, den Begriff der Öffentlichkeit als eine Gruppe von Menschen, die einem Sachverhalt oder einer Streitfrage gegenübersteht, in der die Meinungen und Lösungsmöglichkeiten geteilt sind und in der über den Sacherhalt oder über die Streitfrage diskutiert wird.[211] Die Heterogenität der Gesellschaft führte zu einer fortgeschrittenen Differenzierung, in deren Folge partielle Öffentlichkeiten entstanden. Für diese unterschiedlich nebeneinander wirkenden Öffentlichkeiten prägte man den Begriff Teilöffentlichkeit. Teilöffentlichkeiten sind somit das Ergebnis zunehmender gesellschaftlicher Differenzierung in räumlicher, struktureller und funktionaler Hinsicht. Die als Übersetzung für das englische Wort public gewählte Bezeichnung Teilöffentlichkeit drückt ein wesentliches Begriffsmerkmal aus: In der PR-Theorie der Begriff Teilöffentlichkeit auf eine Gruppe von Menschen, die sowohl geographische Räume als auch bestimmte Sachgebiete betreffen kann.[212]

Obwohl sich schon Ende der sechziger Jahre HUNDHAUSEN mit dem Begriff der Teilöffentlichkeit auseinandergesetzt hat, ging eine Weiterentwicklung erst Anfang der achtziger Jahre von GRUNIG/ HUNT aus.[213] Eine Teilöffentlichkeit kann nach Auffassung dieser Autoren als eine Gruppe von Menschen charakterisiert werden, die:

- einem ähnlichen Problem gegenüberstehen (A),
- erkennen, dass das Problem besteht (B),
- sich organisieren, um mit diesem Problem umzugehen (C).[214]

Die Kommunikations- und PR-Wissenschaft hat sich seit Jahren mit der Frage sinnvoller Publikumssegmentierung befasst; sie orientiert sich dabei nur bedingt an vorliegenden Verfahren wie etwa aus dem Marketingbereich. Vor allem GRUNIG hat mit seiner überarbeiteten und empirisch überprüften „situational theory to identify publics" Grundlagen der Systematisierung geschaffen.[215] Weil sich Individuen gegenüber Problemen, deren Auslösung auf die Systemumwelt (eine Organisation usw.) zurückzuführen ist, nicht in der glei-

---

[210] Vgl. Friedrich, W.B. (1979), S. 58ff.
[211] Vgl. Hundhausen, C., 1969, S. 17
[212] Vgl. Barthenheier, G. (1982a), S.19
[213] Vgl. Grunig, J.E./ Hunt, T. (1984), S. 143ff.
[214] Vgl. Grunig, J.E./ Hunt, T. (1984), S. 145
[215] Vgl. Grunig, J.E./ Hunt, T. (1984), S. 147ff.; Grunig, J.E. (1992), S. 103ff.

chen Weise verhalten und auf eine eventuelle PR-Maßnahme unterschiedlich reagieren, unterscheidet die situative Theorie folgende Typen von Teilöffentlichkeiten:[216]

- **Nicht-Teilöffentlichkeit (non public):** Es besteht kein Problem, das heißt alle drei oben genannten Bedingungen treffen nicht zu.
- **Latente Teilöffentlichkeit (latent public):** Das Problem wird (noch) nicht erkannt, das heißt A trifft zu.
- **Bewusste Teilöffentlichkeit (aware public):** Das Problem wird als solches erkannt, das heißt A und B treffen zu.
- **Aktive Teilöffentlichkeit (active public):** Personen beginnen sich zu organisieren, das heißt alle drei oben genannten Bedingungen treffen zu.

Neuere Forschungen haben diese Typologie um die aktivistische Teilöffentlichkeit erweitert. Es handelt sich dabei um Gruppen, die eine besonders einflussreiche Rolle bei der Aktivierung der bewussten Teilöffentlichkeiten spielen.[217]

Aus einer organisationsorientierten Sichtweise von Public Relations entsteht eine Teilöffentlichkeit dadurch, dass das Verhalten einer Organisation für eine Gruppe von Menschen Konsequenzen hat, und/ oder dass das Verhalten dieser Gruppe (Teilöffentlichkeit) für die Organisation Konsequenzen hat. Die unterschiedlichen Typen von Teilöffentlichkeiten ergeben sich aus der Art des Verhaltens dieser Teilöffentlichkeiten in Reaktion auf Konsequenzen bzw. Auswirkungen der Organisation. Eine Teilöffentlichkeit muss aber keineswegs eine Gefahr für eine Hochschule bzw. ein angegliedertes Institut darstellen, die deren bzw. dessen Handlungsspielraum einschränkt, sondern kann vielmehr auch eine positive Chance bedeuten.[218]

GRUNIGs „situational theory to identify publics“ [219] erklärt, wann und wie über spezifische Situationen kommuniziert wird und welche Auswirkungen diese Kommunikation haben kann. Sie erlaubt die Konzentration der Kräfte auf die Problemfelder der Hochschulen und dabei eine sehr rationelle Differenzierung zwischen den verschiedenen Teilöffentlichkeiten. Zudem wird deutlich, dass sich PR-bezogene Konzepte von Teilöffent-

---

216 Vgl. Grunig, J.E./ Hunt, T. (1984), S. 145
217 Vgl. Grunig, J.E. (1989a), S. 3ff.
218 Vgl. Sühling, V. (1996), S. 74
219 Grunig, J.E./ Hunt, T. (1984), S. 147

lichkeiten von anderen Formen der Publikumssegmentierung, wie zum Beispiel den Zielgruppen des Hochschulmarketings, wesentlich unterscheiden können.

4.2.2 Gesellschaftstheoretischer Ansatz

Der gesellschaftstheoretische Ansatz geht von der Gesamtgesellschaft und der Funktion der Kommunikation darin aus. Es steht die Frage im Mittelpunkt, welchen Beitrag Public Relations für das Funktionieren moderner pluralistischer Gesellschaften leisten kann.[220] Für die gesellschaftsorientierte Sichtweise spricht aus wissenschaftlicher Sicht der sehr umfassende Ansatz der Fragestellung, der als Ausgangspunkt die gesamte Gesellschaft hat und nicht nur die Organisation. Ebenso wie der organisationstheoretische Ansatz eine Konzeption der Organisation voraussetzt, ist für die gesamtgesellschaftsorientierte Sichtweise ein Bild der Gesellschaft notwendig.

Im Folgenden soll auf den umfassenden PR-Theorieansatz von RONNEBERGER und den Theorieentwurf von RONNEBERGER/ RÜHL eingegangen werden. Da diese Ansätze die Öffentlichkeitsarbeit in einen gesamtgesellschaftlichen Rahmen stellen und kaum Public Relations als Funktion einer Unternehmung sehen, sind sie für die Fragestellung der vorliegenden Arbeit weniger geeignet. Sie werden daher nur kurz diskutiert, um eine Bewertung der wesentlichen Richtungen der theoretischen Beschäftigung mit dem Gegenstandsbereich Public Relations zu ermöglichen.[221]

4.2.2.1 Theorieansatz von RONNEBERGER

Von einer Theorie der Public Relations ist nach RONNEBERGER dem Hauptvertreter des gesellschaftstheoretischen Ansatzes, zu erwarten, dass sie PR-Aktivitäten in Beziehung zu gesellschaftlichen Institutionen und Prozessen setzt.[222] RONNEBERGER geht von einem pluralistischen Gesellschaftskonzept aus, um Public Relations theoretisch zu begründen. Öffentlichkeitsarbeit wird in erster Linie nicht als eine Funktion der einzelnen Organisation verstanden, sondern als eine Funktion des gesellschaftlichen Systems inter-

---

220 Vgl. Ronneberger, F. (1993), S. 494f.
221 Vgl. Sühling, V. (1996), S. 75
222 Vgl. Ronneberger, F. (1977)

pretiert.[223] Darin sieht RONNEBERGER den Ansatz zu einer übergreifenden PR-Theorie, denn er fragt nach der Legitimation von Public Relations. Public Relations hat die Aufgabe der Integration hochkomplexer Gesellschaften auf der Basis von Minimalkonsens. Es geht also nicht um einen völligen Interessenausgleich, Public Relations macht vielmehr unterschiedliche Interessen und Standpunkte transparent.

Public Relations versteht sich nach RONNEBERGER als eine Funktion der öffentlichen Interessendarstellung. Ausgangspunkt der Überlegungen ist die Anerkennung der gleichzeitigen Existenz vielfältiger Interessen in Gesellschaft, die wiederum zu Interessensgegensätzen und dadurch zu Konflikten führen. Der gesellschaftstheoretische Ansatz sieht Public Relations eingebettet in den Prozess pluralistischen Interessenausgleichs zur Stabilisierung gesellschaftlicher Systeme.[224] Der Public Relations wird prinzipiell eine positive Rolle insofern zugewiesen, dass die Begegnung und Auseinandersetzung der Interessen in die Suche nach Konsens und Allgemeinwohl münden.[225]

Der auf neopluralistischer Gesellschaftstheorie basierende PR-Ansatz ist vieldiskutiert und nicht unumstritten. Was auf den ersten Blick stimmig klingt – eine Theorie von Gesellschaft und Öffentlichkeit, aus der Öffentlichkeitsarbeit als notwendig. Abgeleitet werden kann – wirft bei näherem, kritischem Hinsehen große Probleme auf.[226] RONNEBERGERs Ansatz, der die Bedeutung der Medien und der dahinterstehenden Herrschaftsverhältnisse für Public Relations überhaupt nicht berücksichtigt und auch ohne Bezug auf Wertesysteme und Wertehierarchien argumentiert, muss notgedrungen funktionalistisch bleiben.[227]

Daraus lassen sich zwar Handlungsorientierungen, nicht aber Handlungsanweisungen für den PR-Manager im Handelsunternehmen ableiten. Vielleicht nicht zufällig hat RONNEBERGER später, gemeinsam mit RÜHL, einen theoretischen Ansatz von ganz unterschiedlicher Art entwickelt, der nachfolgend diskutiert wird.[228]

223 Vgl. Ronneberger, F. (1977), 7
224 Vgl. Ronneberger, F. (1977), S. 19ff.
225 Vgl. Ronneberger, F. (1993), S. 497
226 Vgl. Faulstich, W. (1992), S. 17ff.
227 Vgl. Faulstich, W. (1992), S. 19f.
228 Vgl. Sühling, V. (1996), S. 76

4.2.2.2 Theorieentwurf von RONNEBERGER und RÜHL

Auch das vor einigen Jahren erschienene Buch Theorie der Public Relations gemeinsam verfasst von RONNEBERGER/ RÜHL,[229] ist primär der gesellschaftstheoretischen Sichtweise von Public Relations zuzuordnen. Hier wurde der gesellschaftstheoretische PR-Ansatz erstmals zusammenfassend systematisch entwickelt und frühere Arbeiten wurden aktualisiert. An die Stelle des kommunikationswissenschaftlichen Ansatzes von RONNEBERGER rückt damit ein multidisziplinärer Ansatz, der dem Problemfeld der Öffentlichkeitsarbeit einem tatsächlich multidisziplinären Bereich zu entsprechen sucht.

RONNEBERGER/ RÜHL haben eine allgemeine Theorie der Public Relations als „Theorie der öffentlichen Beziehungen" moderner Gesellschaften entworfen, „die PR nicht wesenhaft, sondern in gesellschaftlichen, insbesondere in politischen und wirtschaftlichen Funktionszusammenhängen konzipiert".[230] Nach RONNEBERGER/ RÜHL ist Public Relations nur in modernen Gesellschaftsformen zu beobachten.[231] Die definitorische Zwischenbilanz bei diesem theoretischen Ansatz lautet: „Public Relations/ Öffentlichkeitsarbeit lässt sich als eine weltweite Möglichkeit öffentlichen Handelns umschreiben, die unter den Bedingungen gegenwartsgesellschaftlichen Lebens verwirklicht werden kann." [232] Im Mittelpunkt des Theorieentwurfes steht das Konzept einer dreifachen Intersystem-Beziehung zwischen Public Relations und anderen Sozialsystemen. Public Relations wird als theoretische Einheit konzipiert, und dabei werden drei Realisierungsmöglichkeiten von PR unterschieden: die gesamtgesellschaftliche Funktion, die Leistungen der Märkte und die organisatorischen Aufgaben.[233] Das Verhältnis von Public Relations zur Gesamtgesellschaft wird als Funktion von Public Relations bezeichnet. Bei dem Verhältnis zu einzelnen gesellschaftlichen Funktionssystemen wie Politik, Wirtschaft, etc. handelt es sich nach der Terminologie der Autoren um die Leistungen von Public Relations. Inner- und interorganisatorische Public Relations, d.h. die Wechselbeziehungen auf der Mikro-Ebene, werden als Aufgabe bezeichnet.[234]

---

[229] Vgl. Ronneberger, F./ Rühl, M. (1992)
[230] Vgl. Ronneberger, F./ Rühl, M. (1992) , S. 14
[231] Vgl. Ronneberger, F./ Rühl, M. (1992) , S. 9
[232] Ronneberger, F./ Rühl, M. (1992) , S. 112f.
[233] Vgl. Ronneberger, F./ Rühl, M. (1992), S. 249ff.
[234] Vgl. Sühling, V. (1996), S. 77

Insgesamt erhebt dieser Theorieentwurf den Anspruch, PR-Aspekte und PR-Probleme funktional und systemtheoretisch im publizistischen Prozess von Gegenwartsgesellschaften zu beobachten und zu analysieren. Mit dem System/Umweltparadigma lässt sich, so lautet der Anspruch der Autoren, „Anschluss gewinnen an den gegenwärtigen Stand der allgemeinen Systemtheorie, um Public Relations als publizistisches Funktionssystem in und für die gegenwärtige Wohlfahrtsgesellschaft zu identifizieren“.[235] Dem Anspruch einer interdisziplinären, tatsächlich integrativen Theorie der Public Relation kann der Entwurf von RONNEBERGER/ RÜHL aber auch nicht entsprechen.[236]

4.2.3 Marketingtheoretischer Ansatz

Am anderen Ende des Spektrums steht die Sichtweise von Public Relations als ein Instrument des Marketings. Die marketingorientierte Sichtweise der Public Relations setzt bei den von einer Organisation erstellten Produkten und Dienstleistungen an. Ausgangspunkt der Überlegungen ist die Annahme, „dass es zur Differenzierung und Profilierung einer Organisation notwendig erscheint, das Angebotsprogramm gegenüber der Konkurrenz abzuheben“.[237] Dies wird damit begründet, dass wettbewerbsorientierte Initiative und rationelle Leistungserstellung heute nicht mehr ausreichen, um Bestand und Zukunft einer Organisation zu gewährleisten. Es geht im Wesentlichen um die Frage, welchen Beitrag Public Relations zur Erreichung der Marketingziele von Organisationen, insbesondere in Ergänzung und/oder Erweiterung anderer kommunikationspolitischer Maßnahmen leisten kann.[238] Die Reichweite des PR-Verständnisses hängt hier mit der jeweiligen Breite des Marketingbegriffes zusammen, d.h. ob Public Relations als Teil des Kommunikations-Mix gleichwertig neben Werbung und Verkaufsförderung gesehen wird oder als zentrale Kommunikationsfunktion des Managements.[239]

Die marketingorientierte Sichtweise ist vornehmlich Ergebnis der veränderten gesellschaftlichen Anforderungen an die Hochschulen und der sich verschärfenden Wettbewerbsbedingungen, die es erforderlich machen, ein positives Image für die Organisation aufzubauen und das Verständnis und Vertrauen der Öffentlichkeit zu gewinnen, um so die Reali-

---

235 Ronneberger, F./ Rühl, M. (1992), S. 283
236 Vgl. Faulstich, W. (1992), S. 22
237 Stuiber, H.-W. (1992), S. 211
238 Vgl. Signitzer, B. (1992), S. 136
239 Vgl. Sühling, V. (1996), S. 78

sierung der organisations- und absatzpolitischen Ziele zu gewährleisten. Für diesen Ansatz spricht die Möglichkeit, den mittlerweile recht weitentwickelten Stand der Operationalisierbarkeit in der Marketingforschung (z. B. Segmentierungs- und Evaluationsverfahren) für die Public Relations-Forschung nutzbar machen zu können. Ein wesentlicher Kritikpunkt ist allerdings, dass bei dem marketingtheoretischen Ansatz die Dimension Kommunikation im Rahmen der Public Relations tendenziell vernachlässigt wird.[240]

Die vorstehenden Darlegungen stellen einen Versuch dar, einen Überblick ·über unterschiedliche Sichtweisen von Public Relations zu geben und die wesentlichen Aspekte der vorhandenen Theorieansätze herauszuarbeiten. Insgesamt bleibt festzuhalten, dass die diskutierten komplexen theoretischen Ansätze offensichtlich keine tragfähigen Konzepte liefern – entweder versuchen sie Theorien anderer Bereiche auf Public Relations zu übertragen wie die amerikanischen Beispiele oder sie bleiben rein funktionalistisch. Ungeachtet neuerer wissenschaftlicher PR-Bemühungen, die zum Teil methodologisch besser abgestützt sind, ist das Vier-Phasen-Modell von GRUNIG die bisher geschlossenste Konzeption geblieben.[241] Die vier typischen Arten, in denen Public Relations praktiziert werden kann und auch faktisch praktiziert wird, sind geeignet, einer Hochschule im Bereich der Kommunikation Handlungsalternativen für konkrete Entscheidungssituationen aufzuzeigen.[242]

4.3 Funktionen und Formen der Public Relations

Konventionelle Public Relations-Aktivitäten reichen in der heutigen, durch dynamische Entwicklungen gekennzeichneten, pluralistischen Gesellschaft nicht mehr aus, um die zahlreichen Kommunikationsaufgaben zu bewältigen. In diesem Kapitel werden daher die verschiedenen Funktionen und Erscheinungsformen von Public Relations diskutiert. Die Funktionen beschreiben die Aufgaben von Public Relations in der Organisation. Die Formen der Public Relations werden in drei Hauptbereichen zusammengefasst: interne und externe Public Relations, Issues Management sowie Public Relations in Konflikten und bei Krisen. Diese drei Bereiche stellen die Hauptfunktionen von Öffentlichkeitsarbeit dar und bilden gleichzeitig einen Bezugsrahmen für die zahlreichen Erscheinungsformen. Die Viel-

[240] Vgl. Signitzer, B. (1992), S. 137
[241] Vgl. Rühl, M. (1992), S. 36f.
[242] Vgl. Sühling, V. (1996), S. 78

falt der Public Relations-Formen wird so systematisiert und in ein übersichtliches und leicht verständliches Schema gebracht. Sie zeigt auf, mit welchen Teilöffentlichkeiten Hochschulen wie und unter welchen Rahmenbedingungen kommunizieren können.

Bei der internen und externen Public Relations geht es primär darum, die wesentlichen Teilgebiete der Öffentlichkeitsarbeit für die Praxis zu systematisieren und die Bedeutung der internen Public Relations zu explizieren. Mit Issues Management wird ein Bereich beschrieben, mit dem Hochschulen dem zunehmenden Einfluss des Umfeldes auf ihren strategischen Freiraum begegnen können. Public Relations in Konflikt- und Krisensituationen schafft durch ein methodisches Vorgehen und die Wahl der richtigen Abwehrstrategie die Voraussetzungen für die Bewältigung von Krisen in Hochschulen. Bei der Ausgestaltung der drei Hauptbereiche sind hochschulspezifische wie auch situative Einflussfaktoren zu berücksichtigen, die das interne und externe Umfeld der Hochschule betreffen.

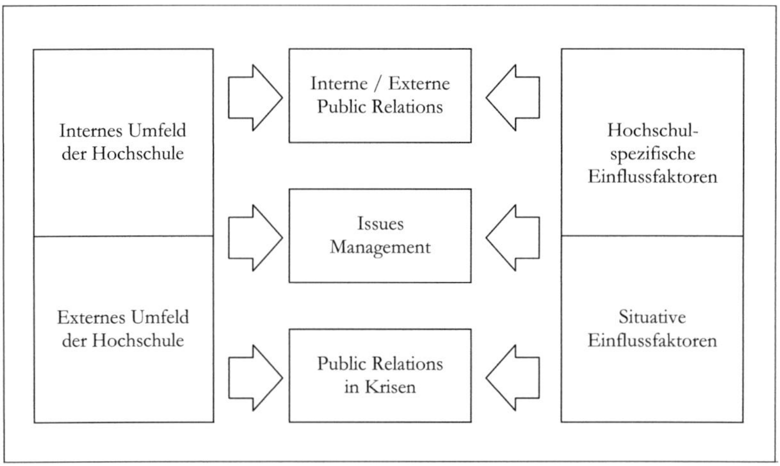

Abb. 3: Erscheinungsformen der Public Relations bei Hochschulen

Entsprechend den unterschiedlichen Ebenen der Public Relations unterteilt sich PR in eine intraorganisationalen Ebene, also die Öffentlichkeitsarbeit der Organisation selbst, und in eine interorganisationale Ebene, dass heißt die Beteiligung einer Hochschule an der Public

Relations-Arbeit von beispielsweise Verbänden. Bezogen auf die überorganisationale Public Relations ist von Interesse, welchen Vereinigungen sich die Hochschule angeschlossen hat, und inwiefern derartige Mitgliedschaften zur interorganisationalen PR- Arbeit genutzt werden.[244] In diesem Zusammenhang muss aber davor gewarnt werden, die Öffentlichkeitsarbeit delegieren zu wollen. In der heutigen Gesellschaft ist die Initiative der einzelnen Hochschule gefragt, insbesondere da Verbände und Interessenvertretungen nicht mehr die Glaubwürdigkeit wie früher haben.

4.3.1 Grundfunktion der Public Relations

Bei der Bestimmung der Funktionen von Public Relations ergeben sich Schwierigkeiten aufgrund der fehlenden Eindeutigkeit, welche Tätigkeiten und Funktionen dem PR- Bereich zugeordnet werden können.[245] In Bezug auf die Darstellung von PR- Funktionen ergibt sich daher ein ähnliches Problem wie bei den Definitionen des Begriffes „Public Relations". Auch hier wird in der Literatur eine Vielzahl von Funktionen genannt.[246]

Aus dem Systemdenken im Rahmen der Public Relations-Theorien lassen sich rationale Erklärungen dafür ableiten, warum es die Funktion Public Relations in einer Hochschule überhaupt gibt bzw. nicht gibt. GRUNIG/ HUNT sehen nur dann eine Notwendigkeit für geplante und formalisierte Kommunikation, wenn das Verhalten der Organisation für die Teilöffentlichkeiten und/ oder das Verhalten der Teilöffentlichkeiten für die Organisation Konsequenzen bzw. Auswirkungen haben. Liegen solche vor, dann entsteht die Notwendigkeit für Public Relations.

Die Abbildung 4 soll die Sichtweise der Public Relations als Mittler zwischen Hochschule und Öffentlichkeit wiedergeben. Nach GRUNIG/ HUNT beeinflussen sich die Handlungen der Hochschulleitung und die der Teilöffentlichkeiten gegenseitig und haben gegensätzliche Auswirkungen aufeinander.[247] Durch die Wechselseitigkeit zwischen dem Verhalten der Hochschule und dem der Umwelt entsteht die Notwendigkeit von Public Relations. Durch Arbeit der Public Relations-Abteilung soll die Kommunikation zwischen Hochschule und Gesellschaft zielgerichtet gestaltet und optimiert werden. So analysiert die

244 Vgl. Bogner, F.M. (1990), S. 274ff.
245 Vgl. Barthenheier, G. (1982), S. 3.
246 Vgl. Knorr, R.H. (1984), S. 317ff.
247 Vgl. Grunig, J.E./ Hunt, T. (1984), S. 9ff.

Public Relations-Abteilung einerseits die Bedürfnisse der Teilöffentlichkeiten und ist andererseits darum bemüht, die Hochschulleitung zu beraten.[248] Public Relations wird also vorrangig als eine Kommunikationsfunktion gesehen. Kommunikation sorgt demnach für die Legitimation von Organisationen, indem sie den individuellen und sozialen Nutzen ökonomischen Handelns erklärt. Die Art und Weise, in der die Beziehungen zur Öffentlichkeit gestaltet werden, beeinflusst das Verhältnis von Hochschule und Öffentlichkeit zueinander. Dieses Verhältnis kann durch die Organisation ins Positive oder Negative verändert werden. Public Relations erfüllt hier eine wichtige Funktion innerhalb der Koordinierung der Hochschulkommunikation. Damit diese Kommunikation jedoch einen langfristigen und einheitlichen Aspekt gewinnt, sollte sie bei der Hochschulleitung angesiedelt sein. Auf diese Weise wird Public Relations zur Aufgabe des Hochschulmanagements.[249]

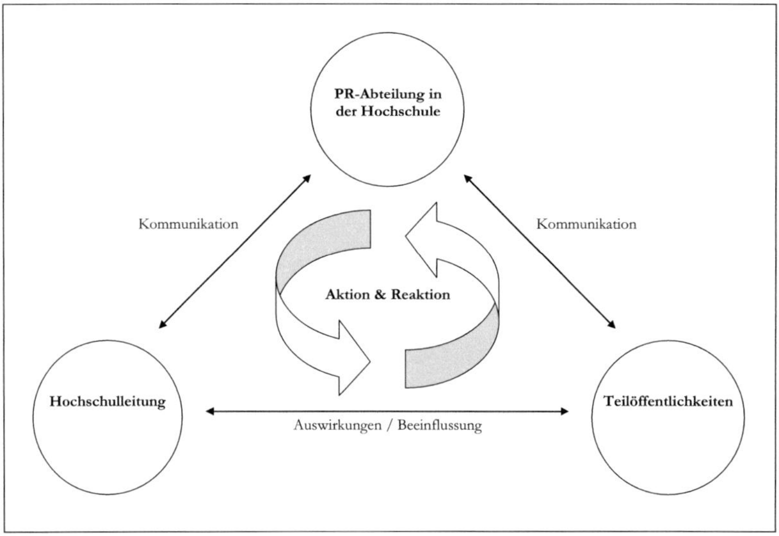

Abb. 4: Funktionen von Public Relations in Hochschulen [250]

Die deutschsprachige wissenschaftliche Literatur sieht Public Relations, anders als die amerikanische, nicht so sehr als spezifische Leistung einzelner Organisationen, sondern als

[248] Vgl. Kotler, P./ Bliemel, F. (1995), S. 1020
[249] Vgl. Long, L./ Hazleton, V. (1987), S. 6
[250] Quelle: Abbildung in Anlehnung an Grunig, J.E./ Hunt, T. (1984), S. 10

eine gesellschaftspolitische Funktion.[251] Wenn Hochschulen Public Relations-Aufgaben wahrnehmen, verfolgen sie in der Regel ihre eigenen Ziele und damit partikulare Interessen. Dennoch resultieren daraus positive Leistungen für das Gemeinwohl - für die Märkte, die Teilöffentlichkeiten und für die gesamte Gesellschaft.

Public Relations befasst sich mit der Vermittlung von Informationen. Der Bedarf an Informationen hat in den vergangenen Jahren enorm zugenommen. Hochschulen müssen heute „mit einer größeren Vielzahl von Personen über eine größere Vielfalt an Informationen sprechen".[252] Informationen sind heute in jeder Organisation – auch angesichts des Trends zu einer immer stärkeren Informationskonkurrenz – zu einem wichtigen Leistungsfaktor geworden, den es sachgerecht einzusetzen gilt. Die Kriterien, nach denen Leistungen und Organisation beurteilt werden, sind vielfältiger und anspruchsvoller geworden. Hochschulen sehen sich heute oft sehr verschiedenartigen Interessen gegenüber. Um der zunehmenden Kritik der Öffentlichkeit an der Organisation und ihren Aktivitäten begegnen zu können, sehen sich viele Hochschulen dazu veranlasst, ihre Informationsfunktion gegenüber den relevanten Teilöffentlichkeiten auszubauen. Es kommt für eine Hochschule darauf an, Ereignisse mit Nachrichtenwert zu schaffen, die ein positives Bild von der Institution vermitteln bzw. die den eigenen Standpunkt in einer gesellschaftlichen Auseinandersetzung einsichtig zu machen.

4.3.2 Interne und externe Public Relations

Public Relations lässt sich aufgrund ihrer primären Zielgruppenausrichtung in interne und externe PR-Arbeit unterscheiden.[253] Unter interner Public Relations wird die Kommunikation mit unternehmensinternen Zielgruppen wie beispielsweise Professoren, Mitarbeitern und Studenten verstanden. Externe Public Relations richtet sich an sämtliche außenstehende Anspruchs- und Zielgruppen bzw. Teilöffentlichkeiten.[254] Der gesamte Bereich Public Relations kann nach Zielgruppen in unterschiedliche Teilgebiete gegliedert werden wie z. B. Investor Relations, Presse- und Medienarbeit.[255] Ausgangspunkt sämtlicher PR-Aktivitäten ist die Hochschule selbst. Dieser Gedanke spiegelt sich in dem bekannten

---

[251] Vgl. Avenarius, H. (1995), S. 30f. sowie S. 75ff.
[252] Scherer, H. (1995), S. 54
[253] Vgl. Marston, J.E. (1979), S. 45ff; Haedrich, G./ Barthenheier, G./ Kleinert, H. (1982)
[254] Vgl. Cutlip, S.M./ Center, A.H./ Broom, G.M. (1994), S. 20
[255] Vgl. Baskin, O./ Aronoff, C.E. (1992), S. 436ff.

Grundsatz der PR-Branche „Public Relations begin at home“ wider. So wird in der Literatur häufig postuliert, dass der Gestaltung der Public Relations nach innen deshalb ein mindestens ebenso hoher Stellenwert wie der externen Public Relations zukommen sollte.[256] In vielen Organisationen in Deutschland wird Öffentlichkeitsarbeit hingegen einseitig auf den Absatz- und Meinungsmarkt bezogen. Andererseits ist es sicher kein Zufall, dass gerade die erfolgreichen und bekannten Organisationen der internen Public Relations eine große Bedeutung beimessen.[257] In den folgenden Ausführungen wird daher der internen Public Relations, auch im Hinblick auf die herausragende Bedeutung für Dienstleistungsorganisationen, hier speziell den Hochschulen, ein wesentlich breiterer Raum eingeräumt als der externen Öffentlichkeitsarbeit.

Die Zahl der wissenschaftlichen Beiträge zum Thema „interne Kommunikation“ ist mittlerweile kaum mehr überschaubar. Das Spektrum interner PR-Definitionen ist allerdings nicht so breit wie das der nach außen gerichteten Public Relations. Ein wesentlicher Grund hierfür liegt sicher darin, dass viele Autoren Mitarbeiterinformation bzw. Mitarbeiterkommunikation als eine typische PR-Funktion begreifen und auf eine nähere Begriffsdefinition verzichten.[258] Zudem zeigt die Verwendung von Begriffen wie „interne Public Relations“, „Employee Relation“ oder „innerbetriebliche Öffentlichkeitsarbeit“ deutlich, dass interne Kommunikation meist als ein Teilgebiet von Public Relations verstanden wird. Betrachtet man die Definitionen von Public Relations wie z. B. diejenige von GRUNIG/ HUNT („Public relations is the management of communication“), so ist die Zuordnung der internen Kommunikation zu Public Relations einleuchtend.

Unter interner Public Relations werden gezielte interne Kommunikationsmaßnahmen verstanden, mit denen das Management die Zusammenarbeit mit den Mitarbeitern bzw. Angehörigen und das Organisationsklima positiv beeinflussen will.[259] Dazu gehört beispielsweise eine möglichst offene Informationspolitik des Hochschulmanagements über Ziele, Planungen, Aktivitäten und selbstverständlich auch über Problembereiche. Gerade im Hochschulbereich gibt es hier mitunter erhebliche Defizite. Nach Auffassung von CUTLIP/CENTER/BROOM hat Mitarbeiterinformation die Aufgabe, „to establish and maintain mutually beneficial relationships between an organization and the employees on

256 Beger, R./ Gärtner, H.-D./ Mathes, R. (1989), S. 119ff.
257 Vgl. Wollny, B. (1993), S. 326
258 Vgl. Reineke, W./ Pfeffer, G.A. (1994), S. 136ff.
259 Vgl. Spindler, G.P. (1993), S. 270; Reineke, W./ Pfeffer, G.A. (1994), S. 137

whom its success or failure depends."[260] In der Formulierung von KALMUS steht der Mensch am Arbeitsplatz und nicht eine diffuse Öffentlichkeit im Mittelpunkt der internen Information. Die Grundidee dabei ist: „Mitarbeiten kann nur, wer mitdenken kann, mitdenken kann nur, wer informiert ist."[261] Die Einstellung der Mitarbeiter gegenüber ihrer Arbeit und ihrer Arbeitswelt, insbesondere die Arbeitszufriedenheit, wird heute zu einem immer wichtigeren Einflussfaktor für die Effektivität des gesamten Arbeitsprozesses. Nach SCIOR, der den Bedingungsrahmen für organisationsinterne Öffentlichkeitsarbeit untersucht, gilt allerdings: organisationsinterne Öffentlichkeitsarbeit wird in der Regel als Information „von oben nach unten" verstanden, was eine Partizipation der Mitarbeiter am Kommunikationsprozess ausschließt."[262] Danach ist Public Relations auch Ausdruck der Einlösung gesetzlicher Informationspflichten.[263]

In Theorie und Praxis wird in letzter Zeit zunehmend die Bedeutung der internen Kommunikation zur gemeinsamen Ausrichtung der Kommunikationsarbeit von Organisationen erkannt.[264] Was mit den Stichworten „Humanisierung der Arbeitswelt", „moderner Führungsstil", „vertrauensvolle Zusammenarbeit" und „Mitbestimmung" angestrebt wird, lässt sich nur mit Hilfe systematischer interner PR-Arbeit verwirklichen.[265] Hochschulen sehen sich seit einiger Zeit als Folge des Wertewandels mit einem wachsenden und wandelnden Informations- und Kommunikationsbedürfnis seiner Mitglieder konfrontiert. Sowohl das Bedürfnis nach Information als auch der Wunsch nach verstärkter Partizipation haben in den letzten Jahren deutlich zugenommen. Bisherige Informationsinhalte und Kommunikationsmaßnahmen von· Hochschulen müssen sich dieser Entwicklung zwangsläufig anpassen. Die wachsende Komplexität der Arbeitswelt, der schnelle technologische Wandel, der sich in ständig, neuen Anforderungen an die Qualifikation der Mitarbeiter in den Hochschulen niederschlägt, und der zunehmende Wettbewerb im Hochschulsektor fordern von der internen Public Relations Qualitäten, die über reine Informationsvermittlung, wie sie in der Hochschulpraxis häufig anzutreffen ist, hinausgehen.

---

260 Cutlip, S.M./ Center, A.H./ Broom, G.M., 1994, S. 263
261 Kalmus, M. (1982), S. 94; Meisert, H. (1989), S. 36
262 Scior, W. (1982), S. 77
263 Vgl. Scior, W. (1982), S. 80ff.
264 Vgl. Armbrecht, W. (1992)
265 Vgl. Zimmer, D. (1995), S. 51ff.

Qualität und Umfang der Informationen an die Hochschulmitglieder haben heute eine zentrale Bedeutung für ihre Leistungsbereitschaft und damit auch für den Erfolg einer Hochschule.[266] So können Mitarbeiter beispielsweise dazu beitragen, Informationsdefizite auszugleichen, die extern gerichtete Medien hinterlassen haben.[267] Zu berücksichtigen ist auch, dass das Ansehen einer Hochschule in der Öffentlichkeit unter dem abweichenden Verhalten einzelner Mitarbeiter leiden kann.[268] Interne Public Relations hat deshalb den Hochschulmitgliedern begreifbar zu machen, dass die Interessen der Hochschule auch ihre eigenen Interessen darstellen, und ihr Engagement bei anderen externen Teilöffentlichkeiten letztendlich auch ihnen selbst zugute kommt. Inzwischen ist es unbestritten, dass die Kommunikation mit den internen Teilöffentlichkeiten über ebenso professionelle Medien erfolgen muss wie die externe Kommunikation. Dazu steht den Hochschulen ein reiches Instrumentarium zur Verfügung. Obwohl effektive interne Public Relations nicht nur die Identifikation mit dem Handelsbetrieb fördert, sondern gleichzeitig zur Leistungsmotivation beitragen kann,[269] wird die Bedeutung der internen Hochschulpraxis deutlich geringer eingeschätzt als diejenige externer Kommunikationsinstrumente.

Zusammenfassend sei nochmals festgehalten, dass ein konzeptionell geplanter systematischer Einsatz von Informationen an die Hochschulmitglieder wesentlich zu einem effektiven internen Umfeld beiträgt, in dem informierte Mitglieder die Ziele der Hochschule aktiv unterstützen. Public Relations kann letztlich nur dann effizient nach außen wirken, wenn diese intern Akzeptanz erreicht. Damit erhält die interne Public Relations die Bedeutung einer strategischen Erfolgsfaktors für Hochschulen.

Die externe Public Relations-Arbeit vervollständigt das Spektrum der Öffentlichkeitsarbeit. Mit der externen Public Relations werden alle Maßnahmen bezeichnet, die sich auf Zielgruppen außerhalb der Hochschulen, auch die Absatz- und Beschaffungsmärkte, beziehen. Dabei spielt es keine Rolle, ob diese externen Zielgruppen nur eine Mittlerrolle übernehmen, wie Journalisten oder Lobbyisten, oder ob die Hochschule in einer unmittelbaren und direkten Beziehung zu diesen Zielgruppen steht.

---

266 Vgl. Hofmann, M./ Landmann, C. (1995), S. 120f.
267 Vgl. Beger, R./ Gärtner, H.-D./ Mathes, R. (1989), S. 121
268 Vgl. Ronneberger, F. (1977), S. 24
269 Vgl. Berger, R./ Gärtner, H.-D./ Mathes, R. (1989), S. 117; Hopfenbeck, W./ Roth, P. (1994), S. 31

Die Systematisierung der externen Kommunikationsbeziehungen muss bei den jeweils beteiligten Rollenträgern ansetzen. Innerhalb der externen Public Relations haben sich verschiedene Teilgebiete entwickelt, deren Bezeichnung sich nach den anzusprechenden Zielgruppen richtet.[270] Die spezifischen Darstellungen verschiedener Relations können kaum abschließend aufgezählt werden. Die wichtigsten und gebräuchlichsten Teilgebiete der externen Public Relations werden im Folgenden auch nicht als Schwerpunkt behandelt; diese werden lediglich systematisiert und definiert. Zu den für die Organisation relevanten Teilgebieten der externen Public Relations können Investor Relations,[271] Presse- und Medienarbeit, Beschaffungs-PR,[272] Produkt-PR,[273] Public Affairs[274] und Umwelt-PR gezählt werden. Diesen lassen sich spezifische Teilöffentlichkeiten zuordnen, die für eine Hochschule je nach Zielgruppenausrichtung eine stärkere oder geringere Bedeutung haben können. Innerhalb dieser Teilgebiete werden für die anzusprechenden Zielgruppen meist spezifische Maßnahmenprogramme konzipiert, wobei dieselben Kommunikationsinhalte und Public Relations-Instrumente für verschiedene Teilgebiete eingesetzt.[275] So kann beispielsweise der Forschungsbericht der Hochschulen, primär ein Instrument der Public Affairs, durchaus auch für Pressearbeit und für interne Public Relations Verwendung finden.

4.3.3 Issues Management

In vielen Fällen reicht heute die klassische Public Relations nicht mehr aus. Deshalb haben vor allem in den USA Großunternehmen nach Lösungen gesucht, die eine effektivere Auseinandersetzung mit den Teilöffentlichkeiten in einer zunehmend komplexeren Umwelt ermöglichen. Eine Methode, mit der sich sowohl die amerikanische Managementliteratur als auch speziell die PR-Literatur auseinandersetzt, ist das Issues Management. Die Public Relations-Forschung steht hier allerdings erst ganz am Anfang; sie beschäftigt sich einerseits mit Definitionen und Analysen, andererseits mit dem Prozess des Issues Managements. Im amerikanischen Raum entwickelte sich Issues Management seit Mitte der siebziger Jahre zu einem der wichtigsten Schlagworte[276] und wurde in Organisationen als eigen-

[270] Vgl. Naundorf, S. (1993), S. 606ff.
[271] Vgl. Bimboese, B. (1990)
[272] Vgl. Pieper, W. (1993a), S. 71ff.
[273] Vgl. Wallinger, A. (1994), S. 91
[274] Vgl. Pieper, W. (1993b), S. 412ff.
[275] Vgl. Sühling, V. (1996), S. 86
[276] Vgl. Grunig, J.E./ Hunt, T. (1984), S. 296

ständige Managementfunktion erkennbar. Seitdem hat Issues Management einen wesentlichen Beitrag zur Weiterentwicklung der Public Relations; so ermöglichte es unter anderem den Einbezug von Öffentlichkeitsarbeit in die strategische Planung.[277]

Bei Issues Management handelt es sich um ein neues Anwendungsfeld von Public Relations, in dem es darum geht, Themen der öffentlichen Diskussion zu erkennen und darauf zu reagieren.[278] Issues Management geht davon aus, dass gesellschaftliche Konflikte und Streitfragen unter anderem über den öffentlichen Meinungsbildungsprozess[279] gelöst werden können. In diesem Sinne bezeichnet der öffentliche Meinungsbildungsprozess einen kommunikativen Prozess, im Laufe dessen gesellschaftspolitische und sozioökonomische Konfliktthemen durch die öffentliche Diskussion einer Lösung zugeführt werden.[280] Es wird davon ausgegangen, dass Organisationen aufgrund ihrer Bedeutung für die Gesellschaft das Recht und die Pflicht haben, einen Beitrag zur Lösung gesellschaftlicher Konflikte zu leisten und zu Themen öffentlichen Interesses wie beispielsweise Studiengebühren, Standortschließungen oder Modernisierungsmaßnahmen Position zu beziehen.[281]

In der amerikanischen Literatur wurde dafür der Begriff des Issues Managements eingeführt, den die Public Relations Society of America als „systematic identification and action regarding public policy matters of concern to an organization“[282] definiert. CUTLIP/ CENTER/ BROOM umschreiben die Funktion von Issues Management wie folgt: „Issues management is the proactive process of anticipating, identifying, evaluating, and responding to public policy issues that affect organizations and their publics.“[283] Mit anderen Worten: Ziel des Issues Management ist es, soziale und politische Veränderungen zu identifizieren, zu interpretieren und entsprechende Antworten auf bestimmte Issues zu erarbeiten. Der strategische Zweck von Issues Management liegt nun darin, die Aktivitäten von Hochschulen mit den Werten der Gesellschaft abzustimmen. Somit kommt Issues Management auch die Funktion eines Frühwarnsystems zu.[284] In diesem Sinne sollen

---

[277] Vgl. Sühling, V. (1996), S. 87f.
[278] Vgl. Chase, W.H. (1977), S. 25f.
[279] Vgl. Schaufler, G.C./ Signitzer, B. (1990), S. 33
[280] Vgl. Ewing, R.P. (1979), S. 15
[281] Vgl. Schaufler, G.C./ Signitzer, B. (1990), S. 34
[282] Public Relations Society of America, 1987, S. 9.
[283] Cutlip, S.M./ Center, A.H./ Broom, G.M. (1994), S. 16
[284] Vgl. Wartick, S.L./ Rude, R.E. (1986), S. 124

potentielle Gefahren und Chancen der Umwelt identifiziert werden, und es soll versucht werden, effektive Lösungen für bestimmte Issues zu finden.

Wie sieht nun die Beschaffenheit von Issues aus? Issues können als Themen öffentlichen Interesses mit hohem Konfliktpotential umschrieben werden, also Themen, die teilweise äußerst gegensätzliche Standpunkte zulassen. Sie können sich in Form von konkreten Ansprüchen bestimmter Teilöffentlichkeiten äußern und in der Folge den Freiraum einer Hochschule begrenzen. Nach SCHAUFLER/SIGNITZER handelt es sich bei Issues „zumeist um Themen, die über den Weg des öffentlichen Meinungsbildungsprozesses einer gesetzlichen Regelung zugeführt werden".[285] Dass hierbei die Medien eine sehr wichtige Funktion, nämlich die der Polarisierung und Kanalisierung von Meinungen übernehmen, steht außer Zweifel.

Die Anwendung des Issues Managements in der Hochschulpraxis verlangt eine Kenntnis des prinzipiellen Entwicklungsverlaufs von Issues. Issues sind Konsequenzen aus wahrnehmbaren Missständen und Phänomenen, die immer dann entstehen, wenn eine Gruppe von Individuen ein Problem erkennt und sich dazu entschließt, etwas zu tun, um es zu lösen.[286] Ein Thema wird erst dann zu einem Issue, wenn es zum Gegenstand der öffentlichen Diskussion geworden ist. Als hochschulspezifisches Beispiel kann hier die Auseinandersetzung mit Fragestellungen zur Erhebung von Studiengebühren genannt werden. Bis dahin durchläuft ein Issue vier Phasen: Definition, Legitimation, Polarisation und Identifikation.[287] Zunächst muss ein Issue definiert werden. Ein so definierter Issue wird dann legitimiert. Danach tritt ein Issue in die entscheidende Phase, die öffentliche Diskussion, die primär in den Medien stattfindet. Die Medien verleihen einem Issue auf diese Weise Aktualität und Lösungen werden öffentlich diskutiert.

Wie sind nun die Verfahrensschritte im Issue-Management-Prozess? Was muss eine Hochschule tun, um ein Thema in die öffentliche Diskussion einzuführen? Bei dem Prozess des Issues Managements sind üblicherweise fünf Phasen zu durchlaufen: Issue-Identifikation, Issue-Analyse, Aktionsplanung, Durchführung und Evaluation der Ergebnisse.[288] Der erste Schritt besteht in der Auflistung möglicher geeigneter Themen. Die Hochschule muss die

---

285 Schaufler, G.C./ Signitzer, B. (1990), S. 32
286 Vgl. Grunig, J.E./ Hunt, T. (1984), S. 145
287 Vgl. Schaufler, G.C./ Signitzer, B. (1990), S. 32f.
288 Vgl. Renfro, W.L. (1990), S. 21ff.

Themen erkennen, die noch nicht auf den Presse-Agenden stehen, um Lösungsvorschläge zu haben, bevor die öffentliche Diskussion einsetzt. Selbst kleinere Institutionen haben die Chance der Thematisierung. Der Hochschul-PR fällt in dieser Phase ein Monitoring zu, also das ständige Beobachten der Medien und ihrer Inhalte, so dass Trends und Tendenzen ihrer Berichterstattung erkennbar werden. Ziel dieser Überlegungen ist, sich bei der Bestimmung der Themen öffentlicher Diskussion nicht in die Abhängigkeit von so genannten „pressure groups" zu begeben. SIGNITZER/ SCHAUFLER schlagen vor, die Themen durch wissenschaftliche Methoden der Zukunfts- und Trendforschung zu antizipieren, um potentielle Konflikte zu vermeiden oder sie im Konsens mit der öffentlichen Meinung zu lösen.[289] So haben bestimmte Themen in der politischen Öffentlichkeit oder in anderen Bereichen mehr oder weniger Konjunktur. Ein strategisches Issues-Management und eine systematische Analyse von Stimmungsinformationen[290] können dazu beitragen, Themenzyklen frühzeitig zu erkennen und bei der Formulierung eigener Botschaften auszunutzen.[291] Als zweiter Schritt sind die den Themen zugrunde liegenden Probleme zu analysieren. Die Einschätzung der Bedeutung und Auswirkungen einzelner Issues auf die Hochschule stellt hier eine der wesentlichen Aufgaben dar. Zur Überwachung einzelner Issues ist es deshalb wichtig, von einer Systematisierung auszugehen. Im dritten Schritt hat die Hochschule dasjenige Thema auszuwählen, welches es sich zu Eigen machen will. Hier kommt es darauf an, der erste zu sein, der erste zu sein, der ein Thema besetzt. Es ist aber auch von Wichtigkeit, eine Lösung anzubieten, die mit den herrschenden gesellschaftlichen Wertvorstellungen übereinstimmt. „Wem dies gelingt", sagen SCHAUFLER/ SIGNITZER zu Recht, „hat gegenüber der anderen Konfliktpartei einen beachtlichen Vorteil".[292] Damit ist der vierte Schritt im Issues-Management-Prozess erreicht. Mit ihm wendet sich die Hochschule an die Öffentlichkeit und dabei vorzugsweise an die Medien. Bei der Presse stößt es auf eigene Gesetzmäßigkeiten der Thematisierung.

Amerikanische Theoretiker des Issues Managements betonen insbesondere, wie wichtig es ist, gesellschaftliche Trends ganz früh in ihrer Entstehungsphase zu erkennen, damit sie in der Folge proaktiv gestaltet werden können.[293] Ausgehend von der Systembetrachtung der Public Relations ist dies allerdings keine neue Erkenntnis. Public Relations muss weit im

[289] Vgl. Schaufler, G.C./ Signitzer, B. (1990), S. 31; Ramsey, S.A. (1993), S. 263ff.
[290] Vgl. Silberer, G./ Jaekel, M. (1996)
[291] Vgl. Heath, R.L. (1990)
[292] Schaufler, G.C./ Signitzer, B. (1990), S. 32
[293] Vgl. Heath, R.L. (1990), S. 31

Vorfeld der Meinungsbildung beginnen, wenn sie an deren Prozessen aktiv teilnehmen will. Sind die gesetzlichen Entscheidungen erst getroffen, besteht nur mehr die passive Möglichkeit der Anpassung oder eine kostenspielige Anfechtung der Urteile vor Gericht. Eine Issue-Identifikation wird in den meisten Organisationen jedoch nicht konsequent durchgeführt. Instrumente und Methoden für ein systematisches Monitoring fehlen.[294] Umweltentwicklungen werden kaum in Bezug auf ihre ökologischen, ökonomischen, technischen; sozialen und politischen Hintergründe hinterfragt. Dies gilt insbesondere auch für den Hochschulsektor. In der Praxis gehen PR-Verantwortliche häufig davon aus, dass ihre eigenen ·Wahrnehmungen ausreichen, um relevante Entwicklungen rechtzeitig zu erkennen. Die Realität in den Organisationen sind in vielen Fällen noch immer reaktive Strategien, die versuchen, ein Issue zu unterdrücken.

4.3.4 Public Relations in Konflikten und Krisen

In den vorangegangenen Kapiteln wurden die interne und externe PR-Arbeit sowie Issues Management als Formen und Funktionen von Public Relations erläutert. Beide Bereiche beeinflussen maßgeblich den strategischen Freiraum einer Hochschule gegenüber den gesellschaftlichen und ökonomischen Ansprüchen der Umwelt. Durch die Dynamik der ökonomischen, technologischen und sozialen Umwelt sind Konflikte zwischen den einzelnen Ansprüchen des Hochschulumfeldes und der verfolgten Hochschulpolitik nicht immer zu umgehen. Aber auch der gesellschaftliche Wandel kann Krisen und Instabilitäten in einzelnen Branchen und Organisationen hervorrufen. Angesichts der sich wandelnden Märkte und Werte werden Organisationen von Belangen der Umwelt, der Gesundheit und des Verbraucherschutzes oft in einer Weise überrascht, die mit den eigenen Zielen in Konflikt geraten.[295] Die ständig zunehmenden Konflikte zwischen Bevölkerung und Hochschulen in den Bereichen wie z. B. Studienfinanzierung oder Etablierung neuer Studiengänge und Modelle, die inzwischen sowohl in den Medien als auch in der Öffentlichkeit kontrovers diskutiert werden, führen angesichts damit verbundener Legitimationsprobleme zu einer wachsenden Bedeutung von Public Relations. Die Störfälle der letzten Jahre und das vielfach unprofessionelle Handling dieser Krisen oder Veränderungsprozesse durch die beteiligten Organisationen sind dafür illustrierende Beispiele.[296]

---

[294] Vgl. Heath, R.L. (1990), S, 41ff.
[295] Vgl. Dyllick, T. (1992), S. 64f.
[296] Vgl. Pauli, K.S. (1993), S. 162f.

In den folgenden Ausführungen sollen nicht Lösungen konkreter Einzelprobleme im Krisenfall aufgezeigt werden, sondern es soll eine Auseinandersetzung mit den grundsätzlichen Fragen der Public Relations in Konflikten und bei Krisen erfolgen. Public Relations-Arbeit in Krisenfällen muss im Einzelfall immer die situativen und hier insbesondere die hochschulspezifischen Einflussfaktoren berücksichtigen. Gegenstand der folgenden Erörterungen sind Krisen in Organisationen, welche öffentlich bekannt werden und zumeist einen Verlust von Vertrauen bzw. Glaubwürdigkeit in relevanten Teilöffentlichkeiten zur Folge haben sowie den Ruf und das Image einer Hochschule in existentieller Weise beeinflussen kann.

Krisen, von denen Organisationen betroffen sind, können vielfältiger Art sein. Eine der maßgeblichen Ursachen für Krisen in Organisationen ist der Wertewandel in den Industriegesellschaften. Insbesondere die erhöhte Sensibilisierung gegenüber Technologien, Arbeitswelt und der Umwelt.[297] Für Hochschulen können mögliche Auslöser von Krisen interne und externe Ursachen haben. Beispiele sind:

- Erhebung oder Erhöhung von Studiengebühren,
- Schließung von Studiengängen,
- Gründung neuer privater Hochschulen und
- Abwanderung der jungen Bevölkerung in andere Bundesländer.

Jede Organisation kann heute, unabhängig von der Größe, von einer Krise betroffen sein - eine Tatsache, die spätestens dann sichtbar wird, wenn eine Organisation mit negativen Schlagzeilen in die Medien gerät. Symmetrische Public Relations, die vielfach als Instrument für die Herstellung von Konsens angesehen wird, ist in solchen Fällen ungeeignet. Vor diesem Hintergrund ist es verständlich, dass sich die Krisen-PR in den vergangen Jahren „zu einer selbständigen Disziplin der Öffentlichkeitsarbeit entwickelt hat".[298] Generell geht es bei Public Relations in Konflikten oder bei Krisen um den Beitrag der Öffentlichkeitsarbeit zur Bewältigung von Krisen in Organisationen. Public Relations als Teil es Krisenmanagements stellt zwar kein Instrumentarium zur Beseitigung von Krisenursachen zur Verfügung, jedoch bietet sie vielfältige Möglichkeiten, Krisenfolgen zu mildern und Folgeschäden in der Öffentlichkeit zu vermeiden. Krisen-PR hat vor allem die

297 Vgl. Apitz, K. (1987), S. 18ff.
298 Togotzes, J. (1990), S. B 4

Aufgabe, die Medienresonanz zu steuern und das Management unter Berücksichtigung aller öffentlichen Aspekte zu beraten.[299] Dabei umfasst Krisen-PR alle öffentlichkeitswirksamen Maßnahmen, die eine Organisation vor, während und nach einer Krise ergreift, um diese mit möglichst geringem (kommunikativem) Schaden bewältigen zu können.[300] Krisen-PR beginnt allerdings nicht erst mit der Krise, integraler Bestandteil ist die rechtzeitige Vorbereitung der Unternehmung auf mögliche Krisen, so genannte Krisenfälle antizipatorisch überdacht werden, um sich gegebenenfalls darauf vorzubereiten. Krisen-PR muss proaktiv sein. Wichtigstes Ziel ist, ein Problem bereits im Vorfeld zu entschärfen, bevor sich ein organisierter Widerstand gegen die Interessen der Organisation bilden und seinerseits Publizität erlangen kann.

Das vorhandene Konfliktpotential in einer Hochschule wird insbesondere dann deutlich, wenn eine Identifizierung aller Schwachstellen in der Organisation vorgenommen wird.[301] Auch die Analyse von krisenrelevanten Entwicklungen und Veränderungen im Umfeld der Hochschulen erweist sich als notwendig.[302] Um in Krisensituationen das Richtige veranlassen zu können, muss das Hochschulmanagement Gefahrenpotentiale, wichtige Einflussgrößen und Gesetzmäßigkeiten der Krisen-PR kennen.[303] Seit Mitte der achtziger Jahre ist eine Vielzahl von Literatur zu diesem Thema erschienen,[304] aber nahezu ausschließlich als mehr oder weniger stringente Systematisierung praktischer Erfahrungen.[305]

Wodurch sind nun Konflikte und Krisen in Organisationen gekennzeichnet? Als Konflikte können Auseinandersetzungen zwischen mindestens zwei Teilnehmern um materielle oder nicht-materielle Objekte[306] bezeichnet werden. Diese können grundsätzlich nichtöffentlich oder öffentlich ausgetragen werden. Demgegenüber sind Krisen weitgehend eine Sache der öffentlich anerkannten Benennung. Nur dann, wenn eine Konfliktsituation nicht mehr zu bewältigen ist, kann daraus eine tatsächliche Krise entstehen, die in der Lage ist, die Existenz eines Systems (hier: einer Hochschule) in seiner bestehenden Form zu bedrohen.[307] LAMBECK versteht eine Krise aber auch als im positiven Sinne, denn sie ist

---

[299] Vgl. Laeschke, B.F./ Heise, W. (1992), S. 32
[300] Vgl. Naundorf, S. (1993), S. 613
[301] Vgl. Beger, R./ Gärtner, H.-D./ Mathes, R. (1989), S. 157
[302] Vgl. Staehle, W.H. (1991), S. 834ff.
[303] Vgl. Klenk, V. (1989), S. 29
[304] Vgl. Apitz, K. (1987); Wiedemann, P.M. (1990); Klimke, R./ Schott, B. (1993)
[305] Vgl. Kunczik, M./ Heintzel, A./ Zipfel, A. (1995), S. 14
[306] Vgl. Beger, R./ Gärtner, H.-D./ Mathes, R. (1989), S. 145
[307] Vgl. Staehle, W.H. (1991), S. 831; Lambeck, A. (1992), S. 10

“ein dynamischer Prozess, gekennzeichnet durch Phasen hoher Beschleunigung des komplexen Geschehens, das sich als … Resultat einer Vielzahl von Parametern darstellt“.[308] Ein geradezu klassisches Merkmal der Krise ist die Gleichzeitigkeit der Ereignisse, die zu einer Reihe von Entscheidungen und zu Handeln unter Zeitdruck zwingt.[309] Darin liegen vor allem die großen Schwierigkeiten des Krisen-Managements in Hochschulen begründet.

Dem Verlauf von Konflikten und Krisen geht in der Regel eine öffentliche Sensibilisierung voran. Durch einen Auslöser ergeben sich direkt Betroffene. Ein Teil dieser Betroffenen wird möglicherweise selbst Ansprüche an die Organisation richten. Unterstützt werden diese direkt Betroffenen dabei von Vertretern ihrer Interessen wie Umweltgruppen, Gewerkschaften, Politikern und den Medien. Es konstituieren sich schließlich Gruppen, die professionell ihre Ansprüche gegenüber der Hochschule artikulieren. Durch eine entsprechende Publizität der Vorwürfe und Forderungen manifestieren sich dann Konflikte oder Krisen. Mitarbeiter und Träger, Studenten und Interessenten, Unternehmen und Gewerkschaften sowie die Medien widmen der Organisation in der Krise hohe Aufmerksamkeit, was einerseits berechtigte Sorge ausdrückt, andererseits aber vor allem auch in den eigenen Interessen begründet ist. Möglicherweise kommt es in der Folge dann zu staatlichen Lenkungseingriffen.[310]

Konflikte und Krisen von Organisationen werden häufig in den Medien oder durch die Medien ausgetragen.[311] In keinem anderen Fall sind öffentliches Interesse und Medieninteresse so groß,[312] steht eine Organisation derart im Rampenlicht der Öffentlichkeit. Dies kennzeichnet aber auch die hervorragenden Kommunikations- und Selbstdarstellungsmöglichkeiten in solchen Situationen und stellt eine große Herausforderung für Public Relations dar. Eine Krise sollte immer auch als kommunikative Chance genutzt werden.[313] Das Management der internen und externen Public Relations bildet ein wesentliches Element der Krisenbewältigung. Die Aufgabe von Krisen-PR besteht neben der Mitarbeiterinformation zum großen Teil aus professioneller öffentlicher Kommunikation mit den Massenmedien und deren Vertretern. So hält BOGNER „Konfliktlösungen ohne ent-

[308] Lambeck, A. (1992), S. 11
[309] Vgl. Meffert, H. (1988), S. 383
[310] Vgl. Sühling, V. (1996), S. 95f.
[311] Vgl. Beger, R./ Gärtner, H.-D./ Mathes, R. (1989), S. 145ff.
[312] Vgl. Klenk, V. (1989), S. 31ff.
[313] Vgl. Mathes, R./ Gärtner, H.-D./ Czaplicki, A. (1993), S. 32

sprechendes Kommunikationsverhalten und ohne gezielte Kommunikationstechniken“[314] heute für nicht mehr denkbar.

Im Krisenfall spielt Public Relations eine überragende Rolle, denn bis etwas getan werden kann, müssen die verschiedensten Medienanfragen beantwortet werden.[315] Gefragt sind PR- Strategien, die Krisen ex ante abwenden beziehungsweise bei Eintreten des Ereignisses das richtige Handeln sicherzustellen vermögen. Jede Krise ist auch eine Informationskrise. Bei den betroffenen oder beteiligten Interessengruppen besteht ein besonders hoher Bedarf an Informationen. Und das betrifft nicht nur die Medien im Allgemeinen, sondern auch bestimmte Gruppen wie Konsumenten, Lieferanten, Banken, Anwohner oder Mitarbeiter. Gerade in Krisensituationen neigen viele Unternehmen dazu, sich von der Öffentlichkeit abzuschotten. Da dies nicht gelingen kann, und die betroffenen Teilöffentlichkeiten ein legitimes Interesse an Aufklärung haben, sollte ein Handelsunternehmen in der Krise eine aktive Informationspolitik mit Hilfe von Public Relations betreiben. Krisen- PR ist für Hochschulen eine Kommunikation mit quantitativ und qualitativ erhöhten Anforderungen. Die quantitativ erhöhten Ansprüche ergeben sich aus der Masse der zu bearbeitenden Informationsanfragen. Das Hochschulmanagement muss in Krisenfällen für eine Vielzahl von Interessenten als Ansprechpartner zur Verfügung stehen.[316] Die qualitativ erhöhten Ansprüche ergeben sich aus der Tatsache, dass im Krisenfall die Hochschule von der Öffentlichkeit genau beobachtet wird, und somit die hochschulseitigen Stellungnahmen sachlich richtig und inhaltlich konsistent sein müssen.[317]

Das Verhalten in Konflikten und bei Krisen kann nachhaltige Auswirkungen auf die Glaubwürdigkeit, das Ansehen und die zukünftigen Beziehungen zu Sozial- und Marktpartnern haben. Krisen in Organisationen sind auch „Vertrauenskrisen“[318]. Das Hochschulmanagement muss sich in Krisensituationen bewusst machen, dass Medien und Öffentlichkeit sehr sensibel reagieren, und zwar nicht nur auf die Inhalte, sondern auch auf die Art und Weise der Kommunikation.[319] Ein Fehlverhalten in der Krise kann in jahrelanger PR-Arbeit aufgebaute Image- und Vertrauenspotentiale innerhalb kurzer Zeit zunichte machen. Demzufolge sollte jede Hochschule auf Krisen vorbereitet sein, da in diesem Fall

---

[314] Bogner, F.M. (1990), S. 61
[315] Vgl. Klimke, R./ Schott, B. (1993), S. 20
[316] Vgl. Mathes, R. /Gärtner, H.-D./ Czaplicki, A. (1993a), S. 34f.; Avenarius, H. (1995), S. 251
[317] Vgl. Mathes, R./ Gärtner, H.-D./ Czaplicki, A. (1993a), S. 36.
[318] Vgl. Klenk, V. (1989), S. 29; Moeller, K.-U. (1993), S. 23
[319] Vgl. Bentele, G. (1992), S. 38

schnell gehandelt werden muss und Entscheidungen zu treffen sind. Die Krisen-PR hat wirksame Strategien zu entwickeln, die einem Negativimage vorbeugen beziehungsweise in oder nach einer Krisensituation ein beschädigtes Image korrigieren – unterstützt und umgesetzt durch eine aktive Informationspolitik.[320] Situationsgerechtes Verhalten erfordert jedoch frühzeitige Planung und Strategie. Insbesondere die Durchführung von Projekten im gesellschaftssensiblen Bereich setzt voraus, dass das Problem der Akzeptanz durch betroffene Teilöffentlichkeiten vorausschauend in den Planungsprozess einbezogen wird.

Angesichts der Plötzlichkeit von Ereignissen ist die Planbarkeit von Krisen-PR jedoch mit erheblichen Schwierigkeiten verbunden. Der nicht selten erhobenen Forderung nach Erstellung eines PR-Krisenplanes seitens der Organisation, der Regelungen beinhaltet, die sich mit der internen und externen Kommunikation befassen, als Grundlage einer erfolgreichen PR-Krisenbewältigung, steht eine Vielfalt denkbarer Krisen und die folglich schiere Unplanbarkeit von PR-Krisen gegenüber. Die Feststellung LAMBECKS, es gäbe keine Standardkrise, da jede durch die Vielfältigkeit ihrer Ursachen determiniert werde,[321] steht dabei stellvertretend für die Einschätzung vieler Autoren.

4.4 Public Relations im Rahmen einer integrierten Kommunikation

Nachdem die einzelnen Erscheinungsformen der Public Relations diskutiert worden sind, soll nun auf die Abstimmung dieser und ihrer Instrumente im Rahmen einer integrierten Kommunikation eingegangen werden. Zur Abstimmung und Schaffung von Kontinuität in der Kommunikationspolitik wird in der Literatur seit einigen Jahren verstärkt die Forderung nach einer integrierten Kommunikation in Organisationen gestellt.[322] Die integrierte Kommunikation, darin sind sich Wissenschaft und Praxis einig, ist eine der großen Herausforderungen, denen sich die Organisationen – so auch im Hochschulsektor – stellen müssen.[323] Bei allen Diskussionen wird von der Annahme ausgegangen, dass durch eine verstärkte Integration der Kommunikation Synergiewirkungen erzielt werden und damit die Effizienz der Kommunikation gesteigert wird. Trotz der erkannten Notwendigkeit zur integrierten Kommunikation erstaunt allerdings die eher stiefmütterliche Behandlung, dieses Themenbereiches in der Literatur. Dies beginnt bereits mit der unscharfen Abgrenzung des

[320] Vgl. Hauser, R. (1987), S. 298ff.; Lambeck, A. (1992), S. 9
[321] Vgl. Lambeck, A. (1992), S. 12
[322] Vgl. Bruhn, M. (1995)
[323] Vgl. Bruhn, M./ Dahlhoff, H.D. (1993)

Begriffes, zugleich fehlt auch die theoretische und praktische Auseinandersetzung mit der konkreten Gestaltung einer integrierten Kommunikation.[324]

Hochschulen setzen heute vielfältige Kommunikationsinstrumente ein und eine Vielzahl von Hochschulangehörigen ist Träger unterschiedlicher Kommunikationsaktivitäten. Die Folge davon ist, dass zahlreiche Informations-, Abstimmungs- und Kooperationsprobleme zwischen den Bereichen bestehen, die institutionell für die Belange der Organisation kommunizieren. Ein gemeinsamer Auftritt in der Kommunikation ist vielfach nicht mehr gegeben. Die Hochschulen müssen sich daher bemühen, die vielfältigen und differenzierten Quellen ihrer Kommunikation aufeinander abzustimmen.[325]

In diesem Zusammenhang wird besonders die Notwendigkeit einer ganzheitlichen, vernetzten, strategischen Kommunikation betont. Diese beinhaltet die Abstimmung sämtlicher Maßnahmen der Kommunikationspolitik und somit die Abstimmung des gesamten öffentlichen Auftrittes einer Organisation.[326] Public Relations und die anderen kommunikationspolitischen Instrumente, wie Werbung und Ansatzförderung, sind dann nicht länger als konkurrierende Kommunikationsbereiche zu betrachten, sondern als Partner, die gegenseitige Synergieeffekte nutzen.[327] Damit verbindet sich die Überlegung, dass durch eine intensivere Koordination innerhalb der gesamten Kommunikation der Organisation die Darstellung der Hochschule nach innen und nach außen verbessert und effizienter gestaltet werden kann.[328]

In den folgenden Ausführungen sollen die wesentlichen Aspekte der integrierten Kommunikation erörtert werden – unter besonderer Berücksichtigung der Public Relations als Management der Kommunikation in Organisationen. Nachdem zuerst der Begriff der integrierten Kommunikation präzisiert wird, soll anschließend die Notwendigkeit einer integrierten Kommunikationspolitik für Hochschulen verdeutlicht werden. Auf dieser Basis werden dann die Formen und Barrieren der integrierten Kommunikation diskutiert, wobei die Perspektive von Hochschulen im Vordergrund stehen soll.

---

324 Vgl. Bruhn, M. (1995), S. VII
325 Vgl. Bruhn, M. (1993), S. 12
326 Vgl. Raffée, H. (1991), S. 87
327 Vgl. Köcher, A./ Birchmeier, E. (1992), S. 25
328 Vgl. Sühling, V. (1996), S. 98f.

4.4.1 Begriff der integrierten Kommunikation

In der kommunikationswissenschaftlichen Literatur wird zwar immer wieder die Forderung nach einer integrierten Kommunikation gestellt, ohne aber den Begriff näher zu definieren. Auch in der Praxis besteht ein überwiegend diffuses Begriffsverständnis über Inhalt und Ausmaß der Kommunikation. Deshalb soll im Folgenden versucht werden, zunächst den Begriff der integrierten Kommunikation zu präzisieren.

Der Begriff Integration ist für die Betriebswirtschaftslehre nicht neu. So hat sich die betriebswirtschaftliche Literatur insbesondere im Zusammenhang mit organisationstheoretischen Fragestellungen mit dem Integrationsbegriff beschäftigt. In Wissenschaft und Praxis wird der Begriff sehr unterschiedlich verwendet.[329] Nach KRÜGER wird unter Integration ein Aktionsgefüge verstanden, „in dem die einzelnen Teile ex ante wechselseitig aufeinander bezogen sind ... Die Einzelprobleme sollen durch Integration im Sinne eines Gesamtoptimums gelöst werden."[330] In Anlehnung an die Begriffsauffassungen der Organisationstheorie wird integrierte Kommunikation wie folgt definiert:

„Integrierte Kommunikation ist ein Prozess der Planung und Organisation, der darauf ausgerichtet ist, aus den differenzierten Quellen der internen und externen Kommunikation von Unternehmen eine Einheit herzustellen, um ein für die Zielgruppen der Unternehmenskommunikation konsistentes Erscheinungsbild über das Unternehmen zu vermitteln."[331]

Aus dieser Definition, die hier zugrunde gelegt wird, können die spezifischen Merkmale der integrierten Kommunikation abgeleitet werden. Es wird deutlich, dass es sich um einen strategischen Managementprozess handelt, der sich auf alle Kommunikationsmaßnahmen bezieht. Zum einen geht es um die Abstimmung der verschiedenen kommunikationspolitischen Instrumente, zum anderen aber auch um eine Vernetzung der einzelnen PR-Instrumente untereinander zur Erzielung der größtmöglichen kommunikativen Wirkung. Insgesamt decken die Vorstellungen zur integrierten Kommunikation, die darauf abzielen, den gesamten öffentlichen Auftritt einer Hochschule abzustimmen, einen weiten Bereich

329 Vgl. Bleicher, K. (1991), S. 49f.
330 Krüger, W. (1984), S. 23
331 Bruhn, M. (1993), S. 4

der Public Relations ab. Ausgangspunkt der Integration sind dabei die unterschiedlichen Kommunikationsformen und Kommunikationsprozesse.[332]

In der Praxis wird unter dem Begriff der integrierten Kommunikation die strategische und koordinierte Kommunikationspolitik einer Organisation verstanden.[333] Im Mittelpunkt der integrativen Kommunikation steht hier der Versuch, der starken Differenzierung der Kommunikationsinstrumente entgegenzuwirken und durch Nutzung von Synergien den Erfolg der einzelnen Kommunikationsmaßnahmen zu erhöhen. Aufgabe der integrierten Kommunikation ist in diesem Zusammenhang neben der Sicherung der inhaltlichen Konsistenz, die Beziehungs- und Wirkungsstrukturen zwischen den einzelnen Kommunikationsinstrumenten, auch den PR-Instrumenten, zu analysieren. Jede Organisation gelangt so zu einer Rangordnung im Hinblick auf die strategische Bedeutung der unterschiedlichen Instrumente für die Kommunikationspolitik.[334]

Generelles Ziel der integrierten Kommunikation ist es, alle Kommunikationsinstrumente zu koordinieren und in ein Gesamtsystem der Kommunikation einzubinden, um so aus verschiedenen Quellen interner und externer Kommunikation eine Einheit herzustellen,[335] so dass ein glaubwürdiges und widerspruchsfreies Bild der Organisation entsteht. Die Integration bildet die Grundlage für eine erhöhte Identifikation zwischen Zielen der Organisation, Management und Mitarbeitern. Die Wirkungen der integrierten Kommunikation lassen sich ganz allgemein als Steigerung der Effizienz der Kommunikation angeben. Durch den gemeinsamen Auftritt sollen Synergieeffekte erzielt und damit hochschulintern Kostensenkungspotentiale ausgenutzt werden,[336] indem widersprüchliche Botschaften, Reibungsverluste und Doppelarbeiten vermieden werden.[337]

4.4.2 Notwendigkeit einer integrierten Kommunikation

Kommunikationsprozesse in Hochschulen können unterschiedliche Träger haben und sind meist durch verschiedene Richtungen und Formen gekennzeichnet. Ebenso vielfältig stellen sich die verschiedenen Instrumente und Maßnahmen der nach innen und nach

[332] Vgl. Bruhn, M. (1995), S. 7ff.
[333] Vgl. Bruhn, M./ Zimmermann, A. (1993), S. 11f.
[334] Vgl. Hofmann, M./ Landmann, C. (1995), S. 114
[335] Vgl. Beger, R./ Gärtner, H.D./ Mathes, R. (1989), S. 40
[336] Vgl. Steinmann, H./ Zerfaß, A. (1995), S. 33f.
[337] Vgl. Sühling, V. (1996), S. 100

außen gerichteten Kommunikation dar. Im Ergebnis erhält man eine Vielfalt von Kommunikationsprozessen, die durch eine Fülle von möglichen Kommunikationsinstrumenten in Hochschulen begleitet werden können. Dies stellt den Ausgangspunkt für die Notwendigkeit zur Integration dar. Das Erfordernis, die eingesetzten Instrumente im Rahmen der Kommunikationspolitik, hier im Besonderen der Public Relations, zu integrieren, betrifft jedoch nicht nur große Hochschulen; gerade in kleineren Hochschulen und auch Instituten können kleinere Kommunikationsbudgets so effizienter genutzt werden und die Kommunikationskontakte mit den relevanten Zielgruppen dadurch optimiert werden. Damit wird auch erreicht, „dass die Wirkungen eines Kommunikationsmittels die Wirkungen anderer Kommunikationsmittel ergänzen und verstärken."[338]

Neben den erschwerten Kommunikationsbedingungen zeigen einige der in Abschnitt 3.2 der Arbeit diskutierten zentralen Entwicklungen und Rahmenbedingungen die Notwendigkeit einer verstärkten Integration der Hochschulkommunikation auf und sollen daher an dieser Stelle herausgegriffen werden. Den aktuellen wirtschaftlichen und gesellschaftlichen Rahmenbedingungen wie beispielsweise Wettbewerbsdruck und Wertedynamik versuchen sich Hochschulen heute durch einen differenzierten Einsatz ihrer Marketinginstrumente anzupassen. Dies äußert sich beispielsweise durch eine zunehmende Leistungs- und Kommunikationsdifferenzierung. Diese Differenzierung führt jedoch zu Koordinationsproblemen und macht wiederum eine Abstimmung im Sinne von integrierter Kommunikation notwendig. Denn die Vielfalt der von Organisationen eingesetzten Kommunikationsinstrumente und die damit verbundene starke Spezialisierung, die sich in der Institutionalisierung verschiedener kommunikativer Fachabteilungen äußern kann, tragen dazu bei, dass ein gemeinsamer Auftritt in der Organisationskommunikation vielfach nicht mehr gegeben ist. Daher muss versucht werden, einer zu starken Differenzierung durch den synergetischen Einsatz von Marketinginstrumenten entgegenzuwirken.[339]

Betrachtet man die externen Kommunikationsbedingungen, dann ist die Situation durch Kommunikationskonkurrenz und daraus resultierend durch einen „information overload" auf der Nachfragerseite gekennzeichnet. Als Konsequenz ergibt sich, dass eine integrierte Kommunikation notwendig wird, um die Kommunikationsbemühungen der Hochschule stärker zu konzentrieren und somit überhaupt von den Zielgruppen wahrgenommen zu

[338] Kroeber-Riel, W. (1991), S. 166
[339] Vgl. Bruhn, M. (1995), S. 17

werden. Daneben erschweren die tief greifenden quantitativen und qualitativen Veränderungen der Medienmärkte die Kommunikationsbedingungen für Hochschulen erheblich. Gleichzeitig ist in weiten Kreisen der Bevölkerung ein sinkendes Interesse an klassischer Mediawerbung zu verzeichnen. Es sind daher von Seiten der Hochschulen die Maßnahmen zur Integration der verschiedenen Kommunikationsinstrumente zu stärken, damit eine bessere Aufnahme der hochschulspezifischen Botschaften erfolgen kann.[340]

Vielfach ergibt sich auch ein verstärkter Integrationsbedarf im Rahmen der möglichen Diversifikation von Hochschulen. Je verschiedenartiger die Studienangebote und je heterogener die Anspruchs- und Zielgruppen sind, desto komplexer werden die Kommunikationsprozesse und desto uneinheitlicher ist letztlich der Auftritt einer Hochschule. Wenn beispielsweise verschiedene Fachbereiche und Institute einer Hochschule unabhängig voneinander den kommunikativen Auftritt planen, kann in der Öffentlichkeit ein sehr heterogenes Bild der Hochschule entstehen.

Betrachtet man nun die internen Kommunikationsbedingungen, um den Integrationsbedarf in der Hochschule festzustellen, sind zunächst die vorhandenen Kommunikationsdefizite zu analysieren. Defizite treten insbesondere dann auf, wenn interne und externe Kommunikationsaktivitäten auf Organisationsebene nicht miteinander abgestimmt sind.[341] Defizite bei Maßnahmen der internen Kommunikation liegen beispielsweise dann vor, wenn unterschiedliche Abteilungen oder Mitglieder in der Hochschule nur unzureichend miteinander kommunizieren. So ist in der Hochschulpraxis das Zusammenwirken von Marketing und Public Relations vielfach unbefriedigend, weil Marketing und Werbung traditionell die stärkere Rolle spielen, die größeren Budgets verwalten, Public Relations jedoch in den letzten Jahren einen bedeutenden Aufschwung genommen hat und heute beim Hochschulmanagement häufig mehr beachtet wird als die klassische Marketing- und Werbemaßnahmen. Aus diesen hochschulinternen Konkurrenzsituationen ergibt sich ein Kampf um Einfluss, wo zweckmäßigerweise eine Kooperation angezeigt wäre. Insbesondere die oftmals in der Praxis vorherrschende isolierte Planung einzelner Kommunikationsmaßnahmen durch die verschiedenen Verantwortlichen der Fachbereiche und Institute steht der Forderung nach Integration entgegen.

---

[340] Vgl. Bruhn, M. (1995), S. 5
[341] Vgl. Bruhn, M. (1995), S. 11

Sämtliche der hier skizzierten Defizitbereiche müssen insbesondere vor dem Hintergrund der Entwicklung der Kommunikation als Wettbewerbsfaktor im Hochschulsektor betrachtet werden. Die Defizite begründen die Notwendigkeit einer integrierten, aufeinander abgestimmten Kommunikation zur Realisation interner und externer Synergieeffekte und zur Erzielung von Effizienzvorteilen in der Hochschule. In diesen Bereichen zeigt sich in der Hochschulpraxis ein hoher Integrationsbedarf.

4.4.3 Dimensionen der integrierten Kommunikation

Gegenstand der integrierten Kommunikation können Kommunikationsmittel und Kommunikationsinstrumente sein, die von Hochschulen eingesetzt werden, um bei den relevanten Teilöffentlichkeiten und Zielgruppen die Kommunikationsziele zu erreichen. Kommunikationsmittel sind in diesem Zusammenhang zu verstehen als „Einzelmaßnahmen der Kommunikationspolitik eines Unternehmens, die von den Zielgruppen real wahrgenommen werden.“[342]

Beispiele im Bereich der Öffentlichkeitsarbeit sind Anzeigen, Broschüren, Plakate, Messestände. Als Kommunikationsinstrument wird eine „Summe von Kommunikationsmitteln bezeichnet ..., die untereinander funktional relativ ähnlich sind und sich gegenüber anderen Kommunikationsmitteln unterscheiden.“[343]

Die Abgrenzung von Kommunikationsinstrumenten wird organisationsspezifisch primär nach Kriterien der Zweckmäßigkeit vorgenommen. Neben den Instrumenten der Public Relations, Werbung und Verkaufsförderung kommt darüber hinaus noch weiteren Marketinginstrumenten die Funktion eines Kommunikationsinstrumentes zu, wie beispielsweise der Studienberatung.

Wie bereits festgestellt wurde, dient die integrierte Kommunikation der Abstimmung und Vernetzung der unterschiedlichen Kommunikationsmittel und -instrumente nach bestimmten Kriterien.

---

[342] Bruhn, M. (1995), S. 37
[343] Bruhn, M. (1995), S. 37

Dabei können folgende grundlegende Formen oder Dimensionen der Integration unterschieden werden:[344]

- die inhaltliche,
- die formale und
- die zeitliche

Integration.

Ein zentraler Schwerpunkt der integrierten Kommunikation liegt vor allem in dem Bemühen, eine inhaltliche Integration vorzunehmen. Damit soll zum Ausdruck gebracht werden, dass die Kommunikationsmaßnahmen thematisch miteinander verbunden werden und die Kommunikationsbotschaften in die gleiche Richtung zielen.[345] Als Verbindungslinien dienen beispielsweise einheitliche Slogans, Kernbotschaften und Schlüsselbilder. Eine inhaltliche Integration ist insbesondere dann notwendig, wenn bestimmte Kommunikationspartner oder Zielgruppen widersprüchliche Interessen vertreten.[346]

Im Rahmen der inhaltlichen Integration kann in Anlehnung an BRUHN noch genauer zwischen einer funktionalen, instrumentalen, horizontalen und vertikalen Integration differenziert werden.[347] Bei der funktionalen Integration der Kommunikation steht die Frage im Mittelpunkt, welchen gemeinsamen Beitrag die einzelnen Kommunikationsmaßnahmen im Hinblick auf die Zielerreichung leisten können. Als instrumentale Integration der Kommunikation werden die Möglichkeiten bezeichnet, die verschiedenen Instrumente und Maßnahmen der Hochschulkommunikation inhaltlich miteinander zu vernetzen. In der Hochschulpraxis ist die instrumentelle Integration oft mit Problemen verbunden, da häufig unterschiedliche Abteilungen und Mitarbeiter für die Planung und Durchführung einzelner Kommunikationsmaßnahmen zuständig und verantwortlich sind.[348] Während schließlich die horizontale Integration der Kommunikation die Kommunikationsmaßnahmen innerhalb einer Marktstufe im Bildungsmarkt verbindet, bezieht sich die vertikale Integration auf die Mehrstufigkeit von Märkten, wobei es das Ziel ist, eine einheitliche

344 Vgl. Kroeber-Riel, W. (1993), S. 3 und S. 166; Bruhn, M.(1993), S. 5ff.; Pepels, W. (1994), S. 453f.
345 Vgl. Bruhn, M. (1995), S. 40
346 Vgl. Sühling, V. (1996), S. 104
347 Vgl. Bruhn. M. (1996), S. 40ff.
348 Vgl. Foster, J. (1990), S. 18f.

kommunikative Ansprache auf den verschiedenen Marktstufen der Hochschule zu realisieren. Dies setzt voraus, dass die unterschiedlichen Ziele, Kommunikationsinhalte und Instrumente, mit denen die relevanten Marktstufen angesprochen werden, untereinander abgestimmt werden.

Ein weiterer Schwerpunkt der integrierten Kommunikation liegt in dem Bemühen, die unterschiedlichen Kommunikationsaktivitäten formal zu integrieren, um eine leichtere Wiedererkennbarkeit bei den Zielgruppen zu erreichen. Eine formale Integration umfasst Maßnahmen, die die Kommunikationsmittel durch die gemeinsame Anwendung eines Corporate Designs miteinander verbinden.[349]

Dazu zählen bei den Hochschulen beispielsweise einheitliche Hochschullogos und Farbgebung der Kommunikationsmedien nach vorgegebenen und verbindlichen Gestaltungsrichtlinien. Hierdurch wird in erster Linie die gedankliche Präsenz einer Hochschule und seiner Bildungs- und Forschungsleistungen gefördert, damit auf den ersten Blick erkennbar ist, von welcher Hochschule, Fachbereich oder auch Institut z. B. die Publikationen und Anzeigen stammen. Diese formale Integration ist heute schon in den meisten Hochschulen, wenn auch mit unterschiedlichem Verbindlichkeitsgrad, zu finden. Die Vorgaben sind teilweise im Zusammenhang mit CI-Konzepten entwickelt worden und Richtlinien eines Corporate Designs in einem Manual schriftlich fixiert.

Die zeitliche Integration der Kommunikation betrifft schließlich die kurz- bis mittelfristige Abstimmung der unterschiedlichen Kommunikationsmaßnahmen innerhalb und zwischen den Planungsperioden. Hierbei sind zwei Aspekte zu berücksichtigen: die zeitliche Abstimmung zwischen den Instrumenten und die zeitliche Kontinuität innerhalb eines Instrumentes.[350] Der zweite Aspekt bezieht sich vor allem darauf, dass in der Praxis Kommunikationskonzepte, zum Beispiel Imagekampagnen, häufig gewechselt werden, und dadurch Integrationsdefizite auftreten können und ein kontinuierlicher Auftritt nicht gegeben ist.[351]

---

349 Vgl. Bruhn, M. (1995), S. 45
350 Vgl. Bruhn, M. (1995), S. 46f.
351 Vgl. Sühling, V. (1996), S. 105

4.4.4 Umsetzungsbarrieren der integrierten Kommunikation

Die erörterten unterschiedlichen Formen der integrierten Kommunikation zeigen Möglichkeiten auf, wie durch eine integrative Ausrichtung der Kommunikationsmittel und -instrumente eine bessere Vernetzung und Vereinheitlichung in der Kommunikationspolitik einer Hochschule erreicht werden kann. Wie sieht die Realisation der integrierten Kommunikation nun in der Hochschulpraxis aus? Die Umsetzung der integrierten Kommunikation in der Praxis befindet sich noch in den frühen Anfängen; in den meisten Organisationen bestehen zahlreiche Barrieren und Widerstände, die durch über Jahre geprägte Kommunikationsstrukturen bedingt sind, und die einer Integration entgegenstehen.[352]

Die Widerstände der Umsetzung integrierter Kommunikation können nach BRUHN in:[353]

- inhaltlich- konzeptionelle,
- organisatorisch-strukturelle und
- personell-kulturelle

Barrieren unterschieden werden.

Bei den inhaltlich-konzeptionellen Barrieren geht es um die unvollständige Erfassung aller Kommunikationsinstrumente einer Hochschule. So zeigt sich in der Praxis häufig eine „Vernachlässigung der internen Kommunikation“[354], da die Mitglieder der Hochschule von der Hochschul-, Fachbereichs- oder Institutsleitung vielfach nicht als eigene Zielgruppe angesehen werden. Es wird nicht erkannt, dass jedes Mitglied als potentieller Kommunikator nach außen hin auftritt und damit aktiv das Erscheinungsbild der Hochschule prägt. Für Hochschulen ist die Integration der internen Kommunikation von besonderer Bedeutung, da dies Auswirkungen auf die Motivation und Identifikation der Mitglieder hat. Darüber hinaus steht das Fehlen formalisierter Integrationskonzepte der Umsetzung einer integrierten Kommunikation im Hochschulsektor entgegen: Fehlende Zielsetzungen und eine lückenhafte Zielgruppendefinition integrierter Kommunikation stellen in diesem Zusammenhang wesentliche Defizite dar.

[352] Vgl. Esch, F.-R. (1992), S. 9
[353] Vgl. Bruhn, M. (1995), S. 48ff.
[354] Bruhn, M. (1993), S. 9

Organisatorisch-strukturelle Barrieren sind in Hochschulen aufgrund der organisatorischen Verankerung der integrierten Kommunikation sowie aufgrund der Existenz bestimmter Organisationsstrukturen bzw. Hierarchien vorhanden.[355] Ein zentrales Defizit liegt in „fehlenden institutionalisierten und formellen Abstimmungs- und Entscheidungsprozessen“.[356] Dies ist im Zusammenhang mit der organisatorischen Trennung der an der Hochschulkommunikation beteiligten Verwaltungsstellen, Fachbereiche und Institute und Mitgliedern zu sehen. Sind bei der Planung und Durchführung der verschiedenen Kommunikationsmaßnahmen mehrere Verwaltungsstellen, Fachbereiche und Institute beteiligt, so liegt vielfach eine mangelnde Zusammenarbeit vor, die darauf zurückzuführen ist, dass jede Organisationseinheit auf ihre Eigenständigkeit bedacht ist. Demzufolge ist keine Grundlage für Integrationsmaßnahmen vorhanden. Eine weitere Barriere der Umsetzung der integrierten Kommunikation liegt in der „mangelnden, organisatorischen Verankerung und Verantwortungszuweisung für die Koordination der Kommunikationsinstrumente“.[357] Hier ist eine zentrale Abteilung oder Stelle notwendig, die für die Koordination und Integration der internen und externen Kommunikationsmaßnahmen der Hochschule verantwortlich ist. Die für die Kommunikation zuständigen Abteilungen sind demnach in den meisten Fällen organisatorisch voneinander getrennt und auf unterschiedlichen Hierarchieebenen angesiedelt. Auch wenn in der Praxis teilweise versucht wird, durch informelle Abstimmungsprozesse eine einheitliche Ausrichtung der Kommunikation zu bewirken, so stellt eine fehlende organisatorisch verankerte, zentrale Verantwortung doch eine Barriere bei der Umsetzung der integrierten Kommunikation in Hochschulen dar. Eine besondere Problematik ergibt sich für die integrierte Kommunikation darüber hinaus bei stark strukturierten Hochschulen. Beispielhaft ist hier die Problematik der kommunikativen Integration von eigenständig geführten In- und An-Instituten zu nennen.

Die personell-kulturellen Barrieren betreffen Schwierigkeiten, die sich aufgrund eines diffusen Begriffsverständnisses der integrierten Kommunikation und eines mangelnden Bewusstseins bei den Mitgliedern im Hochschulbereich ergeben.[358] Das Bewusstsein über die Notwendigkeit der integrierten Kommunikation ist daran zu erkennen, inwieweit der Integrationsgedanke Eingang in die Hochschulstatuten gefunden hat oder in anderen verbindlichen Formulierungen festgeschrieben ist. Eine Integration der Kommunikation wird

---

355 Vgl. Köcher, A./ Birchmeier, E. (1992), S. 46
356 Bruhn, M. (1993), S. 12
357 Bruhn. M. (1993), S. 11
358 Vgl. Bruhn, M, (1993), S. 13f.

zudem durch ein stark ausgeprägtes Bereichsdenken erschwert, das sich in einer geringen Kooperations- und Informationsbereitschaft der Bereichsmitglieder äußert.[359] Die Angst vor Kompetenzverlusten in der Hochschulorganisation, zum Beispiel wenn es um die Verteilung von Kommunikationsbudgets geht, und die Angst vor verstärkter Kontrolle – denn jede Art von Abstimmungsprozessen bringt notwendigerweise auch Einblicke in Strukturen und Prozesse von anderen Organisationseinheiten mit sich – tragen zu dem Bereichsdenken bei. Dies äußert sich beispielsweise darin, dass selbst innerhalb eines begrenzten Zeitraums in einer Organisationseinheit zahlreiche Kommunikationsmaßnahmen auseinanderdriften.

Daraus resultiert, dass, obwohl die integrierte Kommunikation als strategischer Erfolgsfaktor stark an Bedeutung gewonnen hat, erhebliche Probleme und Barrieren existieren, die die Umsetzung des Ansatzes der integrierten Kommunikation in den Hochschulen erschweren und stark behindern. Betrachtet man die heutige Kommunikationslandschaft, so muss man feststellen, dass eine integrierte Organisationskommunikation in der Hochschulpraxis nicht konsequent durchgeführt wird. Die Umsetzung der integrierten Kommunikation in der Praxis steckt noch in den frühen Anfängen und stößt auf eine Vielzahl von Problemen, die durch über die Jahre geprägte Kommunikationsstrukturen bedingt sind. Vielfach fehlt es auch an einer inhaltlichen Auseinandersetzung mit der Integrationsproblematik. Der Integrationsaspekt erschöpft sich oft in einer formalen Vereinheitlichung und wird nicht als inhaltliche Koordination der Kommunikation verstanden. Eine Umsetzung reduziert sich somit häufig auf die Entwicklung und gegebenenfalls Durchsetzung eines Corporate Designs.[360] Dies kann darin begründet sein, dass die Bedeutung der integrierten Kommunikation als Erfolgsfaktor zur Wettbewerbsprofilierung von den Hochschulen noch nicht hinreichend erkannt worden ist.

4.5 Zwischenfazit

Die vorangegangenen Ausführungen sollten verdeutlichen, dass es vor einer Übertragung des PR-Konzeptes auf Hochschulen zunächst notwendig war, grundsätzliche und strukturierende Überlegungen zum Begriffsverständnis, den theoretischen Ansätzen, den Formen und Funktionen sowie der Integration von Public Relations anzustellen. Die Dar-

359 Vgl. Bruhn, M. (1993), S. 14
360 Vgl. Merkle, W. (1992), S. 260f.

legungen stellen einen Versuch dar, einen Überblick über unterschiedliche Sichtweisen der Public Relations zu geben und herauszuarbeiten, welche Möglichkeiten sich für die Anwendung der Public Relations in Hochschulen ergeben. Mit diesen allgemeinen Grundlagen ist die Basis für die Entwicklung einer PR-Konzeption für Hochschulen geschaffen.

Zusammenfassend kann festgehalten werden: Nicht nur die bisher vorliegenden Definitionen scheitern daran, ein akzeptables Verständnis von Öffentlichkeitsarbeit zu vermitteln, sondern auch die diskutierten komplexen theoretischen Ansätze liefern keine tragfähigen Konzepte – entweder versuchen sie Theorien anderer Fächer auf Public Relations zu übertragen, wie die amerikanischen Beispiele zeigen, oder sie bleiben funktionalistisch wie bei RONNEBERGER/ RÜHL.[361] Somit könnte man den Stand der wissenschaftlichen Auseinandersetzung der Public Relations kennzeichnen als den Versuch, die vielfältigen Aspekte und Zusammenhänge von Public Relations aufzuspüren und zusammenzutragen, um diese dann zu ordnen und zu klassifizieren.

Gemäß der Intention dieser Arbeit soll Public Relations als Funktion aufgefasst werden, die sich auf Organisationen, hier insbesondere Hochschulen, bezieht. Mit dieser managementorientierten Perspektive wählt die vorliegende Arbeit – ebenso wie die amerikanische PR-Forschung – einen anderen Zugriff auf die Problematik als die skizzierte kommunikationswissenschaftliche Forschungsrichtung. Da die an die Organisationstheorie anknüpfenden Überlegungen von GRUNIG/ HUNT darauf ausgerichtet sind, Handlungsanweisungen für konkrete Entscheidungssituationen in den Organisationen zu entwickeln, eignen sie sich besonders als Grundlage für diese Arbeit. Die nachfolgenden Ausführungen folgen daher weitgehend dem organisationstheoretischen Ansatz der Public Relations.

Die Vielfalt der Public Relations zeigt sich insbesondere in den verschiedenen Funktionen. Während die interne und externe Public Relations die regelmäßige und systematische Kommunikation mit allen Anspruchs- und Zielgruppen innerhalb und außerhalb der Hochschule herstellen, ermöglicht das Issues Management den Einbezug von Public Relations in die strategische Planung. Die Bedeutung der internen Public Relations wird, obwohl sie einen wesentlichen Beitrag zur Steigerung der ökonomischen Effizienz einer Hochschule leisten kann, noch immer unterschätzt. Die Ausführungen zu Public Relations

[361] Vgl. Sühling, V. (1996), S. 109

in Konflikten und Krisen zeigen, dass sich durch ein methodisches Vorgehen und die Wahl der richtigen Strategien die Voraussetzungen für eine effiziente und effektive Bewältigung von Krisen im Hochschulsektor schaffen lassen.

Zum Thema der integrierten Kommunikation kann folgendes Fazit gezogen werden: Die integrierte Kommunikation wird in Theorie und Praxis als Ansatz zur effizienten Gestaltung und Durchsetzung der Kommunikationspolitik ohne Zweifel anerkannt. Aus den veränderten Umfeldbedingungen resultieren spezifische, gestiegene Ansprüche an die Kommunikation, denen gerade die integrierte Kommunikation Rechnung tragen kann. Die Einsicht in die Notwendigkeit einer integrierten Kommunikationspolitik hat sich offensichtlich in letzter Zeit sogar noch weiter verstärkt. Und die Probleme der Realisation einer integrierten Kommunikation werden vielfältig diskutiert. Die Ursache dafür liegt vor allem in den Strukturveränderungen der Kommunikationsmärkte. Auch lassen rasche Veränderungen im gesellschaftlichen, wirtschaftlichen und politischen Umfeld die Kommunikation der Organisationen immer komplexer werden. Die Implementierung eines Konzeptes der integrierten Kommunikation ist jedoch als ein langwieriger Prozess anzusehen, der ohne organisatorische und personelle Veränderungen bzw. Anpassungen in den Hochschulen kaum durchführbar ist. Unabdingbare Voraussetzung ist, dass Public Relations nicht mehr isoliert geplant, sondern im Rahmen einer Kommunikationsstrategie gesehen wird, die jedem Instrument seine ganz spezifische Aufgabe zuweist. Eine so verstandene Kommunikationspolitik schafft über kurz oder lang Wettbewerbsvorteile im Hochschulwettbewerb und wird zum zentralen strategischen Erfolgsfaktor im der Hochschule.

Für die Hochschulen ist es jedoch nicht ausreichend zu wissen, was Public Relations ist sowie ihre Erscheinungsformen und Funktionsweisen zu kennen. Um Public Relations in der Hochschulpraxis einzusetzen, ist es unabdingbar, den umfassenden Public Relations-Prozess zu verstehen, um eine entsprechende Konzeption für die eigene Organisation zu erarbeiten und durchzusetzen.

5 Konzeption der Public Relation für Hochschulen

Dieser Teil der Masterthesis setzt sich mit der eigentlichen Public Relations-Arbeit in Hochschulen und ihrer Konzeption auseinander. Dargestellt wird ein methodisches Vorgehen zur Entwicklung einer PR-Konzeption für Hochschulen. Damit lassen sich die immer wiederkehrenden Fragen über Art und Umfang von PR-Maßnahmen, zu Inhalten der Kommunikation, zur Bestimmung von Budgets und zur Wirkungskontrolle sinnvoll diskutieren. Insbesondere lassen sich in diesem Zusammenhang die hochschulspezifischen Aspekte von Public Relations erörtern.

Die Grundlage jeder Public Relations-Arbeit ist ein systematisches und methodisches Vorgehen nach Konzeption und Strategie, das sich an den internen und externen Rahmenbedingungen der Organisation orientiert.[362] Bei der Erarbeitung einer Public Relations-Konzeption kann es deshalb nicht nur darum gehen, eine breite Palette von Maßnahmen zu entwickeln. Wenn alle PR-Aktivitäten mit den definierten strategischen Zielen und Kommunikationszielen sowie auf die einzelnen Zielgruppen abgestimmt sein sollen, ist ein planmäßiges und systematisches Vorgehen unerlässlich.

Im Idealfall läuft dann jedes einzelne PR-Programm in Form eines strategischen PR-Managementprozesses ab, für welchen eine systematische und methodische Vorgehensweise kennzeichnend ist. In der Hochschulpraxis ist systematische PR-Arbeit, wie sie in der Literatur übereinstimmend gefordert wird, noch selten anzutreffen. Wirft man einen Blick auf die PR-Aktivitäten der Hochschulen in den letzten Jahren, so sind diese zu wenig in einem Gesamtkonzept integriert und auch zu wenig strategisch orientiert. Häufig „werden Public Relations lediglich als eine Ansammlung von Techniken verstanden“[363] und improvisierte, teilweise rein reaktive Aktivitäten, einer konzeptionellen Strategie vorgezogen.[364]

Im Zusammenhang mit der Public Relations bedeutet der Begriff Konzeption den Entwurf einer Vorgehensweise, die eine klare Zielformulierung und Zielgruppendefinition sowie ein Maßnahmenprogramm beinhaltet. Es ist grundsätzlich zwischen einer langfristig angelegten

---

362 Vgl. Grunig, J.E. (1987), S. 28
363 Grunig, J.E. (1992a), S. 50
364 Vgl. Oeckl, A. (1976), S. 215

PR-Konzeption und einzelnen PR-Programmen, die im Rahmen einer Gesamtkonzeption geplant und durchgeführt werden, zu unterscheiden. Die Gesamtkonzeption bildet die Grundlage für den Aufbau und Ablauf der PR-Aktivitäten und PR-Kampagnen in der Hochschule.

In Anlehnung an die Organisationstheorie wurden für PR-Modelle entworfen, die in ihrem Aussagegehalt sehr ähnlich sind. Trotz unterschiedlicher Zielsetzungen und Arbeitsweisen unterliegen alle PR-Vorgänge einem gleichartigen Verlauf, der sich in verschiedene Phasen gliedert. Bei Durchsicht der relevanten deutschsprachigen PR-Literatur fällt auf, dass immer wieder die so genannten vier Phasen der Öffentlichkeitsarbeit referiert werden:

1. Untersuchung der Ausgangslage,
2. Planung,
3. Durchführung und
4. Wirkungskontrolle.[365]

Auch in der amerikanischen PR-Literatur besteht Konsens darüber, dass alle Tätigkeiten, die im Rahmen von Public Relations anfallen, einer der vier Stufen zugeordnet werden können. So hat MARSTON die Methodik in der bekannten Formel „RACE“, die für Research, Action, Communication und Evaluation steht, festgehalten.[366]

Ebenenfalls verwenden CUTLIP/ CENTER/ BROON ein Vier-Stufen-Modell, das im Wesentlichen die Schritte Analyse (Research), Planung (Planning), Durchführung (Action and Communiation) und Kontrolle (Evaluation) umfasst.[367]

Dieses vierstufige PR-Prozess-Modell, das als dynamischer Prozess zu verstehen ist, scheint sich in Theorie und Praxis am ehesten durchgesetzt zu haben. Auch die folgenden Ausführungen orientieren sich an diesem Modell und umfassen die Beschreibung der einzelnen Arbeitsschritte, bezogen auf die Public Relations für Hochschulen, in diesen vier Phasen.[368]

---

365 Vgl. Oeckl, A. (1976), S. 215ff.; Neske, F. (1977), S. 199ff.; Jung, H. (1982), S. 109f.; Reinecke, W./ Eisele, H. (1994), S. 84ff. .

366 Vgl. Marston, J.E. (1979), S. 186ff.

367 Vgl. Cutlip, S.M./ Center, A.H./ Broom, G.M. (1994), S. 316ff.

368 Vgl. Pieper, W. (1993c), S. 484ff.

Im Ergebnis wird damit eine Konzeption angestrebt, die nicht nur schlüssig und widerspruchsfrei ist, sondern auch ohne größere Schwierigkeiten in die Praxis einer Hochschule übertragen werden kann.

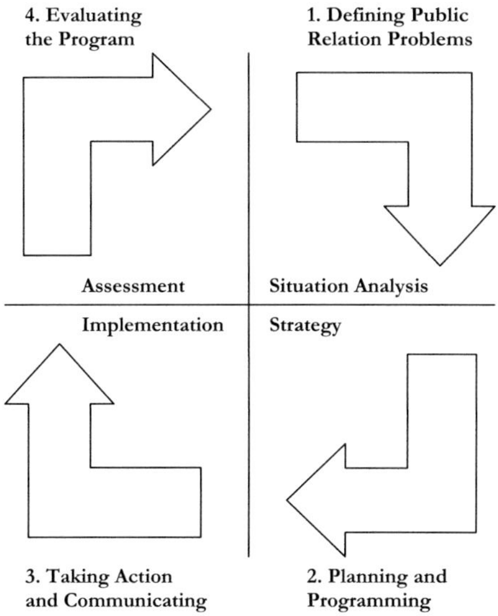

Abb. 5: Vierstufiges PR-Prozess-Modell [369]

5.1 Situationsanalyse

Ausgangspunkt und Grundlage von Planungsprozessen ist im Allgemeinen eine Situationsanalyse. Die meisten Autoren definieren die Situationsanalyse als eine einzelne methodische Stufe der PR-Konzeption. Es erscheint daher unabdingbar, die konzeptionelle Vorgehensweise bei einer Situationsanalyse zu erörtern. In dieser Phase sind entsprechend sowohl die Kommunikationssituation der Hochschule zu analysieren als auch die Situationen, mit denen sich die einzelnen PR-Instrumente konfrontiert sehen. Im Rahmen der Situationsanalyse werden sämtliche für die Public Relations relevanten internen und externen Fak-

[369] Quelle: Abbildung in Anlehnung an Cutlip, S.M./ Center, A.H/ Broom, G.M. (1994), S. 318

toren der Hochschule und ihres Umfeldes erhoben, denn ohne eine genaue Kenntnis der Ausgangslage der Organisation ist eine ziel- und zielgruppenorientierte PR-Planung nicht möglich. Durch das Zusammentragen aller relevanten Aspekte vor der Umsetzung bzw. Realisierung der PR-Aktivitäten kann man auf diese Weise die Position einer Hochschule präzise bestimmen.[370]

Die Ermittlung und Analyse der Ausgangslage einer Hochschule stellt sich als sehr komplexe Aufgabe dar. Diese bildet die Basis für die weiteren Stufen der PR-Konzeption. Im Einzelnen umfasst die Situationsanalyse als Ausgangspunkt jeglicher strategischer Überlegungen in Anlehnung an STAEHLE die folgenden Schritte:[371]

- Analyse der generellen Ziele und Werte der Hochschule (Philosophie, Leitbild, Grundsätze etc.),
- Analyse der Umweltentwicklungen und Ermittlung der sich daraus ergebenden Chancen für die Organisation,
- Analyse der internen Ressourcen der Hochschule und Identifikation der Stärken und Schwächen.

Die hochschulexterne Analyse betrifft politische, wirtschaftliche, gesellschaftliche sowie rechtliche Entwicklungen im Umfeld der Hochschule.[372] Hierzu zählen zum beispielsweise die Bewertung von Wertewandeltendenzen, die Beobachtung der Entwicklung von Gesetzgebung, Hochschulpolitik und die Analyse der Medienberichterstattung. Die hochschulinterne Analyse befasst sich mit organisationsspezifischen Themen. Dies schließt unter anderem die Hochschulstruktur, die Hochschulpolitik, die Abläufe in der Hochschulorganisation und ihre Handlungsweisen ein.

In dieser ersten Stufe der PR-Konzeption ist es von Bedeutung, die vielfältigen Situationsfaktoren, die die einzelnen PR-Instrumente und auch die Ausrichtung der PR-Arbeit beeinflussen, so detailliert wie möglich zu erfassen. Dazu ist eine sehr umfangreiche Informationsbasis notwendig, d. h. alle verfügbaren internen und externen Daten und Fakten über

---

370 Vgl. Sühling, V. (1996), S. 114
371 Vgl. Staehle, W.H. (1991), S. 573ff.
372 Vgl. Reinecke, W./ Eisele, H. (1994), S. 85f.

die Hochschule müssen gesammelt werden.[373] Es empfiehlt sich daher, strukturiert vorzugehen. Im Rahmen der Situationsanalyse sind vor allem die hochschulbezogenen und die umweltbezogenen Situationsfaktoren von Interesse.[374] In Anlehnung an BRUHN können im Einzelnen die folgenden Faktoren der Situationsanalyse unterschieden werden:[375]

- marktbezogene,
- zielgruppenbezogene,
- wettbewerbsbezogene,
- leistungsbezogene,
- umfeldbezogene und
- hochschulbezogene.

Diese ergeben sich zum Teil aus den bereits diskutierten Entwicklungen und Rahmenbedingungen für die Hochschulen.

Aus der Analyse der Umweltbeziehungen lassen sich schließlich Erkenntnisse darüber gewinnen, welche Teilöffentlichkeiten mit welchen Botschaften über welche Medien angesprochen werden sollen. Einschränkend ist allerdings anzumerken, dass es unmöglich ist, eine für alle Teilöffentlichkeiten gültige Analyse der Ausgangssituation zu erstellen, da Hochschulen heutzutage sehr komplexe Umweltbeziehungen vorweisen.

In der Hochschulpraxis muss demzufolge für die Situationsanalyse in einem ersten Arbeitsschritt festgelegt werden, für welche Zielgruppen die PR-Konzeption erstellt werden soll. Da es nicht möglich ist, alle Kommunikationsbeziehungen einer Hochschule strategisch zu planen, sollte man sich zunächst auf die als besonders wesentlich erachteten Gruppen konzentrieren und hier regional differenzieren.

Je gründlicher und umfassender eine Situationsanalyse erfolgt, desto effizienter können Ziele, Zielgruppen, Botschaften und Maßnahmen der Public Relations abgeleitet werden.[376]

---

373 Vgl. Oeckl, A. (1976), S. 217
374 Vgl. Meffert, H. (1979), S. 18
375 Vgl. Bruhn, M. (1995), S. 122
376 Vgl. Sühling, V. (1996), S. 115

5.1.1 Ist-Analysen als Basis für die Planung

Im Rahmen einer Ist-Analyse ist es zunächst erforderlich, dass sich die Hochschule Erkenntnisse darüber verschafft, wie diese von den Teilöffentlichkeiten eingeschätzt wird (Fremdbild), und ob diese Bewertung mit der eigenen Einschätzung (Selbstbild) übereinstimmt.[377] Eine Ist-Analyse charakterisiert die momentane Ausgangsposition der Hochschule. Der Vergleich zeigt dann die Diskrepanzen zwischen Selbstbild und Fremdbild auf und weist zum einen auf Bereiche hin, wo Änderungen angestrebt werden sollten, zum anderen werden wichtige Hinweise zur Gestaltung der internen Public Relations gegeben. Im Rahmen der Selbstbild-/Fremdbildanalyse durch die Hochschule werden so die Problemfelder und Zielgruppen identifiziert, die tatsächliche oder mögliche Auswirkungen auf die Organisation haben können.[378] Diese Identifikation von Defiziten und Problembereichen ist eine wesentliche Voraussetzung für die PR-Planung und die Entwicklung von PR-Strategien für Hochschulen.[379]

Für die Ist-Analyse einer Hochschule sind differenzierte Analysen erforderlich. BEGER/GÄRTNER/MATHES unterscheiden in diesem Zusammenhang zwischen der Perspektive der relevanten Funktionen der Organisation, der zielgruppenspezifischen Perspektive, der medienbezogenen Perspektive und der zeitlichen Perspektive.[380] Die Inhalte, die innerhalb der Hochschule vorgegeben sind, sind in der Praxis meist in der Philosophie enthalten und in den Grundsätzen festgeschrieben. Von grundsätzlicher Bedeutung ist, wie die Hochschule in Bezug auf sein Leistungsspektrum, sein Verhalten und seine Kommunikation beurteilt wird. Hierbei sind alle Wahrnehmungsperspektiven der Zielgruppen, d. h. Beurteilung durch Studenten, Professoren, andere Hochschulen und Forschungseinrichtungen, Mitarbeiter etc., systematisch zu untersuchen.[381] Durch die Analyse, wie die Organisation in den unterschiedlichen Massenmedien dargestellt wird, erhält die Hochschule beispielsweise Hinweise auf die Gestaltung der Beziehungen zu den Medienvertretern. Im Hinblick auf die zeitliche Perspektive ist die Entwicklung des Hochschulimages im Zeitverlauf bei den einzelnen Ziel- und Anspruchsgruppen von Interesse.

---

377 Vgl. Mathes, R./ Gärtner, H.-D. (1994), S. 130f.
378 Vgl. Beger, R./ Gärtner, H.-D./ Mathes, R (1989), S. 47
379 Vgl. Sühling, V. (1996), S. 116
380 Vgl. Beer, R./ Gärtner, H.-D./ Mathes, R. (1989), S. 49f.
381 Vgl. Cutlip, S.M./ Center, A.H./ Broom, G.M. (1994), S. 324f.

Im Rahmen der Situationsanalyse werden Erhebungsmethoden eingesetzt, um das erreichte Niveau der Zielgrößen und deren Abhängigkeiten von den Einflussfaktoren messen zu können.[382] In der Regel ist die Befragung die geeignete Methode zur Analyse der Ausgangssituation. Jene Auswertungsmethoden, die eingesetzt werden, müssen bereits bei der Anlage des Fragebogens berücksichtigt werden. Für die PR-Forschung spielen besonders die Faktorenanalyse und die multidimensionale Skalierung eine wichtige Rolle. Sie ermöglichen durch die Ermittlung von Beurteilungsdimensionen die Berechnung von Imagedimensionen. Bei den Zielgruppen kann man ebenfalls die Zusammenhänge durch Imagestudien oder andere Marktstudien ermitteln. Hier existiert eine Vielzahl von Instrumenten, wie z. B. die Stärken-Schwächen-Analyse, die oftmals aber nur einzelne Parameter einbeziehen.[383] Unter Berücksichtigung der Besonderheiten des Handels und des Erfordernisses einer integrativen Sichtweise bietet sich im Rahmen der Situationsanalyse insbesondere die Verwendung von Imageanalysen an.

5.1.2 Imageanalysen zur Positionsbestimmung

Für die Erarbeitung einer PR-Konzeption sind die Erkenntnisse von Imagestudien bzw. Imageanalysen sehr wertvoll.[384] Dies ist insofern von Bedeutung, weil das Hochschulimage aus Sicht der Ziel- und Anspruchsgruppen in den wenigsten Fällen mit dem Idealimage der Hochschule übereinstimmt. Auch OECKL wertet die Erforschung des Vorstellungsbildes, das die Öffentlichkeit von der Hochschule und seinen Leistungen hat, als ganz wesentlichen Bestandteil der Untersuchung der Ausgangslage.[385] In den nachfolgenden Ausführungen gilt es zunächst, den Begriff des Images zu definieren. Anschließend wird dann die Imageanalyse als Instrument der Situationsanalyse im Hochschulsektor erörtert, wobei konzeptionelle und methodische Aspekte im Vordergrund stehen.

In der Marketingforschung wurden bereits viele Versuche unternommen, das komplexe Gebilde Image zu definieren und damit eine Grundlage für Imageanalysen herzustellen. Der Begriff Image hat jedoch keinen eindeutigen Erklärungsinhalt, es existieren die unterschiedlichsten Begriffsbestimmungen. Dennoch soll der Versuch unternommen werden, den Begriff in Bezug auf den Untersuchungsgegenstand Hochschule definitorisch einzu-

382 Vgl. Bruhn, M. (1995), S. 123
383 Vgl. Boehm-Tettelbach, P.M. (1990), S. 226f.
384 Vgl. Wolf, J. (1992), S. 184
385 Vgl. Oeckl, A. (1976), S. 217

grenzen. Der Begriff bezeichnet im Allgemeinen die Gesamtheit aller Vorstellungen, die ein Individuum oder eine Gruppe mit einem Meinungsgegenstand verbindet. Meinungsgegenstände können Subjekte oder Objekte sein. Verwandte Begriffe im Umfeld des Images sind Ruf, Reputation, Stereotyp, Vorstellungsbild, Einstellung und Goodwill.[386] Ein Image bildet sich durch die Verbindung objektiver Gegebenheiten (z. B. Informationen, Handlungen, Leistungen) mit subjektiven Wertungen (z. B. Erfahrungen Wahrnehmungen, Vorurteile), die sich zu einer entsprechenden Einstellung verdichten. Das Image deckt sich selten mit den Fakten und Kennzahlen einer Hochschule, wie sie beispielsweise im Forschungsbericht zu finden ist. Images sind mehrdimensionale Konstrukte mit kognitiven und emotionalen Bestandteilen, die sich stets in Bezug auf bestimmte Teile der Gesellschaft ausprägen und denen im Hinblick auf die Wahl der Hochschule der Studenten, des wissenschaftlichen oder nichtwissenschaftlichen Personals im Allgemeinen ein hoher Erklärungswert zugesprochen wird. Im Folgenden wird unter Image die Gesamtheit aller subjektiven Vorstellungen der Ziel- und Anspruchgruppen über den komplexen Meinungsgegenstand Hochschule verstanden. Image ist ein über einen längeren Zeitraum entstandenes und gefestigtes Gesamtbild der Hochschule, das von Subsystem zu Subsystem bzw. von Teilöffentlichkeit zu Teilöffentlichkeit aber auch von Person zu Person variieren kann.[387]

Insbesondere die zunehmende Vergleichbarkeit der Studienangebote sowie Bachelor- und Masterabschlüsse der verschiedenen Hochschultypen stehen einer möglichen Differenzierung nach objektiven Kriterien entgegen. Die Bedeutung des Imagekonzeptes zeigt sich darin, dass es für die meisten Individuen eine strukturell vorgegebene Notwendigkeit ist, sich auf Images verlassen zu müssen. „Images ersetzen fehlendes und komprimieren vorhandenes Wissen.“[388] Beispielsweise haben die Zielgruppen, wie z. B. Studenten oder Unternehmen, häufig nur sehr geringe Kenntnisse über die Hochschule. Jedoch durch ein spezifisches Image werden Hochschulen identifiziert und individualisiert. Deshalb kommt dem Hochschulimage eine herausragende Bedeutung zu.[389]

Das Image der Hochschule entwickelt sich aus vielfältigen direkten und indirekten Konfrontationen,[390] unter anderem durch das Erscheinungsbild, die Handlungsweisen, die

386 Vgl. Spiegel, B. (1961), S. 32ff.
387 Vgl. Sühling, V. (1996), S. 118
388 Müller, J. (1993), S. 252
389 Vgl. Wöhrle, M. (1987), S. 26f.
390 Vgl. Hansen, U. (1990), S.123

kommunikativen Aktivitäten und das Leistungsangebot. Es bildet auf diese Weise ein Schema, mit dem Individuen ein differenziertes Informations-, Studien- und Dienstleistungsangebot verarbeiten. Demnach hat das Image einer Hochschule einen ganzheitlichen Charakter, der alles umfasst, was die Individuen dem Objekt zurechnen. Dies führt dann bei den Ziel- und Anspruchsgruppen zu einer Identifikation der Anbieter und zu einer Präferenzordnung, die die Entscheidung für eine bestimmte Hochschule beeinflusst.[391]

Naturgemäß ist für die Hochschule das Image einzelner Forschungs- und Studienangebote von geringerer Bedeutung. Von Interesse sind vor allem die Vorstellungen von dem Gesamtangebot an Forschung- und Bildungsleistungen sowie von der Hochschule als Ganzes. Grundsätzlich kann man davon ausgehen, dass das Image das Verhalten und Handeln in irgendeiner Weise beeinflusst und damit eine Orientierungsfunktion erfüllt.[392] Die verhaltensentscheidende Wirkung geht vielfach nicht auf die objektiven Leistungsqualitäten zurück, sondern im wesentlichen auf subjektive Eindrücke und Vorstellungen, die sich die Ziel- und Anspruchsgruppen von der Hochschule und dessen Leistungen machen. Das Image stellt somit die vereinfachte Bewertung der Hochschule dar.[393] Je positiver das Image einer Hochschule ist, desto größer ist die Wahrscheinlichkeit, dass beispielsweise dort die Studenten studieren oder verschiedene Institutionen Dienstleistungen nachfragen. Wenn Hochschulen nicht in der Lage sind, ihr Image an die sich aus dem Wertewandel ergebenden veränderten Anforderungen anzupassen, besteht die Gefahr, dass die Ziel- und Anspruchsgruppen sich auf andere Hochschulen konzentrieren bzw. zu diesen abwandern.

5.2 Ziele und Zielgruppen der Public Relations

Generell befasst sich die PR-Planung mit den Zielen, den Zielgruppen, den Handlungsmöglichkeiten und den erforderlichen Budgets.[394] Diese schließt strategische und operative Überlegungen ein.[395] Im Rahmen der Planung werden die strategischen Entscheidungen getroffen und Pläne für die Umsetzung erarbeitet.[396] Bei einer strategischen Ausrichtung der PR-Politik werden grundsätzliche Inhalte der Informationsgestaltung festgelegt, die

391 Vgl. Falk, B./ Wolf, J. (1992), S. 196ff.
392 Vgl. Schlögl, G. (1994), S. 105
393 Vgl. Berekoven, L. (1995), S. 380
394 Vgl. Haedrich, G. (1993), S. 259f.
395 Vgl. Köhler, R. (1993), S. 95
396 Vgl. Cutlip, S.M./ Center, A.H./ Broom, G.M. (1994), S. 345

auch bei einem Wandel einzelner Instrumente oder Medien mit einer gewissen Kontinuität beizubehalten sind. Nach KÖHLER haben PR-Pläne immer dann einen strategischen Charakter, „wenn sie die Gesamtdarstellung betreffen und damit rahmensetzend sind“.[397] Organisationen planen dann strategisch, wenn sie die ihren Handlungsspielraum begrenzenden Einflussgruppen identifiziert und Programme zum Autonomieerhalt entwickelt haben.[398] Von Wichtigkeit ist, dass eine strategische Planung der Hochschul-PR erfolgt, weil sonst die Gefahr besteht, dass Einzelmaßnahmen relativ orientierungslos sind. Die Hochschulleitung kann sich heute nicht mehr auf die Erfolgswirksamkeit einer intuitiven kurzfristigen Planung verlassen, vielmehr ist im PR-Bereich eine systematische und langfristige Denkweise erforderlich. Die konkrete Umsetzung der strategischen Überlegungen in operative Pläne ist letztlich durch den PR-Verantwortlichen in der Hochschule zu steuern.[399]

Der grundsätzliche Ablauf des Planungsprozesses wird in der PR-Literatur ähnlich wie in der betriebswirtschaftlichen Literatur beschrieben.[400] Unabhängig davon, wie eng oder umfassend die Planung gesehen wird,[401] sollte die PR-Planung für Hochschulen die folgenden Phasen bzw. Schritte umfassen:[402]

- Formulierung der konkreten PR-Zielsetzungen unter Berücksichtigung der Ziele einer Organisation,
- Definition, Analyse und Gewichtung der einzelnen Zielgruppen,
- Festlegung der Kommunikationsinhalte unter Berücksichtigung der PR-Ziele und zielgruppenspezifischer Aspekte,
- Festlegung der PR-Gesamt-Strategie und der Detailstrategien,
- Auswahl der PR-Instrumente und -Medien,
- Bestimmung der PR-Budgets,
- Erarbeiten eines detaillierten Zeit- und Terminplanes für die Umsetzung der PR-Maßnahmen.

---

397 Köhler, R. (1993), S. 100
398 Vgl. Grunig, J.E. (1992), S. 49
399 Vgl. Sühling, V. (1996), S. 123
400 Vgl. Nieschlag, R./ Dichtl, E./ Hörschgen, H. (1994), S. 871f.
401 Vgl. Köhler, R. (1993), S. 96f.
402 Vgl. Bläse, D. (1982), S. 194f.; Brauer, G. (1993), S. 294ff.; Sühling, V. (1996), S. 123f.

In der Abbildung 6 ist dieser Prozess der strategischen PR-Planung für Hochschulen in seinen Einzelphasen veranschaulicht.

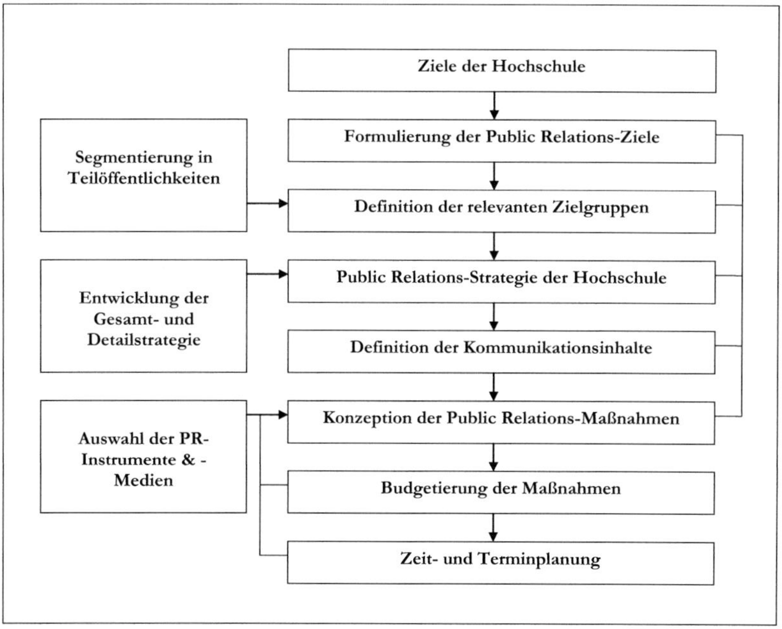

Abb. 6: Strategische Public Relations-Planung für Hochschulen [403]

Da eine Hochschule regelmäßig und ständig in Interaktion mit verschiedenen Teilöffentlichkeiten der Umwelt steht und sich die gesellschaftlichen Entwicklungen und Rahmenbedingungen laufend verändern, folgt daraus, dass der Planungsprozess keine einmalige Angelegenheit ist, sondern kontinuierlich überprüft werden muss und den sich veränderten Bedingungen und Herausforderungen in der Umwelt der Organisation angepasst werden muss.[404] Die Hochschulpraxis zeigt jedoch, dass generell wenig Zeit bzw. Ressourcen für die strategische Planung von Public Relations aufgewendet wird. Da PR-Verantwortliche in der Praxis traditionell aktionsorientiert denken und arbeiten, wird Planung häufig als Maßnahmenplanung missverstanden.[405]

---

[403] Abbildung in Anlehnung an Sühling, V. (1996), S. 124
[404] Vgl. Beger, R./ Gärtner, H.–D./ Mathes, R. (1989), S. 29
[405] Vgl. Sühling, V. (1996), S. 124f.
[408] Vgl. Tietz, B. (1993), S. 44

5.2.1 Ziele der Public Relations

Als erster Planungsschritt wird in der Literatur durchgängig die Zieldefinition genannt. Ein gut definiertes System von Zielsetzungen, das aus der Situationsanalyse abgeleitet wird, ist notwendiger Bestandteil jeder PR-Planung und steckt den Handlungsrahmen für die Strategien ab. Die Definition der Ziele stellt im Rahmen der PR-Planung eine große Herausforderung für die Hochschule dar; sie kann jedoch unabhängig von den gesellschaftlichen und ökonomischen Rahmenbedingungen sowie den Entwicklungen auf den relevanten Märkten erfolgen. Gleichzeitig ist generell auch eine Berücksichtigung der internen Restriktionen der Hochschule erforderlich.[408] Demzufolge ist eine Situationsanalyse grundlegende Voraussetzung für die Zielplanung der Hochschul-PR.[409]

In der Hochschulpolitik werden die grundlegenden Ziele der Organisation definiert, welche die allgemeine Ausrichtung der gegenwärtigen und zukünftigen Aktivitäten der Hochschule sowohl nach innen als auch nach außen bestimmen. Aus den Hochschulzielen leitet sich auch die PR-Politik der Organisation ab.[410] Diese bestimmt die grundsätzlichen, langfristigen und auf die gesamte Hochschule bezogenen Entscheidungen im Umgang mit den Teilöffentlichkeiten. Für die Definition der PR-Ziele müssen daher übergeordnete Ziele der Hochschule vorliegen, aus denen sich die Zielsetzungen der Public Relations ableiten lassen und in eine zielgerechte PR-Arbeit umgesetzt werden können.

In der betriebswirtschaftlichen Literatur ist es üblich, von der Vorstellung eines mehrstufigen Zielsystems auszugehen, wobei das Zielsystem durch neutrale, komplementäre und konkurrierende Beziehungen gekennzeichnet ist.[411] Die Einordnung der PR-Ziele in die Zielhierarchie der Hochschule stellt sicher, dass ein den Zielen optimal entsprechendes Kommunikationskonzept entwickelt werden kann. Ausgangspunkt ist die strategische Positionierung der Hochschule als Oberziel. Eine Positionierung zielt auf die aktive, dauerhafte der Stellung der Hochschule im jeweils relevanten Markt ab.[412] Positionierung kann man auch als Abgrenzung der eigenen Organisation vom Wettbewerb bezeichnen.[413] Gegenstand der Positionierung ist die Hochschule mit ihrem aus einer Vielzahl von

---

409 Vgl. Barth, K. (1993), S. 139
410 Vgl. Köcher, A./ Birchmeier, E. (1993), S. 114
411 Vgl. Hansen, U. (1990), S. 163f.; Peters, S./ Brühl, R./ Stelling, J.N. (2000), S. 22f.
412 Vgl. Aberle, G. (1992), S. 13, Backhaus, K. (1997), S. 179f.; Olten, R. (1998), S. 184
413 Vgl. Pepels, W. (1994), S. 422ff.

Bildungs- und Forschungsleistungen zusammengesetzten Leistungsangebot. Aus der Positionierung ist abzuleiten, wie die Hochschule aufgrund ihrer Marktstellung mittel- bis langfristig von seinen Zielgruppen gesehen werden will.

Generell kann davon ausgegangen werden, dass jede Hochschule sich gegenüber seinen Zielgruppen so positionieren möchte, dass es sich in seinem engeren und weiteren gesellschaftlichen Umfeld Akzeptanz sichert, sich in der subjektiven Wahrnehmung von den konkurrierenden Angeboten abhebt, ein eigenständiges Profil gewinnt und damit die Präferenzen für die eigene Organisation schafft.[414]

Nach BRUHN sind Kommunikationsziele „angestrebte Vorzugszustände, die mit dem Einsatz von Kommunikationsmitteln bzw. -instrumenten bei den Zielgruppen erreicht werden sollen".[415] PR-Ziele geben demzufolge angestrebte Zustände oder Situationen auf den relevanten Märkten der Hochschule an, die durch geplante und durchzuführende PR-Maßnahmen erreicht werden sollen.[416]

In PR-Planungsprozessen werden Ziele zum steuernden Ausgangspunkt der Maßnahmen genommen und bestimmen damit die Mittel und Wege jeglicher Aktivitäten. Die Ziele legen fest, was Public Relations für die Organisation erreichen will. In der Literatur wird zwischen strategischen Zielen, die langfristig zu erreichen sind, und taktischen Zielen, die die Zielvorgabe für mehrere Jahre darstellen, unterscheiden.

Für die Public Relations-Arbeit sind genaue Zielvorgaben eine der wichtigsten Voraussetzungen, da nur dadurch sichergestellt werden kann, dass sich die PR-Maßnahmen in eine Richtung bewegen. Daher sind in Anlehnung an BRUHN die folgenden Anforderungen an die Zielformulierung für Hochschul-PR zu stellen:[417]

- PR-Ziele müssen mit den Hochschulzielen abgestimmt sein.
- PR-Ziele sollten möglichst hierarchisch aufgebaut sein.
- PR-Ziele sind auf die verschiedenen Zielgruppen auszurichten.

414 Vgl. Sühling, V. (1996), S. 126
415 Bruhn, M. (1995), S. 38
416 Vgl. Meffert, H. (1979), S. 22
417 Vgl. Bruhn, M. (1995), S. 126f.

- PR-Ziele sind operational nach den Dimensionen Inhalt, angestrebtes Ausmaß und zeitlichen Bezug zu formulieren.
- PR-Ziele müssen für alle Mitglieder der Hochschule verbindlich sein.

Ein wesentliches Erfordernis liegt vor allem in der Operationalisierung der Ziele. Mit zunehmender Verständlichkeit und Plausibilität der Ziele steigen auch bei den Hochschulmitgliedern die Fähigkeit und der Wille zu deren Erfüllung.[418] Solange PR-Zielsetzungen nicht präzise und eindeutig formuliert sowie konkretisiert sind, lassen sich keine Strategien und Maßnahmen ableiten.[419] Daraus ergibt sich die Notwendigkeit, dass nur bei einer realistischen Zielformulierung auch Schlussfolgerungen für den Einsatz der PR-Instrumente gezogen werden können, und dass der Erfolg der PR-Arbeit zu einem späteren Zeitpunkt im Sinne einer Wirkungskontrolle überprüft werden kann. Wichtig ist in diesem Zusammenhang auch, dass die PR-Ziele diejenigen Schwachstellen und Vorteile beinhalten, die im Rahmen einer Situationsanalyse der Hochschule identifiziert wurden. Darüber hinaus bedürfen Ziele in der durch dynamische Entwicklungen gekennzeichneten Umwelt einer kontinuierlichen Überprüfung und Anpassung.

In der betriebswirtschaftlichen Literatur wird die Formulierung von Zielen als ein überwiegend rationaler und logischer Prozess angesehen.[420] In der Praxis sind Zielsetzungen selten anzutreffen, nach denen sich Entscheidungsprozesse in Hochschulen ausrichten. Begründet ist dies in den zahlreichen Schwierigkeiten bei der Zielformulierung.[421] Ziele sind im PR-Bereich nicht immer operationalisierbar und sie sind auch für bestimmte Planungsperioden nicht unabänderlich festgelegt. Vielmehr werden in der PR-Praxis oftmals unklare Zielartikulationen präferiert, damit sie einen gewünschten Interpretationsspielraum bieten. Ein weiteres Problem besteht darin, dass die Wirkungen von PR-Instrumenten nicht zu isolieren sind.[422]

Für die Öffentlichkeitsarbeit der Hochschule lassen sich Ziele formulieren, die die Organisation mit seiner PR-Politik verfolgt. Diese Ziele werden in der Literatur meist in Kommu-

---

418 Vgl. Staehle, W.H. (1991), S. 409; Berndt, R. (1993), S. 8f.
419 Vgl. Hopfenbeck, W./ Roth, P. (1994), S. 153
420 Vgl. Heinen, E. (1976)
421 Vgl. Bruhn, M. (1995), S. 125f.
422 Vgl. Bruhn, M. (1995), S. 126

nikationsziele und in ökonomische Ziele eingeteilt.[423] Während Kommunikationsziele vorwiegend abstrakte, psychologische Größen wie Einstellungen, Motive und Meinungen betreffen, haben ökonomische Ziele monetäre Größen zum Inhalt. Neben den generellen PR-Zielen, die im Folgenden dargestellt werden sollen, gibt es auch hochschulindividuelle, zielgruppenspezifische Teilziele.[424]

5.2.1.1 Kommunikative Zielsetzungen

Die Kommunikationsziele lassen sich in vielfältiger Weise formulieren und gliedern. In der PR-Literatur existiert eine Vielzahl unterschiedlicher Zielsetzungen der Public Relations. Der inhaltliche Katalog von PR-Zielen kann hier nicht erschöpfend behandelt werden. Es soll lediglich ein Überblick über die für die Hochschule wesentlichen Zielaspekte vermittelt werden. Zunächst erscheint es sinnvoll, die Positionierung als strategisches PR-Ziel näher zu betrachten.

Im Rahmen der strategischen PR-Ziele ist vor allem die Imagepositionierung zu erarbeiten. Bei der Imagepositionierung ist ein die Zielgruppe implizierendes Zielimage zu definieren, dass auf sämtliche PR-Instrumente auszurichten sind. In diesem Zusammenhang wird häufig der Begriff Corporate Identity in die Diskussion gebracht. Ausgehend von einem bestimmten Selbstverständnis der Hochschule, das in der Philosophie und im Leitbild der Hochschule verankert ist, soll durch eine Corporate Identity-Strategie ein möglichst konsistentes Soll-Image bei allen relevanten Teilöffentlichkeiten aufgebaut werden.[425]

Sämtliche PR-Aktivitäten zielen darauf ab, im Ergebnis ein möglichst positives Image bei den externen und internen Zielgruppen zu erzeugen. Aus Imageanalysen werden diese als Bestandteil des strategischen Zielssystems abgeleitet und präzisiert.[426] Die Positionierung beschreibt das angestrebte Image einer Hochschule unter Berücksichtigung der Markt- und Umweltverhältnisse sowie des aktuellen Images, wobei die Wettbewerber einbezogen werden. Das Hochschulimage dient als strategisches Element für eine dauerhafte und sichere Positionierung der Organisation und seiner Leistungen.[427]

---

[423] Vgl. Tietz, B. (1992), S. 94
[424] Vgl. Sühling, V. (1996), S. 129
[425] Vgl. Merkle, W. (1992), S. 81ff.
[426] Vgl. Trommsdorff, V. (1992), S. 460
[427] Vgl. Sühling, V. (1996), S. 129f.

Images können mit PR-Maßnahmen systematisch aufgebaut, entwickelt oder verändert werden. Kommunikationsaktivitäten zur Profilierung des Hochschulimages werden allerdings gewöhnlich erst dann durchgeführt, wenn eine Hochschule oder Teilbereiche in den Fokus der öffentlichen Kritik geraten ist. Möglichkeiten im PR-Bereich, das Image der Hochschule zu verbessern, bestehen beispielsweise durch Herstellung und Pflege von Medienkontakten und durch die Gestaltung bzw. Aktualisierung des Corporate Designs.[428]

Unter Berücksichtigung der Erkenntnis, dass im Hochschulbereich das Wahlverhalten der Studenten, Unternehmen, Mitarbeiter und Lehrkräfte die Wettbewerbsstellung einer Hochschule determinieren, gewinnt die Kenntnis und insbesondere die Beeinflussung der Bestimmungsfaktoren des Wahlverhaltens der Zielgruppen an entscheidender Bedeutung.

Der Public Relations kommt dabei eine Schlüsselrolle für den Aufbau und die Pflege eines wünschenswerten Images der Hochschule zu. Demzufolge ist ein generelles Ziel von Public Relations der Aufbau und die Pflege von Images. Imagepflege ist durch die Möglichkeit der Prägung der Einstellungen von Individuen, aber auch von Organisationen, für alle Bereiche der Meinungsbildung von großer Bedeutung.[429] „Ein positives Image schafft einen Vertrauenshintergrund und führt zu einer günstigen Einstellung, ein negatives Image dagegen provoziert Distanz.[430] Das Image bestimmt sowohl die Akzeptanz der Hochschule als auch die Wertigkeit seiner Leistungen aus Sicht der Ziel und Anspruchsgruppen mit.

Das Image bietet bei fehlender objektiver und qualitativer Differenzierung vielfach die Möglichkeit, sich von den Wettbewerbern abzuheben. Beim der Nachfrage von Bildungs- und Forschungsleistungen spielt das Image insofern eine wichtige Rolle, als die Mehrzahl der Nachfrager Leistungen von denen sie eine schlechte Meinung haben, ablehnt. Eine gute Meinung von einer Hochschule dagegen forciert die Nutzung von ihren angebotenen Leistungen.

Ein aus der Sicht der Zielgruppen positives Image einer Hochschule erhöht die Wahrscheinlichkeit, dass diese bei Auftreten eines Anlasses der Nachfrage kontaktiert wird.

---

428 Vgl. Avenarius, H. (1995), S. 167f.
429 Vgl. Sühling, V. (1996), S. 130
430 Vgl. Müller, J. (1993), S. 252

Darüber hinaus reduziert ein positives Bild der Hochschule die Unsicherheit der Nachfrager im Hinblick auf das Beschaffungs- bzw. Nutzungsrisiko.
Ein positives Image ist in mehrfacher Hinsicht für eine Hochschule von Bedeutung:

- Die Ziele der Hochschule lassen sich mit einem Goodwill in der Öffentlichkeit leichter erreichen.[431]
- Die Attraktivität als Arbeitgeber ist höher, ebenso die Motivation des Hochschulpersonals, welche besonders im Hochschulbereich oftmals zu den Defizitbereichen zählen.
- Das Image überträgt sich auf das Studien- und Dienstleistungsangebot, unterstützt die Werbung und trägt dadurch einen entscheidenden Anteil am Erfolg der Hochschule.
- Eine allgemein positive Einstellung zu einer Hochschule macht dieses zudem auch bis zu einem gewissen Grad immun, d. h. ein Fehlverhalten aus Sicht einzelner Teilöffentlichkeiten muss nicht unmittelbar zu Sanktionen führen.

Ein positives Image gewährt der Organisation nicht nur Handlungsspielraum für die Ausführung gegenwärtiger Aktivitäten, sondern sichert ihm darüber hinaus auch Handlungsmöglichkeiten für die Zukunft. Kurz gesagt, die Rahmenbedingungen für die Hochschule werden insgesamt besser. Ein positives Image stellt somit generell eine wichtige Voraussetzung für den längerfristigen Erfolg der Hochschule dar.[432]

Die notwendige Voraussetzung für ein Image ist der Bekanntheitsgrad der Hochschule.[433] Der Bekanntheitsgrad „misst die Anzahl der von der Öffentlichkeitsarbeit erreichten Zielpersonen an der Gesamtheit der Empfänger".[434] In der Praxis hat der Aufbau eines hohen Bekanntheitsgrades als PR-Ziel eine besondere Bedeutung. Dies ist nicht zuletzt auf die heutige Informationsgesellschaft zurückzuführen. Ein wichtiges Ziel der Hochschul-PR ist daher die Erhöhung des Bekanntheitsgrades.[435]

---

431 Vgl. Nieschlag, R./ Dichtl, E./ Hörschgen, H. (1994), S. 537
432 Vgl. Demuth, A. (1987), S. 20
433 Vgl. Bogner, F.M. (1990), S. 113
434 Fuchs, R./ Kleindiek, H.W. (1984), S. 47f.
435 Vgl. Sühling, V. (1996), S. 132

Die Einstellungen und Handlungen der Individuen gegenüber einer Hochschule werden wesentlich davon geprägt, wie viel Vertrauen der Organisation entgegengebracht wird.[436] Vertrauen in eine Hochschule kann durch positive Erfahrungen mit diesem geschaffen werden. Kommunikation ist nur vertrauenswürdig, wenn sie mit den Handlungsweisen der Hochschule in engem Zusammenhang steht. Prinzipien wie Glaubwürdigkeit, Offenheit, Frühzeitigkeit, Kontinuität und Attraktivität sind dabei zu berücksichtigen.[437] Die Glaubwürdigkeit einer Hochschule wird damit in einer sich als pluralistisch zu verstehenden Gesellschaft zu einem der wichtigsten Themen und auch zum zentralen Kommunikationsproblem.[438] Eine offene und glaubwürdige Kommunikation mit den Teilöffentlichkeiten spielt bei der Verkürzung der Distanz zwischen der Lebenswelt der Hochschule und den verschiedenen Lebenswelten der einzelnen externen Ziel- und Anspruchgruppen eine wichtige Rolle.[439] Glaubwürdigkeit und Vertrauen stellen sich aber nur ein, wenn auch kritische Punkte, ungelöste Fragen und Probleme offen angesprochen werden, soweit diese für die Meinungsbildung der relevanten Teilöffentlichkeiten von Bedeutung sind. Glaubwürdigkeit kann auch nur dann entstehen, wenn keine Widersprüche zwischen den verschieden Botschaften und zwischen Handeln und Kommunikation einer Hochschule auftreten. Nur so kann letztlich Verständnis und Vertrauen für die Hochschule entwickelt werden.[440]

5.2.1.2 Ökonomische Zielsetzungen

Die PR-Arbeit von Hochschulen bewegt sich im Spannungsfeld zwischen den Prinzipien ökonomischen Handelns und gesellschaftlicher Wertvorstellungen, die es zu berücksichtigen gilt.[441] Die zunehmend notwendige erwerbswirtschaftliche Ausrichtung des Handelns der Hochschulen fordert daher auch ökonomische Inhalte von PR-Zielen.

Ökonomische PR-Zielsetzungen sind solche, die auf monetären wirtschaftlichen Größen, wie beispielsweise dem Gewinn und seinem Bestandteilen, den Einnahmen, Ausgaben und Marktanteilen basieren.[442] Zwar haben ökonomische Ziele den Vorteil einer leichten

[436] Vgl. Kotler, P./ Bliemel, F. (1995), S. 913
[437] Vgl. Klenk, V. (1991), S. 39ff.
[438] Vgl. Volk, H. (1994), S. J 30
[439] Vgl. Raffée, H./ Wiedmann, K.-P. (1993), S. 64
[440] Vgl. Sühling, V. (1996), S. 133
[441] Vgl. Peters, H.P. (1992), S. 46
[442] Vgl. Berndt, R. (1993), S. 10

Quantifizierbarkeit, ihr Nachteil liegt jedoch in einer kaum nachweisbaren exakten Beziehung zum Einsatz von PR-Instrumenten und PR-Medien.[443]

Im Allgemeinen kann festgestellt werden, dass bei der Diskussion von PR-Zielen in der Literatur die kommunikativen Zielsetzungen im Mittelpunkt stehen. Die Chancen zur Realisierung ökonomischer Zielsetzungen, wie Marktanteils-, Umsatz- und Gewinnziele, werden geringer eingeschätzt.[444] Dabei ist es offensichtlich, dass die PR-Aktivitäten einer Hochschule - unabhängig davon, ob sie nach innen oder nach außen gerichtet sind - auch auf die Leistungsfähigkeit und die Marktstellung einwirken.[445]

Ein sehr wichtiges Ziel der Public Relations sind darüber hinaus kommunikative Synergiewirkungen, indem durch das Zusammenwirken verschiedenartiger PR-Maßnahmen eine höhere Kommunikationswirkung für die Hochschule als durch einen isolierten Einsatz von PR-Instrumenten erreicht wird. Dies entspricht der Aufgabe der integrierten Kommunikation, die ein möglichst konsistentes Bild der Hochschule bei den unterschiedlichen Zielgruppen vermitteln will.[446]

5.2.2 Zielgruppen der Public Relations

5.2.2.1 Bedeutung der Zielgruppenplanung für die Public Relations

Nachdem die Ziele der Hochschul-PR definiert worden sind, sind die für eine Hochschule relevanten Teilöffentlichkeiten und damit die Ziel- und Anspruchsgruppen der Öffentlichkeitsarbeit zu ermitteln und zu analysieren. Dabei ist zu beachten, dass die Definition von den Ziel- und Anspruchsgruppen nicht der Formulierung von PR-Zielen im Sinne einer zeitlich nachstehenden Phase folgt. Vielmehr ist eine ganzheitliche Planung erforderlich. Die Zielgruppendefinition kann nicht isoliert von den anderen Planungsschritten erfolgen, sondern ist auf einen permanenten Austausch und eine Rückkopplung zwischen den einzelnen Planungsphasen angewiesen. Für Public Relations als das Management von Kommunikationsprozessen stellt sich die Frage, welche Zielgruppen für die Belange der Hochschule relevant sind, d. h., welche Zielgruppen den Erfolg und die langfristige

---

443 Vgl. Sühling, V. (1996), S. 136
444 Vgl. Bruhn, M./ Zimmermann, A. (1993), S. 13
445 Vgl. Braatz, K. (1990), S. 168
446 Vgl. Bruhn, M. (1995), S. 131

Existenz der Hochschule nachhaltig beeinflussen. Im Hochschulbereich nimmt die Definition der PR-Zielgruppen eine besondere Bedeutung an, da Public Relations mit Kosten verbunden sind und die finanziellen Mittel und personellen Ressourcen für Kommunikationsmaßnahen oftmals knapp bemessen sind.[447] Für die PR-Arbeit der Hochschulen bedeutet das konkret, dass die Ansprache nur zielgruppenspezifisch sowie über ausgewählte Kommunikationsmittel und Medien erfolgen sollte. Je genauer eine Hochschule seine Ziel- und Anspruchsgruppen kennt, desto effektiver und effizienter kann er spezifische PR-Maßnahmen entwickeln, um seine Botschaften zu vermitteln.[448] Viele deutsche Hochschulen haben mittlerweile die Bedeutung erkannt, sich durch zielgruppenspezifisch ausgerichtete Kommunikationsaktivitäten sowohl extern als auch intern darzustellen.[449]

Im Rahmen der Definition der relevanten Teilöffentlichkeiten wird zunächst der organisationstheoretische Bezugsrahmen als Basis für die Identifizierung und Differenzierung der Träger der Öffentlichkeit in ihrem Bezug zur Hochschule herangezogen. Aus Sicht einer Hochschule entstehen Teilöffentlichkeiten erst durch die Konsequenzen bzw. Auswirkungen, die das Verhalten der Organisation auf ihre Umwelt hat.[450] Da die Umwelt einer Hochschule eine hohe Komplexität aufweist und dessen Marktbeziehungen sehr vielfältig sind, muss festgelegt werden, welche dieser Beziehungen als besonders wesentlich anzusehen sind. Resultat einer solchen Analyse der Teilöffentlichkeiten sind dann die PR-spezifisch bedeutendsten Gruppierungen und damit die Ziel- und Anspruchsgruppen der Hochschule. Generell kann festgestellt werden, dass erfolgreiche PR-Arbeit wesentlich von der Kenntnis der verschiedenen Teilöffentlichkeiten der Hochschule direkt oder indirekt betroffen sind. Um die Teilöffentlichkeiten im Umfeld der Hochschule zu identifizieren, ist zunächst eine Segmentierung notwendig.[451]

5.2.2.2 Segmentierung der Teilöffentlichkeiten

In der Public Relations-Forschung wird der genauen Bestimmung der jeweils anzusprechenden Individuen oder Gruppen ein hoher Stellenwert eingeräumt. In diesem Zusammenhang spielt die Segmentierung der Teilöffentlichkeiten eine bedeutende Rolle. Ihr

[447] Vgl. König, J. (2003), S. 45; Bühler, H./ Naderer, G./ Koch, R./ Schuster, C. (2007), S. 41
[448] Vgl. Sühling, V. (1996), S. 137
[449] Vgl. Trogele, U. (1995), S. 121
[450] Vgl. Signitzer, B. (1988), S. 101
[451] Vgl. Sühling, V. (1996), S. 137f.

wesentlicher Vorteil liegt darin, dass bei der Planung der PR-Maßnahmen gezielter und effizienter vorgegangen werden kann.[452] Eventuelle Fehlentwicklungen können auf diese Weise ebenfalls rechtzeitig behoben werden. Die hauptsächlich der Marketinglehre entnommenen Segmentierungsstrategien von Teilöffentlichkeiten basieren vornehmlich auf sozioökonomischen, demographischen und psychographischen Kriterien sowie auf Kriterien des Marktverhaltens.[453] Für die PR-Praxis finden diese Segmentierungsverfahren allerdings nur begrenzt Anwendung, da im Mittelpunkt die Dimensionen Themen und Kommunikation stehen und nicht die Nachfrage nach Leistungen.[454]

Das Umfeld und die Zielgruppen der Hochschulen sind äußerst vielfältig. Dies resultiert aus der Tatsache, dass die Hochschulen sich bei ihrer Kommunikation nicht auf die Nachfrager der Leistungsangebote beschränken, sondern auch alle indirekt am Leistungsaustausch beteiligten Institutionen einbeziehen.[455] Nach KOTLER bildet sich die Umwelt von Hochschulen aus allen Umfeldbeziehungen, die zugleich die Hauptnutzer und Zielgruppen des Leistungsangebotes beinhalten. In der Mikroumwelt befinden sich die Gruppen der Studierenden, Professoren und Fakultäten sowie der Angestellten der Hochschule. Zur Makroumwelt zählen die Öffentlichkeit, Schüler, Eltern und Lehrer, Partnerschaften der Hochschule sowie deren Forschungsinstitute, darüber hinaus der öffentliche Dienst, Gewerbe sowie andere Hochschulen, der Bund, Lieferanten und nicht zu vergessen Förderer, Absolventen und Vereine. Die Mikro- und Markoumwelt der Hochschulen sind in der Abbildung 7 nochmals veranschaulicht.

Dieselbe Ansicht vertritt auch ALEWELL, der die internen und externen Beziehungen der Hochschulen unterscheidet.[456] Eine leicht abweichende Strukturierung des Hochschulumfelds nimmt TOPF vor, indem sie die einzelnen Elemente zu Segmenten zusammenfasst, die in Bezug auf die Hochschule ähnliche Funktionen wahrnehmen. Sie unterscheidet so zwischen vier verschiedenen Segmenten. Diese Segmente sind das regionale, unterstützende, politisch-administrative Umfeld und das Marktfeld. Das Marktfeld umfasst potenzielle und aktuelle Nachfrager, Verwender und Auftraggeber von Ausbildungs- und Forschungsleistungen. Hieraus lassen sich nach TOPF die Zielgruppen potenzielle

---

[452] Vgl. Bogner, F.M. (1990), S. 107
[453] Vgl. Berekoven, L. (1995), S. 94ff.
[454] Vgl. Signitzer, B. (1988), S. 101
[455] Vgl. Nietiedt, T. (1996), S. 100f.
[456] Vgl. Alewell, K. (1977), S. 267

Studierende, Eltern, Lehrer, Absolventen und Auftraggeber und Abnehmer von Forschungsleistungen sowie von sonstigen Dienstleistungen ableiten. Dem politisch-administrativen Umfeld ordnet sie die Institutionen und Personen auf internationaler, regionaler sowie auf Landes- und Bundesebene zu. Diese stehen in vielfältigen Beziehungen zur Hochschule und können teilweise auch zu den Zielgruppen der Öffentlichkeitsarbeit gezählt werden, nicht zuletzt da die Hochschulen auf staatliche Stellen angewiesen sind und daher an der Pflege und Entwicklung zu diesen Stellen interessiert sein müssen. Zum unterstützenden Umfeld zählen Spender und Förderer, wobei nach TOPF besonders ehemalige Studierende der Hochschule als Spender in Betracht kommen. In das regionale Umfeld werden sowohl die Bevölkerung von Stadt und Region als auch die Unternehmen der Region einbezogen. Im Mittelpunkt der dargestellten Segmente befindet sich die Hochschule mit den Studenten und dem wissenschaftlichen und nichtwissenschaftlichen Personal.[457]

Einige Autoren verweisen auch insbesondere auf die Bedeutung von Sponsoren als Zielgruppe. Sie unterstützen die Hochschulen durch immaterielle Förderung oder materielle Hilfe, wie beispielsweise etwa die Finanzierung eines Stiftungslehrstuhls.[458] TROGELE schlägt im Rahmen der Marktsegmentierung eine Differenzierung in sieben Nutzergruppen vor. Diese umfasst Professoren und Angestellte der Hochschule, Studierende und Studienwillige, Industrie und Gewerbe, Absolventen sowie Staat und Gesellschaft. Je nach Zielsetzung lassen sich diese Nutzergruppen in weitere, kleinere Zielgruppen unterteilen. Dabei greift TROGELE auf die gängigen und im Marketing vorherrschenden Segmentierungskriterien wie sozioökonomische Kriterien, geographische Herkunft, psychographische Eigenschaften und Marktverhaltenskriterien zurück.[459]

HARPENAU entwickelt eine Einteilung des Hochschulumfeldes in Aktionsfelder und Zielgruppen, mit denen die Hochschule kommunizieren bzw. bei denen die Hochschule sich darstellen muss. Er benennt hierbei die drei großen Aktionsfelder Studenten, Wirtschaft und Öffentlichkeit, die er folgendermaßen segmentiert: Zu den Studenten zählen sowohl die Zielgruppen der Studienanfänger als auch die bereits Studierenden. Für

[457] Vgl. Topf, C. (1986), S. 139ff.
[458] Vgl. Bühler, H./ Naderer, G./ Koch, R./ Schuster, C. (2007), S. 43; Westebbe, A./ Winter, E./ Trost, O. (1997); Bühler, H. (1999), S. 35ff.; Hermanns, A./ Suckrow, C. (1995); Hermanns, A./ Glogger, A. (1998); Lang, R./ Stary, J. (1999), S. 48ff.
[459] Vgl. Trogele, U. (1995), S. 49f.

jede der Zielgruppen unternimmt HARPENAU noch weitere, feinere Segmentierungen, die allerdings im Vergleich zu TROGELE keine neuen Erkenntnisse bieten. In das Aktionsfeld der Wirtschaft fallen kleine und mittlere Unternehmen sowie Großunternehmen. Das dritte und letzte Aktionsfeld bilden die allgemeine sowie die interessierte Öffentlichkeit, die sich wiederum aus den Zielgruppen der Studienberechtigten, Absolventen, Politiker, Medien, Verbänden, Multiplikatoren, Drittmittelgeber, Fördervereinen und sonstigen Interessierten zusammensetzt.[460]

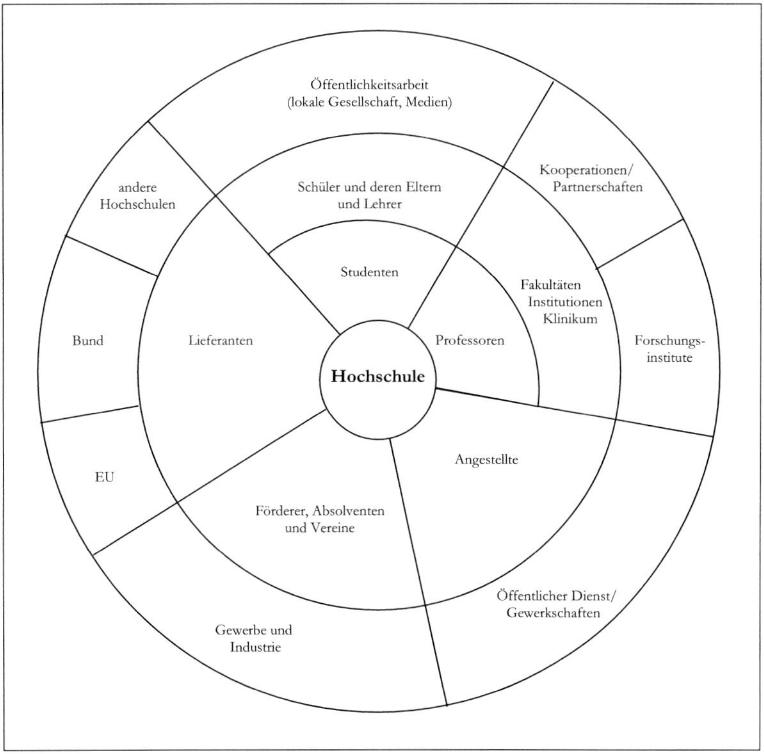

Abb. 7: Makro- und Mikroumwelt der Hochschule [461]

[460] Vgl. Harpenau, J. (1991), S. 20ff.
[461] Abbildung in Anlehnung an Kotler, P./ Fox, K. (1995), S. 23
[467] Vgl. Wangen-Gross, M. (1983), S. 216

WANGEN-GROSS identifiziert in ihrem Ansatz der Zielgruppendefinition nur drei verschiedene Öffentlichkeiten: Die interne Öffentlichkeit besteht aus Lehrkörper, Verwaltung und Studenten, die zweite aus Familienangehörigen dieser drei internen Gruppen, deren Freunde und die unmittelbar mit der Hochschule in Verbindung stehenden Handwerker, Lieferanten und Ehemaligen. Schließlich stellen die unmittelbar berührte Bevölkerung im lokalen und regionalen Bereich, die nationalen und auch die internationalen Teilöffentlichkeiten sowie wichtige politische Institutionen die externe Öffentlichkeit und somit die dritte Gruppe dar.[467] WANGEN-GROSS teilt diese Gruppen noch weiter auf, unter dem Hinweis, dass das Segment- und Zielgruppendenken der Hochschulen nicht bei den Nachfragern des hochschulspezifischen Leistungsprogramms enden darf. Zu den relevanten Zielgruppen zählen demnach potenzielle Studierende, Multiplikatoren wie Eltern und Lehrer, die Industrie, föderale Institutionen, ausländische Partner und Interessenten, Förderer und Vereine, wissenschaftliche und nichtwissenschaftliche Mitarbeiter, allgemeine Interessenten, lokale, regionale und überregionale Medien, Ministerien von Bund und Ländern, aktuelle und ehemalig Studenten sowie andere Hochschulen, Forschungsinstitutionen und Bildungseinrichtungen.[468] Im Gegensatz unterteilt TONNEMACHER die Zielgruppen grob in die außer- und die inneruniversitäre Öffentlichkeit.[469] Die Hochschul-rektorenkonferenz (HRK) umgeht eine Differenzierung völlig, indem sie ohne weitere Untergliederung alle bisher genannten Zielgruppen nebeneinander stellt.

Die Zielgruppen nach den Empfehlungen der HRK sind:[470]

- Schüler, potenzielle Studierende in grundständigen und weiterführenden Studiengängen bzw. ihre Lehrer,
- Berufsberater und andere entsprechende Beratungsstellen,
- Absolventen,
- potenzielle Arbeitgeber für Absolventen in Wirtschaft und Verwaltung,
- Förderer, Spender, Sponsoren, Stiftungen und Drittmittelgeber,
- andere wissenschaftliche oder künstlerische Einrichtungen, Nachbar- und Partnerhochschulen und deren Angehörige,

[468] Vgl. Wangen-Gross, M. (1983), S. 65f.
[469] Vgl. Tonnemacher, J. (1982), S. 373
[470] Vgl. Hochschulrektorenkonferenz (1995), S. 6

- die wissenschaftliche bzw. künstlerische Fachöffentlichkeit, Wissenschaftler, wissenschaftlicher Nachwuchs,
- interessierte bzw. kooperationswillige Bürger,
- andere regionale Teilöffentlichkeiten, wie z. B. Abgeordnete und Verwaltungen in Kommunen und Kreisen, Vertreter gesellschaftlicher Gruppen, Verbände, Vereine, Unternehmen, Gewerkschaften, Behörden, Kammern und Kultureinrichtungen,
- entsprechende überregionale Teilöffentlichkeiten,
- Auftraggeber für und Abnehmer von Dienstleistungen,
- Medien wie Presse, Rundfunk und Fernsehen sowie Multiplikatoren,
- politische Entscheidungsträger in Parlamenten, Ministerien, Verwaltungen auf Landes-, Bundes- und europäischer Ebene,
- internationale Gremien und Verbände innerhalb und außerhalb der Europäischen Union.

Nach Betrachtung der verschiedenen Ansätze lässt sich feststellen, dass die genannten Zielgruppen weitgehend deckungsgleich sind, auch wenn sie teilweise unterschiedlichen Segmenten oder Teilöffentlichkeiten zugeordnet sind. Aufgrund ihrer Vielfalt ist es aber im Rahmen der Public Relations unmöglich – und je nach Priorität auch nicht notwendig – alle Zielgruppen mit gleicher Intensität anzusprechen.[471]

Insgesamt zeigt sich, dass die Zielgruppen der Public Relations für eine Hochschule äußerst vielfältig sein können. In der Praxis wird auch sehr schnell deutlich, dass heute nicht mehr von eindeutig abgegrenzten Zielgruppen ausgegangen werden kann. Einzelne Zielgruppen überschneiden sich und auch situativ kommt es zu ständig wechselnden Gruppierungen und Abgrenzungen. So kann ein Individuum durchaus mehreren Zielgruppen gleichzeitig angehören.

Die verschiedenen Zielgruppen verfügen zudem über unterschiedliche Erfahrungshorizonte und Informationserwartungen. Diese unterscheiden sich zudem in ihrem Informationsverhalten. Aus diesen Gründen sind die einzelnen Zielgruppen in unterschiedlichem Maße ansprechbar und können je nachdem mit verschiedenen Medien er-

---

[471] Vgl. Bühler, H./ Naderer, G./ Koch, R./ Schuster, C. (2007), S. 45

reicht werden.[472] Dies ist bei der Planung und dem Einsatz der PR-Instrumente zu berücksichtigen.[473]

Für die PR-Arbeit ist die Systematisierung und Bestimmung der Zielgruppen eine der wichtigsten, zugleich aber schwierigsten Aufgaben konzeptioneller Arbeit,[474] da jede dieser Gruppen individuell angesprochen werden muss. Für die Identifikation der Teilöffentlichkeiten einer Hochschule kann folgende Herangehensweise vorgeschlagen werden:[475]

1. Auflistung sämtlicher in Frage kommender Teilöffentlichkeiten.
2. Setzen von Prioritäten, die sich nach der Wichtigkeit der Teilöffentlichkeiten und den vorhandenen Ressourcen richten.
3. Genaue Bestimmung der einzelnen Zielgruppen der Hochschule.

Zu berücksichtigen ist, dass eine mangelhafte Zielgruppendefinition selbst professionell durchgeführte PR-Arbeit wertlos machen kann.

Die Vielzahl der möglichen PR-Zielgruppen zeigt auch, dass eine undifferenzierte, breite Streuung von Informationen nicht sinnvoll ist und kaum erfolgreich sein wird. Besser und richtiger ist es, die Zielgruppen für jede Hochschule exakt zu definieren. Wichtige Zielgruppen für eine Hochschule sind Multiplikatoren und Meinungsführer. Die Begriffe Multiplikator und Meinungsführer werden in Literatur und Praxis häufig synonym verwendet, obwohl hier richtigerweise zu differenzieren ist. Multiplikatoren sind „Personen oder Medien, welche Informationen verbreiten, d. h. multiplizieren“.[476] Meinungsführer haben mehr Medienkontakte als die von ihnen beeinflussten Personen, „sie vermitteln Botschaften an Personen mit weniger Medienkontakten weiter und vergrößern damit den Einfluss der Massenmedien.“[477] Zu Meinungsführern werden Multiplikatoren erst, wenn sie die Meinungsbildung in ihrem Umfeld auch tatsächlich beeinflussen. Meinungsführer stellen grundsätzlich eine besonders wichtige Zielgruppe für eine Hochschule dar. Sie treten in unterschiedlichster Form auf: Die bekanntesten Vertreter sind die Journalisten, die beim

[472] Vgl. Beger, R./ Gärtner, H.-D./ Mathes (1989), S. 69f.
[473] Vgl. Sühling, V. (1996), S. 140
[474] Vgl. Dorer, J. (1994), S. 20
[475] Vgl. Sühling, V. (1996), S. 141
[476] Bläse, D. (1982), S. 191
[477] Kotler, P./ Bliemel, F. (1995), S. 932

Entstehen der öffentlichen Meinung eine zentrale Rolle spielen. Aber auch Politiker, Unternehmer oder Sportler fungieren oft als Meinungsführer.

5.2.3 Inhalte der Public Relations

Im nächsten Schritt des PR-Planungsprozesses, d. h. nach Festlegung von Zielen und Zielgruppen, müssen die Kommunikationsinhalte bestimmt werden, die eine Hochschule an seine relevanten Teilöffentlichkeiten herantragen will. Die Inhalte oder Themen der Public Relations sind die von den Zielen abgeleiteten, zu übermittelnden Botschaften. Erst wenn diese Entscheidungen getroffen sind, sollten Strategien entwickelt und die PR-Instrumente definiert werden.

In der Literatur werden Kommunikationsinhalte nicht sehr ausführlich behandelt. Dies mag daran liegen, dass die Inhalte der Public Relations direkt von der jeweiligen Hochschule, der Hochschulpolitik, den aktuellen Rahmenbedingungen und auch den sehr heterogenen Zielgruppen abhängig sind, daher situativ sehr unterschiedlich sein können. Deshalb ist eine allgemeine Festlegung von Kommunikationsinhalten nur schwer möglich. Trotzdem soll hier versucht werden, mögliche Inhalte von Public Relations unter hochschulspezifischen Gesichtspunkten zu diskutieren. Diese Botschaften stellen den Kern der strategischen PR-Planung dar.

Dem Kommunikationskonzept wird inhaltlich von den vom Gesetzgeber vorgegebenen Aufgaben, welche eine Hochschule zu erfüllen hat, insbesondere der Pflege und Entwicklung der Wissenschaften und Künste durch Forschung, Lehre und Studium, ein grober Rahmen gesteckt. Dabei gilt es, die Qualität und Hochschulspezifika von Lehre und Forschung in den Vordergrund zu rücken.

Neben der Kommunikation der Angebote im grundständigen Studium ist es vor allem auch wichtig, die Besonderheiten der Hochschule darzustellen, die sie von anderen Bildungseinrichtungen differenzieren.[478] Dies können beispielsweise einzigartige wissenschaftliche oder künstlerische Studienschwerpunkte sein, besonders international ausgerichtete Studiengänge, Interdisziplinarität oder auch Studenteninitiativen.[479]

---

[478] Vgl. Abschnitt 2.1.

[479] Vgl. Hochschulrektorenkonferenz (1995), S. 12; Reckenfelderbäumer, M./ Kim, S.-S. (2006), S. 12ff.

Die an Hochschulen betriebene Forschung und Forschungsberichterstattung wird bereits rege zur Profilbildung und Außendarstellung der Hochschulen genutzt. Dennoch sieht die Hochschulrektorenkonferenz Verbesserungsmöglichkeiten und gibt Optimierungsvorschläge, auf die hier allerdings nicht näher eingegangen werden soll, da es sich weniger um kommunikationspolitische als vielmehr um forschungsspezifische Empfehlungen handelt.[480] Hervorzuheben sind im Rahmen der Berichterstattung durch die Presse- und Öffentlichkeitsarbeit der Hochschulen jene Themenschwerpunkte, die sich inhaltlich z. B. durch die Darstellung und Kommunikation von Ehrungen, Preisen und Stipendien mit der Forschung verbundenen Dienstleistungen oder auch Zusammenarbeit mit der Wirtschaft anbieten.[481]

Die Eigenheit der Fachhochschulen, nämlich in ihren Studienangeboten, in ihrem Unterrichtsstil und in ihrer Forschungstätigkeit in besonderer Weise Praxisnähe und Anwendungsbezug zu realisieren, muss sich selbstverständlich auch als Kommunikationsinhalt in der Presse- und Öffentlichkeitsarbeit niederschlagen.[482] Denn hierdurch werden diese Hochschultypen vor allem für kleine und mittlere Unternehmen als Kooperationspartner interessant.[483]

Über die Dienstleistungen hinaus, die sich direkt aus der Forschung und Lehre der Hochschule ergeben, bieten sich weitere Kommunikationsinhalte an, die unter Umständen sogar prägend für die Lebensqualität in der jeweiligen Hochschulregion sein können. Hierbei kann es sich beispielsweise um die Nutzungsmöglichkeit der Bibliotheken, um Ausstellungen, Diskussionsforen oder auch um das Studium Generale handeln.[484]

Gerade vor dem Hintergrund, dass Hochschulen als vornehmliches Ziel die Imagebildung verfolgen, ist die Frage nach den imagebildenden Faktoren unerlässlich, um diese später als Inhalte der Public Relations zu kommunizieren. FRAMHEIM-PEISERT gliedert die bestimmenden Imagefaktoren von Hochschulen in drei Gruppen:[485]

---

[480] Vgl. Hochschulrektorenkonferenz (1995), S. 13; Bühler, H./ Naderer, G./ Koch, R./ Schuster, C. (2007), S. 45
[481] Vgl. Hochschulrektorenkonferenz (1995), S. 15
[482] Vgl. Bühler, H./ Naderer, G./ Koch, R./ Schuster, C. (2007), S. 46
[483] Vgl. Friedrich, H.R. (2001), S. 66
[484] Vgl. Hochschulrektorenkonferenz (1995), S. 15
[485] Vgl. Framheim-Peisert, G. (1983), S. 108ff.

1. Zur ersten Gruppe zählen fachliche Gesichtspunkte, wie beispielsweise die Konzeption der Studiengänge, die Vielfalt und Qualität des Lehrangebotes, die Reputation der Lehrenden, der Kontakt zu den Lehrenden, Leistungsanforderungen an die Studierenden sowie die Forschungsschwerpunkte der Hochschule.
2. In der zweiten Gruppe werden Gesichtspunkte zusammengefasst, die die Hochschule selbst betreffen. Hierunter fallen z. B. der Kontakt unter den Studierenden, das Ansehen der Hochschule, deren Größe, Ausstattung, bauliche Gestaltung, das vorherrschende politische Klima sowie die Reformorientierung.
3. Die dritte und letzte Gruppe bilden die außerhochschulischen Einflussfaktoren, wie etwa die Atmosphäre des Hochschulstandortes, die landschaftliche Umgebung, die kulturellen Angebote, die Sport- und Freizeitangebote sowie die allgemeine Wohnsituation.

Letztendlich lassen sich als die wichtigsten Inhalte der Public Relations im Rahmen der zur Verfügung stehenden Informationen benennen:[486]

- die Kommunikation von Qualität der Lehre und Forschung,
- die Darstellung der Hochschule als Dienstleister,
- die Information und Transparenz der Studien- und Forschungsinhalte sowie
- die Kommunikation der über das Image bestimmenden Faktoren.

Im Fokus der PR-Politik von Hochschulen sollte die Information stehen, denn Imagedefizite beruhen wesentlich auf mangelnder Kenntnis über die Hochschule. Die zu übermittelnden Informationen können mit unterschiedlichen Instrumenten zu den Zielgruppen transportiert werden. Nach dem Gegenstand der Inhalte von Public Relations im Hochschulbereich können Aussagen zu folgenden Themenkomplexen getroffen werden:

- Informationen über die Hochschule selbst,
- Informationen über Studienangebote und Weiterbildung,
- Informationen zu Forschungsleistungen,
- Informationen über Kooperationen,

---

[486] Vgl. Bühler, H./ Naderer, G./ Koch, R./ Schuster, C. (2007), S. 47

- Informationen im Krisenfall und
- Themen der öffentlichen Diskussion.

5.3 Definition der PR-Strategien

Wie in anderen Organisationen ist auch bei der Hochschul-PR eine der wesentlichen Bedingungen für die Effizienz eine genau definierte Strategie. Für die Deutung des Strategiebegriffs ist der Markt- bzw. Umweltbezug von Strategien typisch, d. h., Strategien sind ausdrücklich auf Erreichung spezieller Positionen im Markt gerichtet. Strategien sagen aus, was auf welchen Wegen und mit welchen Mitteln erreicht werden soll.[487] Demnach stellen Strategien mittel- bis langfristige Leitlinien, Prädispositionen bzw. Grundsatzregelungen dar, durch welche ein konkreter Aktionsrahmen sowie eine bestimmte Stoßrichtung des Handelns festgelegt werden.[488]

Im Rahmen einer langfristigen Steuerung der Public Relations kommt der Entwicklung wirksamer Strategien grundlegende Bedeutung zu.[489] Eine Strategie setzt die Leitlinien oder auch den Handlungsrahmen bzw. die Entwicklungsrichtung der Konzeption fest und entwickelt die Problemlösungsprinzipien. Diese definiert, wie Public Relations optimal für die übergeordneten Ziele der Hochschulen einzusetzen ist. Die Situationsanalyse, die Zielsetzungen der Hochschule, die relevanten Zielgruppen und die Kommunikationsinhalte bilden die Basis für die Entwicklung und Festlegung von PR-Strategien zur Positionierung einer Hochschule und stellen die verbindlichen Strategieoptionen dar.[490] Eine Strategie liefert die Prinzipien, aus denen sich später die Maßnahmen ableiten lassen. Für die PR-Arbeit lassen sich zwei Kategorien von Strategien differenzieren:[491]

- Gesamtstrategie: Hierbei geht es um die Definition der grundlegenden kommunikativen Ausrichtung der Hochschule, wie beispielsweise die Entscheidung über eine offensive oder defensive PR-Politik.

---

487 Vgl. Staehle, W.H. (1991), S. 561ff.
488 Vgl. Tietz, B. (1993), S. 47; Avenarius, H. (1995), S. 195f.; Sühling, V. (1996), S. 161f.
489 Vgl. Haedrich, G. (1987), S. 30
490 Vgl. Sühling, V. (1996), S. 162
491 Vgl. Neske, F. (1977), S. 202f.

- Detailstrategien: Typische Detailstrategien beziehen sich auf die einzelnen PR-Maßnahmen. Diese liegen in der Verantwortlichkeit des PR-Managements, da diese vor allem mit den praktischen Problemen der PR-Arbeit verbunden sind.

Bei der Strategienplanung werden demnach mittel- bis langfristige Leitlinien, beispielsweise kommunikative Ausrichtung der PR-Konzeption, entwickelt, und im Rahmen der Gesamtstrategie werden kurzfristige Detailstrategien für die einzelnen PR-Projekte festgelegt. Diese stellen eine zentrale Voraussetzung für die erfolgreiche Implementierung der Public Relations dar.

Möglichkeiten einer strategischen Sichtweise von Public Relations zeigt MEFFERT auf und entwickelt verschiedene Typen von Strategien, für die vor allem der Grad der aktiven Gestaltung der Beziehungen zwischen Hochschule und Öffentlichkeit, die Bereitschaft zur Interpretation neuer Ansprüche, der Zeitpunkt der Strategieorientierung, der Wille zur Ansprache kritischer Zielgruppen sowie die Kommunikationsintensität zwischen der Hochschule und ihrer Zielgruppen bestimmend für die Typen sind.[492] Unter Berücksichtigung dieser Kriterien lassen sich vier grundlegende Typen von PR-Strategien nach Reaktionsbereichen abgrenzen:[493]

- Antizipation,
- Anpassung,
- Widerstand und
- Ausweichen.

Die entsprechenden Situationscluster ergeben sich aus den Dimensionen Position der Hochschule und Umweltsituation. Die grundlegenden Strategien der Public Relations für Hochschulen sind der Abbildung 8 abschließend veranschaulicht.

Eine günstige Umweltsituation ist beispielsweise gegeben, wenn eine Hochschule bei allen relevanten Zielgruppen über ein hohes Maß an Glaubwürdigkeit verfügt sowie im Hochschulsektor, mit der die Organisation identifiziert wird, ebenfalls eine gute Akzeptanz aufweist. Je heterogener und turbulenter die Umwelt ist, desto größer stellt sich für die Hoch-

[492] Vgl. Meffert, H. (1988), S. 380
[493] Vgl. Sühling, V. (1996), S. 163

schule das Problem dar, „adäquate PR-Strategien zu entwickeln, die für alle Zielsysteme Erfolg versprechen".[494]

Im Sinne einer langfristigen Existenzsicherung es ist es insbesondere Aufgabe der strategischen Public Relations, die Reaktions- bzw. Antizipationsfähigkeit der Hochschule zu erhöhen und das Risiko von langfristig wirksamen Entscheidungen zu verringern.[495]

Das Ziel der Strategiephase im PR-Planungsprozess liegt darin, alternative Strategien zu entwickeln, um den Handlungsspielraum zu erweitern und die zweckmäßigsten Maßnahmen auszuwählen. PR-Strategien im Hochschulbereich bilden die zentrale Klammer zwischen den Zielen der Organisation und den operativen Ebenen.[496]

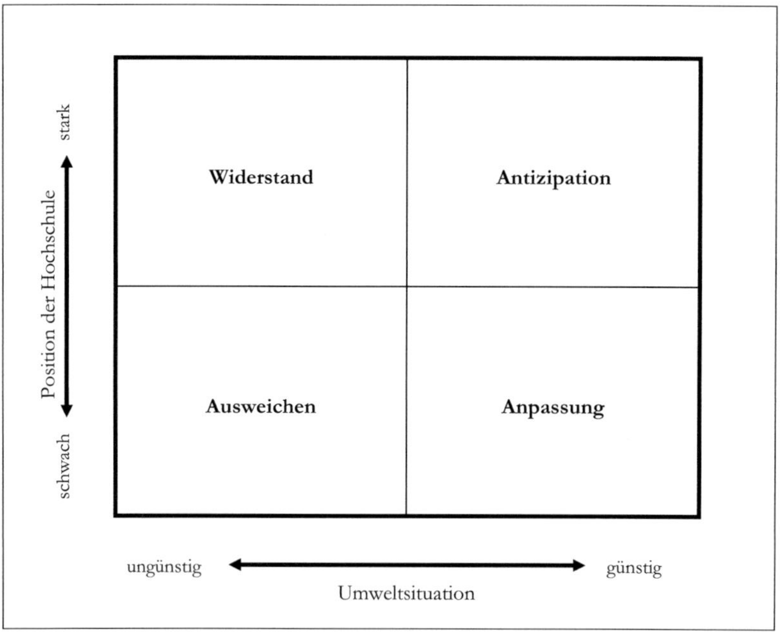

Abb. 8: Kompetenzlebenszyklus im Kompetenzportfolio [497]

[494] Kunczik, M. (1993), S. 181
[495] Vgl. Meffert, H. (1988), S. 379; Sühling, V. (1996), S. 163
[496] Vgl. Reineke, W./ Eisele, H. (1994), S. 89
[497] Quelle: in Anlehnung an Meffert, H. (1988), S. 382

Für die Umsetzung der PR-Strategien stehen den Hochschulen eine Vielzahl von Instrumenten zur Verfügung, die mit unterschiedlicher Gewichtung und aufeinander abgestimmt eingesetzt werden müssen. Die sich an die Strategienplanung anschließende Maßnahmenplanung umfasst die Auswahl der PR-Instrumente, welche die Umsetzung der festgelegten Strategie auf die gesetzten Ziele der Hochschule am besten gewährleistet.

Dem strategischen Vorgehen ordnen sich später die PR-Maßnahmen unter. Der eigentliche PR-Prozess zwischen der Hochschule und seiner Umwelt vollzieht sich bei der Realisierung der Maßnahmen. Dazu stehen der Hochschule eine Vielzahl von Instrumenten und Medien zur Verfügung, die nachfolgend diskutiert werden sollen.

5.4 Maßnahmenplanung und Instrumentarium der Public Relations

Es entspricht dem entscheidungsorientierten Ansatz im Marketing, wenn neben der Situationsanalyse, den Zielen und Zielgruppen sowie Inhalten in einem weiteren Schritt die PR-Instrumente betrachtet werden. In dieser Phase des Planungsprozesses muss die Eignung von einzelnen PR-Instrumenten in Hinblick auf die Erreichung der Ziele und Zielgruppen geprüft werden. Erst mit Kenntnis der Ausgangssituation der Hochschule sowie der relevanten Zielsetzungen und Zielgruppen ist es möglich, geeignete PR-Maßnahmen zu planen.[501]

Die Entscheidung über die einzusetzenden PR-Instrumente wird wesentlich von der kommunikativen Ausrichtung der Hochschule, ihrer Zielvorstellung sowie dem Verständnis der Zielgruppen beeinflusst.[502] Infolge der zunehmenden Medienkonkurrenz wird es jedoch immer schwieriger, die Zielgruppen zu erreichen.[503] Demzufolge ist die Auswahl der richtigen Medien für den Kommunikationserfolg ausschlaggebend. Zudem müssen die verschiedenen PR-Instrumente im Hinblick auf ihre Realisierbarkeit, ihre wirtschaftlichen Aspekte und auf ihre Erfolgschancen hin überprüft werden.

---

501 Vgl. Sühling, V. (1996), S. 164
502 Vgl. Beger, R./ Gärtner, H.-D./ Mathes, R. (1989), S. 72
503 Vgl. Kroeber-Riel, W. (1992), S. 605

Die Auswahl der Maßnahmen orientiert sich darüber hinaus an der finanziellen und personellen Ausstattung der PR-Stelle einer Hochschule. In der Regel werden die PR-Maßnahmen der jeweiligen Situation angepasst und auf einen längeren Zeitraum geplant und festgelegt. Aufgrund der Erkenntnis, dass die Meinungsbildung in der Öffentlichkeit ein langfristiger Prozess ist, sollten auch die wesentlichen PR-Aktivitäten in der Hochschule langfristiger Natur sein. Neben den strategischen PR-Maßnahmen sind gegebenenfalls weitere Maßnahmen kurzfristig und abhängig von der jeweiligen Situation durchzuführen.

Die Planung der PR-Instrumente ist auf mehreren Betrachtungsstufen vorzunehmen, wobei eine wichtige Managementaufgabe darin besteht, stufenübergreifend eine widerspruchsfreie Abstimmung zu erreichen und die Nutzung vorteilhafter Synergiemöglichkeiten im Sinne einer integrierten Kommunikation sicherzustellen.[504] Wesentlich bei der PR-Planung ist, dass die Abstimmungen zwischen den einzelnen PR-Instrumenten nicht zufällig und unkoordiniert, sondern möglichst strategisch geplant und systematisch erfolgen.

Es soll jedoch im Rahmen dieses Kapitels nicht Aufgabe und Anspruch sein, das gesamte Instrumentarium ausführlich zu beschreiben. Demnach erfolgt im Rahmen der Arbeit eine Beschränkung auf die Darstellung einer Reihe für Hochschulen typischer und wichtiger Instrumente. Betrachtet man die Bedeutung, die den einzelnen PR-Instrumenten in der Praxis zugemessen wird, ergeben sich Unterschiede für Hochschulen gegenüber Wirtschaftsunternehmen.

Dies ist vor allem auf unterschiedliche Ziele, Zielgruppen und Kommunikationsinhalte zurückzuführen. Da im Rahmen der vorliegenden Arbeit ein Rahmenkonzept für die Hochschul-PR erarbeitet werden soll, werden die wesentlichen PR-Instrumente lediglich inhaltlich umrissen und nicht im Detail ausgearbeitet. Es muss aber darauf hingewiesen werden, dass eine detaillierte Einzelplanung und Beschreibung jeder PR-Maßnahme vor der Realisierung in der Hochschulpraxis unumgänglich ist.

---

[504] Vgl. Sühling, V. (1996), S. 165

Vor allem unter ökonomischen Gesichtspunkten ist es von hoher Bedeutung, welche PR-Instrumente im Hochschulbereich angesichts der jeweiligen Situationsanalyse, der vorgegebenen Zielsetzungen und der festgelegten Kommunikationsinhalte auf die relevanten Zielgruppen bezogen eingesetzt werden sollen. Die Auswahl der Instrumente für die PR-Arbeit muss immer projektbezogen erfolgen. In einem Aktionsplan für die PR-Arbeit ist zudem festzulegen, welche Stellen und Personen welche Aufgaben mit welcher Kompetenz und Verantwortung in der Hochschule übernehmen. Abhängig davon ist zu entscheiden und definieren, ob und in welchem Umfang PR-Maßnahmen mit externen Kapazitäten, wie z. B. Agenturen, Journalisten oder Verlagen, realisiert werden müssen oder sollen.[505]

Den Hochschulen stehe heute eine ganze Reihe von unterschiedlichen Instrumenten für ihre PR-Arbeit zur Verfügung, von denen jedoch diese eine unterschiedliche Nutzung durch die Organisationen erfahren. Bereits 1967 forderte HAUBOLD ein umfassendes Öffentlichkeitsangebot, wie beispielsweise Informationsschriften, Studien- und Hochschulführer, Ausstellungen oder Tage der offenen Tür. Zudem kritisiert er gleichzeitig die bis dahin nur mangelnde Umsetzung der Aktivitäten an den Hochschulen.[506]

In einer Studie von FREITAG und HELLSTERN ergab 1997, dass neben dem klassischen PR-Instrumentarium, wie beispielsweise Corporate Design und Pressemitteilungen, nur wenige weitere Instrumente regelmäßig genutzt ·wurden. Es wurden allerdings zahlreiche weitere Kommunikationsinstrumente eingesetzt, jedoch mit vergleichsweise geringerer Kontinuität. Durchschnittlich häufig fanden etwa Imagebroschüren Verwendung, wurden Informationsveranstaltungen an Schulen durchgeführt sowie Wert auf die Kontaktpflege zur Wirtschaft in der Region gelegt. Ebenso eher unregelmäßig zum Einsatz kamen nach der Studie Instrumente wie die Hochschulzeitung, die Informationsbereitstellung im Internet oder Events.[507]

Aus den Ergebnissen einer bundesweiten, repräsentativen Studie von BÜHLER, NADERER, KOCH und SCHUSTER aus dem Jahr 2007 wird der aktuelle PR-Instrumenteneinsatz der Hochschulen deutlich. Die Ergebnisse aus der Studie in Bezug auf den Instrumentaleinsatz sind in der Tabelle 2 veranschaulicht.

---

505 Vgl. Sühling, V. (1996), S. 166
506 Vgl. Haubold, H.-J. (1968), S. 33; Bühler, H./ Naderer, G./ Koch, R./ Schuster, C. (2007), S. 49
507 Vgl. Freitag, C./ Hellstern, G.-M. (1997), S. 13

Instrument der Hochschul-PR	Instrumentaleinsatz in Prozent
Pressemitteilungen	95
Internetangebote	96
Informationsangebote	91
Tag der offenen Tür	87
Events/Feste	79
Imagebroschüre	74
Veranstaltungen für Alumni	50
Merchandising	48
Messestand	61
Kinderuni	38
Mitarbeiterzeitung	44
Anzeigen	45
Hochschulfilm	30
Werbekampagnen	19
Sonstige	12

Tab. 2: PR-Instrumenteneinsatz an Hochschulen [508]

Die Instrumente der Öffentlichkeitsarbeit der Hochschulen können anhand unterschiedlichster Kriterien typologisiert werden. Für die weiteren Ausführungen soll das PR-Instrumentarium der Hochschulen anhand der Art des Mediums in eine systematische Ordnung gebracht werden. Dies erfolgt in: Kontakt- und Beziehungspflege, Anzeigenwerbung, Hochschulpublikationen, Audiovisuelle Medien, PR-Events sowie Online Medien.

Im Rahmen dieser übergeordneten Medien sind die Möglichkeiten und Varianten der zugehörigen PR-Instrumente in der Praxis sehr vielfältig.[509] Die Tabelle 3 zeigt eine beispielhafte Zusammenstellung der für die Hochschul-PR relevanten Instrumente im Überblick.

508 Tabelle: in Anlehnung an Bühler, H./ Naderer, G./ Koch, R./ Schuster, C. (2007), S. 112

509 Vgl. Tonnemacher, J. (1982), S. 372, Kohring, M./ Matthes, J. (2001), S. 15ff.; Topf, C. (1986), S. 242ff.; Bühler, H./ Naderer, G./ Koch, R./ Schuster, C. (2007), S. 50f.

Kategorien	Beispiele relevanter PR-Instrumente
Kontakt- und Beziehungs-pflege	o Reden /Vorträge /Diskussionen o Absolvententreffen o Tagungs-/Konferenzbesuche o Informationsschreiben o Preise /Stipendien o Mitgliedschaften
Anzeigenwerbung	o Imageanzeigen o Stellenanzeigen o Dankanzeigen o Anzeigen über Studiengänge /Weiterbildung o Anzeigen über Dienstleistungen
Hochschulpublikationen	o Forschungsberichte o Studienführer o Jubiläumsschriften o Tagungsbände o Hochschulzeitung
Audiovisuelle Medien	o Radio- /Fernseh- /Kinospots o Imagefilme o Hochschulradio /-fernsehen
PR-Events	o Tag der offenen Tür o Kinder- oder Seniorenstudium o Pressekonferenzen o Akademische Feiern o Berufungen von Professoren
Online Medien	o Internet o Intranet o Newsletter o Webbanner

Tab. 3: Kategorien und Instrumente der Hochschul-PR

5.4.1 Corporate Design als kommunikativer Rahmen

Für alle PR-Instrumente gilt, dass ein einheitlicher und abgestimmter Auftritt dazu beiträgt, die Informationen schneller und eindeutiger einer Hochschule zuordnen zu können. Daher müssen sich die Instrumente in ihrer Konzeption nicht nur in die strategischen Vorgaben einreihen, um die gesetzten Ziele zu erreichen, sondern auch in ihrer visuellen Umsetzung der Hochschule eindeutig zuzurechnen sein. Dies lässt sich insbesondere durch den konsequenten Einsatz eines hochschulweiten Corporate Designs realisieren.[510]

In der von BÜHLER, NADERER, KOCH und SCHUSTER im Jahr 2007 veröffentlichten Studie, wo deutsche Hochschulen befragt wurden, inwieweit diese über ein hochschulweites Corporate Design verfügen und dieses auch im Sinne einer integrierten Kommunikation in allen Medien berücksichtigen kam, es zu folgenden Ergebnissen. Mehr als 90 Prozent der Teilnehmer der Befragung verfügen über ein Corporate Design, jedoch ist dieses nur bei gut einem Drittel der Universitäten und bei jeder zweiten Fachhochschule in allen eingesetzten Kommunikationsinstrumenten integriert. Überhaupt kein Corporate Design ist bei 14 Prozent der Universitäten sowie 8 Prozent der Fachhochschulen zu verzeichnen.[511]

Vor den Hintergrund einer immer stärkeren Informationskonkurrenz müssen heute auch die Hochschulen um die Aufmerksamkeit ihrer relevanten Zielgruppen kämpfen. Dabei ist es hilfreich, eine visuelle Identität aufzubauen, die von der Öffentlichkeit sofort wiedererkannt wird.[512] Diese visuelle Identität wird beispielsweise vom Namen und Logo einer Hochschule, den Imageprospekten, den Studienführern, Visitenkarten, der Fassadengestaltung der Gebäude am Campus sowie den Fahrzeugen getragen.[513]

Um in dem visuellen Erscheinungsbild einer Hochschule mögliche Unterschiede zu vermeiden, sollten grundsätzlich alle optischen Erkennungsmerkmale der Organisation in die Gestaltungsarbeit einbezogen werden. Auf der Grundlage des Marketingleitbildes der Hochschule ist ein formaler Gestaltungsrahmen mit einer Anzahl konstanter Elemente zu

---

[510] Vgl. Nietiedt, T. (1996), S. 102; Bühler, H./ Naderer, G./ Koch, R./ Schuster, C. (2007), S. 49
[511] Vgl. Bühler, H./ Naderer, G./ Koch, R./ Schuster, C. (2007), S. 117f.
[512] Vgl. Stankowski, A. (2002), S. 193ff.
[513] Vgl. Escher, H. (2001), S. 216

definieren,[514] der den systematisch aufeinander abgestimmten Einsatz aller visuellen Bestandteile der Hochschule wie unternehmenstypischer Zeichen, Farben, Schrifttypen, Gestaltungsraster und Architekturdesign bestimmt.[515]

Die Entwicklung formaler Gestaltungsrichtlinien hat zudem einen wirtschaftlichen Nutzen. Gerade die Schaffung einheitlicher Gestaltungsraster und Komponenten ermöglicht eine Rationalisierung von Beschaffungskosten für Design und Drucksachenherstellung. Wichtig ist in diesem Zusammenhang, dass die Gestaltungsrichtlinien auch schriftlich in Form eines Corporate Design Manual fixiert sind und als Arbeitsgrundlage für die Erstellung aller Kommunikationsmittel in der Hochschule verwendet werden.[516]

Insbesondere bei Hochschulen mit einer Vielzahl von Fachbereichen und Instituten können bei Vorgabe einheitlicher Gestaltungsrichtlinien Corporate Design Manuals eine wertvolle Hilfe leisten. Die konsequente und durchgängige Anwendung eines Corporate Designs ist letztlich Voraussetzung für die Durchsetzung eines einheitlichen und unverwechselbaren Erscheinungsbildes der Hochschule.

Die Gestaltungsarbeit darf sich also nicht nur auf einzelne Instrumente beschränken, sondern muss sämtliche Erkennungsmerkmale einbeziehen. Die Durchsetzung des Corporate Designs gewährleistet eine rasche Identifizierung und ist unverzichtbarer Bestandteil einer integrierten Kommunikation.[517] Ein Corporate Design macht das Erscheinungsbild der Hochschule zum langfristigen Erfolgsfaktor,[518] indem es die Institution positioniert, gegenüber dem Wettbewerb abgrenzt und für die Teilöffentlichkeiten unverwechselbar macht.[519]

Im Folgenden sollen ausgewählte, wichtige Elemente des Corporate Designs für Hochschulen beschrieben werden.

---

514 Vgl. Topor, R. (1983), S. 73, Trogele, U. (1997), S. 18
515 Vgl. Schneider, F. (1991), S. 82ff.; Raffée, H./ Fritz, W./ Wiedmann, P. (1994), S. 83; Herbst, D. (1998), S. 38ff.; Stankowski, A. (2002), S. 194
516 Vgl. Stankowski, A. (2002), S. 203
517 Vgl. Sühling, V. (1996), S. 168; Bühler, H./ Naderer, G./ Koch, R./ Schuster, C. (2007), S. 49
518 Vgl. Rohleder, P.J./ Woodger, C. (1991), S. 101
519 Vgl. Sühling, V. (1996), S. 168

5.4.1.1 Logo und Siegel als Markenzeichen der Hochschule

Das Markenzeichen, symbolisiert als Logo oder Siegel, ist das wichtigste Element und bildet den Gestaltungskern eines jeden Corporate Designs. Sie ist visuelle Klammer, Signal und Markierung zugleich.[520] Das Markenzeichen kann neben dem Namen der Hochschule als zusätzliches Werkzeug zur Befestigung von Assoziationen, Bekanntheit und Image bei den relevanten Zielgruppen angesehen werden. Da dem menschlichen Gehirn die Bildverarbeitung erwiesenermaßen leichter als die Verarbeitung von Wörtern fällt, erleichtert das Logo oder Siegel einer Hochschule die schnelle Identifizierung und Erkennung seitens der Zielgruppen. Zudem prägen sich visuelle Bilder leichter ins Gedächtnis ein.[521]

Gute Markenzeichen sind einfach und knapp, eigenständig, merkbar und auch in der Verkleinerung noch deutlich lesbar. Die Wirkungsweise beruht auf dem Erkennen und Merken. In der Praxis hat sich eine einfache Typologie der Markenzeichen herausgebildet, wobei in Bild-, Wort-, Buchstabenmarken oder deren Kombinationen differenziert werden kann.[522] Beispiele von Hochschullogos der unterschiedlichen Typen sind in der Abbildung 9 dargestellt.

Viele Hochschulen haben in den letzten Jahren ihr Markenzeichen bzw. Logo neu gestaltet. Als Symbol für die gesamte Hochschule ist ein neues Logo oft eine umstrittene Sache. Verschiedene Einflussgruppen und Subsysteme wollen ihre Vorstellungen von der Hochschule darin gespiegelt sehen. Überdies verfügen die inkorporierten Teilsysteme, wie beispielsweise Institute, Fakultäten oder Zentraleinrichtungen, oftmals über eigene Identities und eigene visuelle Profile in Form von Instituts- bzw. Fachbereichs-Signets. Das verlangt nach einem Rahmendesign, das mit einem möglichst breiten Spektrum an bereichsspezifischen Designs harmoniert.[523]

---

[520] Vgl. Stankowski, A. (2002), S. 195; Escher, H. (2001), S. 217
[521] Vgl. Pförtsch, W./ Schmid, M. (2005), S. 80
[522] Vgl. Stankowski, A. (2002), S. 196; Herbst, D. (1998), S. 44f.
[523] Vgl. Escher, H. (2001), S. 217

Buchstabenmarke der
Handelshochschule Leipzig

Bildmarke der
Fachhochschule Karlsruhe

Wortmarke der
Universität Mannheim

Kombinierte Marke der
Fachhochschule Mittweida

Abb. 9: Typologien von Markenzeichen deutscher Hochschulen

Zwei Motive prallen bei der neuerlichen Resymbolisierung der Hochschulen aufeinander. Einerseits der Ansatz der Marken- und Imageprofilbildung für Hochschulen im Wettbewerb nach modernen Marketingmethoden. Andererseits besteht explizite Hoffnung, ein Stück des alten Glanzes, sprich institutionelles der Hochschule zurückzugewinnen bzw. zu erhalten. Die Hochschulen verfolgen bei der Gestaltung der Markenzeichen oftmals eine Strategie der Gestaltparallelität zwischen zeitgemäßem, modischem Design des neuen Logos und der Wahrung der tradierten Siegels. Diese Parallelität vermittelt die Dualität des universitären Selbstverständnisses. Diese folgen dem Motiv der zeitgemäßen Marken- und Imageprofilbildung für die Hochschule. Die neuen Logos bewegen sich eher auf der Ebene der Zwecke und des funktionalen Organisationsverständnisses der Hochschule. Dagegen entzieht sich das institutionelle Design der traditionellen Siegel weitgehend solchen

[525] Vgl. Escher, H. (2001), S. 218

modischen Anwandlungen. Relaunches sind in diesem Zusammenhang meist eine heikle Sache, die meist nur vorsichtig, in größeren zeitlichen Abständen erfolgen kann.[525] Beispielsweise lässt die Universität Graz, wie in Abbildung 10 zu sehen, das alte Siegel langsam verblassen und ersetzt es nach und nach durch das neue moderne Corporate Design.

Zusammenfassend kann feststellt werden, dass sich das Logo bzw. Markenzeichen der Hochschule als Kern des Corporate Designs in der Praxis in verschiedensten Gestaltungsformen seinen Einsatz findet. Jedoch sind bei der Gestaltung bzw. Weiterentwicklung die aktuellen Rahmenbedingungen der internen und externen Umwelt sowie der historische Kontext zu beachten.

Abb. 10: Traditionelles Siegel und neues Logo der Universität Graz

5.4.1.2 Farben

Innerhalb des Corporate Designs werden die Farben durch ihre Signalkraft zu einem wichtigen Element der visuellen Gestaltung. Farben wirken auf die Empfindungen der Zielgruppen, sie beeinflussen die Emotionen, Gefühle und helfen zudem bei der Orientierung.[526] Bei der Entscheidung über die Farbgebung im Rahmen des Corporate Designs sollten daher nach Möglichkeit Farben gewählt werden, die die Charakteristika der Hochschule am besten widerspiegeln.[527]

526 Vgl. Stankowski, A. (2002), S. 201
527 Vgl. Sühling, V. (1996), S. 169

Farben als Organisationshilfen sind weniger funktionell als meist angenommen wird. Wenn nicht eine Lernpflicht vorliegt und Farbinformationen freiwillig aufgenommen werden sollen, ist zu berücksichtigen, dass höchstens drei bis fünf Farben als Organisation und Orientierung behalten und der jeweiligen Information zugeordnet werden.[528] Diese Erkenntnis spielt insbesondere bei der Entwicklung des Corporate Designs eine bedeutende Rolle, wenn die verschiedenen Fachbereiche, Zentralen Einrichtungen und Institute bei der Farbgestaltung differenziert gestaltet werden sollen.

5.4.1.3 Architektur

Zur Öffentlichkeitswirkung gehören auch die Architektur der Hochschulgebäude, Sportstätten, Labore, Vorlesungsräume, Bibliotheken, Büros des Hochschulpersonals sowie die Landschaftsplanung auf dem Campus. Das Milieuklima, das auf die Studenten, Mitarbeiter und die weiteren Zielgruppen wirkt, sollte auch eine hochschulbezogene Visualität beinhalten.[529]

Aber nicht nur die Außenarchitektur der Gebäude wirkt auf die Zielgruppen und auf das Image der Hochschule. Auch die Innenarchitektur der Bildungs- und Forschungsräume spielen eine wichtige Rolle innerhalb des Corporate Designs. Einen gewichtigen Beitrag dazu liefert die Farbästhetik der einzelnen Gestaltungselemente wie Wände, Bilder, Möbel und künstlerische Objekte.[530] In ihrer Gesamtheit soll die Architektur einen Beitrag zum Corporate Design leisten und damit ein neutrales, harmonisches und sachliches Klima der Hochschule schaffen.

5.4.2 Kontakt- und Beziehungspflege

Eines der wichtigsten Instrumente im Bereich der Public Relations ist die Pflege der Kontakte und Beziehungen zu den relevanten Zielgruppen der Hochschule. Zwischen einer Hochschule und seiner Umwelt bestehen die verschiedenartigsten Beziehungen, für deren Pflege ein umfangreiches und äußerst differenziertes Instrumentarium notwendig ist. Im Rahmen der Kontakt- und Beziehungspflege geht es darum, den Interessenausgleich

---

[528] Vgl. Stankowski, A. (2002), S. 202

[529] Vgl. Stankowski, A. (2002), S. 203

[530] Vgl. Kap. 5.4.1.2.

zwischen der Organisation und dem Umfeld herbeizuführen. Dieser Ausgleich kann nur über Verständigung geschehen. Diese Verständigung braucht Kommunikation und gegenseitigen Informationsaustausch im Dialog. Demnach kommt der persönlichen Kommunikation in diesem Zusammenhang eine herausragende Bedeutung zu.[531]

Im Rahmen der PR-Arbeit müssen die Hochschulen den Dialog mit Studenten, Mitarbeitern, staatlichen Institutionen, Journalisten, Unternehmen und weiteren Anspruchsgruppen suchen und pflegen. Alle relevanten Teilöffentlichkeiten sind zu berücksichtigen[532] und keine der relevanten Zielgruppen darf vernachlässigt werden. Die Gruppen, mit denen das PR-Management der Hochschule zu kommunizieren und zusammenarbeiten hat, sind demnach äußerst vielfältig. Neben den zahlreichen externen Bezugsgruppen sind es auch die internen Abteilungen, mit welchen die PR-Arbeit unmittelbare Berührungspunkte aufweist. Dazu zählen unter anderem die Beratung der Hochschul- und Fakultätsleitung durch die PR-Verantwortlichen zu Themen von öffentlichem Interesse sowie zu Stellung und Image der Hochschule in der Öffentlichkeit.[533] Wichtig ist in diesem Zusammenhang, dass Public Relations nicht nur auf Teilöffentlichkeiten reagiert, sondern diese sollte auch versuchen zu antizipieren, welche Anspruchsgruppen in der Zukunft für die Hochschule wichtig werden.[534] Kontakte und gute Beziehungen sollten nach Möglichkeit aufgebaut werden, bevor Probleme oder Krisen überhaupt erst entstehen und Unterstützung dieser Netzwerke gebraucht wird.[535]

Im Folgenden sollen die bedeutendsten Adressaten der Kontakt- und Beziehungspflege mit den verschiedenen Zielgruppen der Hochschule besprochen werden, wobei die Medienkontakte zu den wichtigsten zählen.

Die PR-Arbeit selbst ist eng mit den Medien, speziell der Presse, verbunden. Öffentlichkeit kann in der heutigen Informationsgesellschaft nur durch die publizistischen Medien hergestellt werden. Deshalb ist die Arbeit mit den Medien eine zentrale und herausragende

---

531 Vgl. Sühling, V. (1996), S. 170
532 Vgl. Kap. 5.2.2.
533 Vgl. Kotler, P./ Bliemel, F. (1995), S. 1020
534 Vgl. Sühling, V. (1996), S. 170
535 Vgl. Grunig, J.E. (1992), S. 50

Tätigkeit von den PR-Verantwortlichen der Hochschule. Die Presse- und Medienarbeit setzt die genaue Kenntnis des Mediensystems und seiner Arbeitsweisen voraus.[536]

Die Beziehungen zwischen der PR-Abteilung und den Massenmedien können verschiedenste Formen annehmen. Die Palette reicht von Telefongesprächen, Redaktionstreffen mit den Journalisten, über Pressegespräche bis hin zu Pressekonferenzen. Insbesondere durch persönliche Kontakte wie durch Redaktionsbesuche, Interviews und Hintergrundgespräche sollen die Beziehungen mit den Journalisten vertieft werden. Basis für effiziente Pressearbeit stellte eine aktuelle und themenspezifische Pressekontaktdatei bzw. Presseverteiler dar, welche wichtige Anschriften, Kontaktdaten und Internetadressen von PR-Portalen enthält.[537] Durch die zunehmende Differenzierung der Medien besteht die Anforderung, die wichtigen Meinungsführer für die eigenen Themen zu identifizieren, aufzubauen und ihnen möglichst regelmäßig aktualitätsbezogene Informationen anzubieten.[538]

Die Medienkontakte müssen aktiv von der Hochschule aufgebaut, danach konsequent aufrechterhalten und kontinuierlich gepflegt werden. Mit regelmäßigem Kontakt bilden sich dann mehr oder weniger formalisierte Regeln heraus, die für die Hochschule ein gewisses Maß an Vorhersehbarkeit gewährleisten. Regelmäßige Kommunikation und Kontaktpflege bedeuten auch, dass den Medienvertretern durch aktualitätsbezogene Themen ein Zugang zur Hochschule und dessen Aktivitäten eröffnet wird. Bedeutend für die Akzeptanz von PR-Informationen sind schließlich ihre mediengerechte Aufmachung, ihr Nachrichtenwert und ihre Aktualität.[539]

Public Relations ist sehr stark an das Mediensystem, die Journalisten und Redakteure, angewiesen. Durch den Aufbau von Vertrauensbeziehungen können Hochschulen einen besseren Zugang zu den Medien im Sinne einer häufigen Berichterstattung und auch einer Einflussnahme auf deren zeitliche und inhaltliche Dimension erreichen. Der Zugang zu den Medien umfasst jedoch nicht nur die quantitative Berichterstattung, sondern schließt auch den Einfluss auf Nicht-Veröffentlichung kritischer Themen mit ein.[540] Je intensiver

536 Vgl. Sühling, V. (1996), S. 171; König, C. (1998), S. 149f.
537 Vgl. Orth, D.-P. (1993), S. 388ff.
538 Vgl. Klewes, J. (1995), S. 44
539 Vgl. Sühling, V. (1996), S. 172
540 Vgl. Kunczik, M. (1993), S. 193

die PR-Verantwortlichen die Kontakte- und Beziehungen mit der Presse pflegen, desto wahrscheinlicher ist eine faire und umfangreiche Berichterstattung über die Hochschule.[541]

Die Bedeutung der Beziehungspflege mit den Medien im Rahmen der PR-Arbeit wird insbesondere auch dadurch deutlich, dass die Erwähnung von bestimmten Themen im redaktionellen Teil der Medien um ein Vielfaches glaubhafter als Anzeigenwerbung ist.[542] Deshalb sollte viel Wert auf eine gute Zusammenarbeit mit den Journalisten der für die Hochschule relevanten Medien gelegt werden.[543]

Über das Beziehungsmanagement zu den Medien soll noch auf die Kontaktpflege zu verschiedenen anderen relevanten Institutionen im Rahmen der PR-Arbeit der Hochschulen hingewiesen werden. Diese umfasst beispielsweise Kontakte zu Schulen, Ministerien, Behörden, Vereinen, Parteien, Kammern, Wirtschaftsunternehmen, Absolventen sowie anderen wissenschaftlichen Institutionen und darf von den Hochschulen auch nicht vernachlässigt werden, da die Organisationen bzw. Personen Einfluss auf hochschulpolitische Entscheidungen oder auch Entwicklungen haben können.

Hervorzuheben ist in diesem Zusammenhang die Zielgruppe der Absolventen, welche in der jüngsten Zeit verstärkt in den Fokus der Kommunikationsaktivitäten rücken. Dies ist darauf zurückzuführen, dass die Absolventen die Hochschule in der Öffentlichkeit repräsentieren, in der Unternehmenswelt die an der Institution vermittelte Qualität der Lehre widerspiegeln und zudem als glaubwürdige Multiplikatoren wirken.[544]

5.4.3 Anzeigenwerbung

Die Anzeigenwerbung als Instrument der Public Relations kann zum einen wissenschaftliche, bildungsrelevante oder wirtschaftliche Leistungen einer Hochschule darstellen, zum anderen aber auch zu gesellschaftlich relevanten Streitfragen Stellung nehmen und so versuchen, Rahmenbedingungen im Sinne des eigenen Institution zu beeinflussen. Anzeigen-

541 Vgl. Kotler, P./ Bliemel, F. (1995), S. 1023
542 Vgl. Kap. 5.4.3.
543 Vgl. Sühling, V. (1996), S. 172
544 Vgl. Bühler, H./ Naderer, G./ Koch, R./ Schuster, C. (2007), S. 132

werbung kann also image- oder kontextbezogen sein, wobei Imageanzeigen auf eine Profilierung bei den relevanten Teilöffentlichkeiten abzielen.[545]

In der PR-Arbeit wird oftmals der Ansatz verfolgt, den Dialog zwischen Hochschule und Öffentlichkeit mit Hilfe von Journalisten über redaktionelle Beiträge in den relevanten Medien zu gestalten. Dies ist zunehmend bei der großen Anzahl und Vielfalt von Informationen, die die Redaktionen der Medienvertreter täglich erhalten, nicht mehr uneingeschränkt möglich bzw. gestaltet sich sehr schwierig.[546] Die Journalisten werden dadurch zu einer verstärkten Selektion der Nachrichten gezwungen. Allein durch Pressearbeit kann daher der notwendige Dialog mit den relevanten Teilöffentlichkeiten nicht mehr konsequent und plangemäß geführt werden. Hier gewinnt die Möglichkeit der Anzeigenwerbung an Bedeutung.[547]

5.4.4 Hochschulpublikationen

Für eine Hochschule ist es trotz der Entwicklungen der Informations- und Kommunikationstechnologien nicht möglich, alle relevanten Teilöffentlichkeiten in direktem Kontakt oder über die Medien zu erreichen. Die Hochschule muss vielmehr selbst eigene Medien entwickeln und einsetzen. Die Hochschul-PR bedient sich häufig unterschiedlicher Publikationen. Die Art der Publikation ist abhängig von vorhandenen Budgets, den Informationsaufgaben, der Kommunikationsziele und der Zielgruppe.[548]

Zu den Hochschulpublikationen werden hier jegliche Formen gedruckter PR-Medien verstanden. Dazu zählen beispielsweise Hochschulzeitungen, Vorlesungsverzeichnisse, Forschungsberichte, Studienführer, Imagebroschüren und Jubiläumsschriften.[549] Diese Publikationen verfolgen im Allgemeinen das Ziel, durch Unterrichtung der relevanten Teilöffentlichkeiten, z. B. Organisationsentwicklungen, Studien- und Forschungsleistungen und sonstige Nachrichten der Hochschule, ein positives Image zu schaffen und zu erhalten.

---

545 Vgl. Sühling, V. (1996), S. 175
546 Vgl. Klenk, V. (1991), S. 32
547 Vgl. Sühling, V. (1996), S. 175f.
548 Vgl. Sühling, V. (1996), S. 176
549 Vgl. Topf, C. (1986), S. 242ff.; Tonnemacher, J. (1982), S. 372; Kohring, M./ Matthes, J. (2001), S. 15ff.; Bühler, H./ Naderer, G./ Koch, R./ Schuster, C. (2007), S. 50

5.4.5 Online-Medien

Durch die wachsende Benutzerfreundlichkeit, die Multimedialität und vor allem auch die Interaktivität von Online-Diensten werden für die Hochschulkommunikation und Öffentlichkeitsarbeit völlig neue Dimensionen eröffnet.[550] Dies liegt an einer zentralen Eigenschaft dieser Medien. Denn gerade bei den Online-Medien kann eine Vielzahl an Informationen unabhängig von Zeit und Raum, je nach individuellen Bedürfnissen, abgerufen werden.

Das frühzeitige sichern von Positionen auf diesem bisher relativ unübersichtlichen Markt erscheint aufgrund der enormen Dynamik somit durchaus angebracht. Die Schnelllebigkeit der Online-Kommunikation kann insbesondere für Nachzügler zur strategischen Bedrohung werden. Die Gefahr, in diesem Sektor strategische Chancen nicht rechtzeitig auszuloten, ist um ein Vielfaches größer als auf herkömmlichen Medienmärkten.[551]

Die Online-Dienste sind für das PR-Management der Hochschule in mehrfacher Hinsicht von Bedeutung:[552]

- Die virtuellen Räume des Internets und der kommerziellen Online-Dienste bilden gänzlich neue Öffentlichkeiten, die sich als tendenziell weltumspannende Kommunikationsräume mit eigenen Strukturen, Themen, Kommunikationsabläufen und Aufmerksamkeitsregeln grundlegend von anderen Handlungsfeldern der PR unterscheiden. Das PR-Management ist aufgefordert, Strategien und Routinen für die Online-Kommunikation zu entwickeln.
- Online-Dienste sind weiterhin eine interaktive Kommunikationsplattform, die eine Brücke zwischen massenmedialen und personalen Vorgehensweisen schlägt. Dies schafft neue Optionen für die Hochschul-PR, die das Internet und andere Netze in allen Phasen des PR-Managements als Kommunikationsinstrumente einsetzen kann. Die Nutzungsmöglichkeiten reichen von der Recherche in einer großen Zahl von externen Datenbanken und Archiven über die Diskussion mit Laien, Experten und Wissenschaftlern bis hin zur Selbstdarstellung der Hochschule und der

550 Vgl. Lübbecke, M./ Grubb, A. (1996), S. 409ff.
551 Vgl. Zerfaß, A./ Fietkau, K. (1997), S. 5
552 Vgl. Zerfaß, A./ Fietkau, K. (1997), S. 48

Kontrolle von PR-Maßnahmen. Online-Dienste werden situationsspezifisch zur Informationsbeschaffung, Informationspräsentation und Kommunikation genutzt.

- Zudem ist zu beachten, dass Online-Dienste auch dann eine Rolle spielen können, wenn die Kommunikation mit externen Bezugsgruppen noch nicht interaktiv gestaltet wird. Datennetze bilden nämlich einen Informationspool, der vor allem in der Planungs- und Kontrollphase genutzt werden kann, um konventionelle PR-Methoden und Instrumente zu optimieren. In diesem Fall steht die Informationsbeschaffung im Vordergrund.

5.4.6 PR-Events

Im Rahmen der Kommunikationspolitik konzentrieren sich Hochschulen neben den klassischen Medien, immer häufiger auf innovative und interaktivere Kommunikationsinstrumenten, die eine hohe Aufmerksamkeit zusichern und Aktionen mit Ereignischarakter aufweisen. Eines dieser Kommunikationsinstrumente mit realem Ereignischarakter und Anpassungsfähigkeit an der Erlebnisorientierung ist das so genannte Eventmarketing.[553]

Obwohl Eventmarketing ein relativ junges Kommunikationsinstrument ist, hat es in den letzten Jahren eine sehr erfolgreiche Entwicklung als Instrument innerhalb der Public Relations gemacht.[554] Heute nutzen immer mehr Hochschulen Veranstaltungen als Plattform zur erlebnisorientierten Kommunikation und Präsentation ihrer Studien- und Forschungsleistungen oder der Institution selbst.

Durch die von den Hochschulen selbstinitiierten Veranstaltungen[555] können Kommunikationsbotschaften mit realen Ereignissen verknüpft und so in die Erfahrungsumwelt der Teilöffentlichkeiten eingebettet werden. Insbesondere als Anbieter von komplexen und erklärungsbedürftigen Leistungen müssen sich heute Hochschulen verschiedensten Herausforderungen im Bildungsmarkt stellen. In einem solchem Wettbewerbsumfeld werden persönliche Beziehungen immer wichtiger. Insbesondere durch die Entwicklungen auf dem Gebiet der Informations- und Kommunikationstechnologien mangelt es immer stärker an der Gelegenheit, persönliche Kontakte zu den relevanten Zielgruppen zu pflegen. Die

---

553 Vgl. Nickel, O. (1998), S. 7, Nufer, G. (2002), S. 19

554 Vgl. Sühling, V. (1996), S. 181

555 Vgl. Esch, F.-R. (1998), S. 100; Ueding, R. (1994), S. 61; Inden, T. (1993), S. 27; Kinnebrock, W. (1993), S. 52

Kommunikation, vor allem durch die Dominanz des E-Commerce und elektronische Informationsverarbeitung, vollzieht sich zwar immer schneller, wird aber auch zunehmend immer unpersönlicher.[556] Damit rückt die Frage, wie persönliche Beziehungen zu den Zielgruppen aufgebaut und gepflegt sowie Kompetenzen glaubhaft und nachhaltig vermittelt werden können, in den Fokus der Öffentlichkeitsarbeit und des Hochschulmarketing.

Das Event als Kommunikationsinstrument[557] im Rahmen der Hochschul-PR erscheint hierbei die geeignete Antwort zu sein, vermag es doch die Aspekte der erklärenden Leistungen und der sozialen Beziehungen miteinander zu verbinden. Gerade die Fähigkeit Erlebnisse zu vermitteln, den sozialen Austausch zu fördern und als Kommunikationsplattform zu agieren, erklärt die Tatsache, dass viele Hochschulen im Rahmen der Öffentlichkeitsarbeit dieses Instrument in ihrer Kommunikation mit einbeziehen. Beispiele für PR-Events der Hochschulen sind:[558]

- Tag der offenen Tür,
- Buchvorstellungen,
- Vorlesungen für Kinder oder Senioren,
- akademische Feiern,
- Pressekonferenzen,
- Messen- und Ausstellungen,
- Jubiläumsfeiern,
- Symposien,
- Berufungen von Professoren,
- Konzerte,
- Ehrenpromotionen,
- Seminare oder auch
- Absolvententreffen.

PR-Events sind in der Regel sehr zeit- und organisationsintensive Instrumente. Die Veranstaltungen verlangen von der PR-Abteilung in den Hochschulen besondere kommunikative und organisatorische Kompetenz. PR-Events müssen langfristig geplant, detailliert und

---

556 Vgl. Christen, T. (2002), S. 1
557 Vgl. Drenger, J. (2006), S. 30
558 Vgl. Bühler, H./ Naderer, G./ Koch, R./ Schuster, C. (2007), S. 50; Topf, C. (1986), S. 242f.

möglichst reibungslos durchgeführt werden.[559] Derartige Ereignisse sprechen häufig mehrere Zielgruppen gleichzeitig an. Dadurch können Synergieeffekte erzielt werden, und die Gesamteffizienz kann durch die Integration weiterer PR-Maßnahmen gesteigert werden. Zur Vorbereitung und Durchführung von Veranstaltungen sind geeignete Planungsinstrumente einzusetzen. Je nach Umfang der Aufgabe können beispielsweise Projektmanagementmethoden oder Checklisten zur Anwendung kommen. Für jede Veranstaltung muss zudem ein spezieller maßgeschneiderter Ablaufplan erstellt werden, der alle organisatorischen Details enthält.[560]

5.4.7 PR-Mix

Die PR-Arbeit stellt in der Praxis immer die Anwendung einer Kombination mehrerer aufeinander abgestimmter Einzelinstrumente dar. Der kombinierte Einsatz kann unter dem Begriff Public Relations-Mix zusammengefasst werden.[561] Für jedes PR-Instrument existieren verschiedene Möglichkeiten von Entscheidungsalternativen. Für den gemeinsamen und integrierten Einsatz der PR-Instrumente im Hochschulbereich ergibt sich deshalb die Problemstellung, im Rahmen der Zielsetzung der Public Relations die optimale Kombination zu finden. Im Rahmen einer strategischen Konzeption der Hochschul-PR müssen die Einzelinstrumente ihre spezifische Funktion erfüllen.[562]

Zur Erreichung der Ziele der Öffentlichkeitsarbeit muss der PR-Verantwortliche nicht nur hinsichtlich der Einsatzmöglichkeiten verschiedener PP-Instrumente über Wissen und Erfahrungen verfügen. Die Kompetenz bezieht sich vor allem auf die Lösung der Problematik einer optimalen Auswahl und Kombination dieser Instrumente, d. h. in ihrer bestmöglichen Zusammenfügung zum PR-Mix.[563] Dies ist insbesondere angesichts der Vielzahl von PR-Instrumenten und -Medien, die eingesetzt werden können, von großer Bedeutung.

Die Gestaltung des bestmöglichen Public Relations-Mix ist als kontinuierlicher Prozess aufzufassen. Nach der Prüfung, welche PR-Instrumente der Hochschule grundsätzlich zur Verfügung stehen, und der isolierten Betrachtung ihrer Einsatzmöglichkeiten in der Hoch-

---

559 Vgl. Bogner, F.M. (1990), S. 230
560 Vgl. Sühling, V. (1996), S. 182
561 Vgl. Vollert, K. (1999), S. 13
562 Vgl. Sühling, V. (1996), S. 186
563 Vgl. Meffert, H. (1979), S. 128

schule ist der Umfang ihres Einsatzes zu bestimmen. Die Bestimmung des PR-Mix und die Einsatzplanung sind schwierige Planungsvorgänge, die voraussetzen, dass die Wirkungen der PR-Maßnahmen auf dem Markt und in der Öffentlichkeit wenigstens annähernd eingeschätzt werden können.[564]

5.5 Budgetierung der Public Relations

Im Rahmen der Entwicklung einer PR-Konzeption und den daraus resultierenden Maßnahmen ist auch die Problemstellung der Budgetierung verbunden. Die Bestimmung der Höhe des Budgets und dessen Aufteilung auf die einzelnen PR-Instrumente stellt eines der zentralen Entscheidungsprobleme im Rahmen der PR-Planung dar.[565]

Die Budgetierung der der Public Relations umfasst sämtliche mit dem Einsatz der PR-Maßnahmen verbunden Aufwendungen innerhalb einer zeitlichen Planungsperiode. Unter einem PR-Budget kann die Bereitstellung von liquiden Mitteln für den Zeitraum einer Periode verstanden werden, um die PR-Maßnahmen planen und durchführen zu können.[566] In der Arbeit wird unter der Budgetierung der Public Relations die Definition der Höhe des PR-Budgets verstanden, nicht jedoch dessen sachliche und zeitliche Verteilung.

Zum Thema der Budgetierung der Public Relations findet sich nur wenig Literatur. Sachlich begründet sind PR-Budgets die Resultate von geplanten Strategien und durchzuführenden operativen Maßnahmen. Die schwierigen Erfolgskontrollen der Public Relations führen jedoch zu erheblichen Problemen bei Ermittlung bzw. Planung des PR-Budgets, insbesondere da der zukünftige Erfolg der PR-Maßnahmen nicht absehbar und quantifizierbar ist.[567] Für die Ermittlung der Höhe des PR-Budgets wird in Theorie und Praxis eine Vielzahl von Methoden vorgeschlagen.[568]

Das Budget für die Öffentlichkeitsarbeit ist von einem oder mehreren der folgenden Faktoren abhängig:

---

564 Vgl. Sühling, V. (1996), S. 187
565 Vgl. Meffert, H. (1979), S. 102
566 Vgl. Pieper, W. (1993), S. 89
567 Vgl. Suhling, V. (1996), S. 188
568 Vgl. Neske, F. (1977), S. 269, Pieper, W. (1993), S. 89

- o verfügbares Gesamtetat der Hochschule,
- o Verhalten des Wettbewerbs,
- o Zielsetzungen der Hochschule.

In dem Fall, dass beispielsweise der verfügbare Etat der Hochschule die Basis für die Festlegung des PR-Budgets bildet, wird der Öffentlichkeitsarbeit in der Regel ein bestimmter Prozentsatz der jeweiligen Bezugsgröße zugewiesen.[569]

Bei der Planung des PR-Budgets einer Hochschule sollten nicht die gesamten Budgetmittel fest verplant werden. Vielmehr sollte eine bestimmte Prozentzahl als Budgetreserve dienen.[570] Diese Reserve muss für unvorhergesehene PR-Maßnahmen, wie beispielsweise für notwendige Informationsmaßnahmen im Krisenfall, eingeplant werden. Der eigentliche Prozess der Budgetierung der Public Relations durchläuft die folgenden Schritte:[571]

(1) Zunächst muss der Bedarf an Finanzmitteln für die planten PR-Aktivitäten ermittelt werden.
(2) Anschließend ist zu definieren, welche Maßnahmen intern durchgeführt und welche extern an Agenturen oder Berater vergeben werden sollen.
(3) Auf dieser Basis sind dann die Personal- und Sachkosten zu kalkulieren. Die Summe der Aufwendungen stellt den gesamten Finanzbedarf für die PR-Abteilung dar.
(4) Darauf folgend wird über die Höhe des Budgets entschieden.
(5) Steht die endgültige Höhe des PR-Etats fest, werden die finanziellen Mittel auf die einzelnen von der Hochschule geplanten PR-Aktivitäten verteilt.
(6) Nach der definitiven Festlegung des Maßnahmenplanes erfolgt final die Detailbudgetierung der einzelnen Projekte im Rahmen des vorgegebenen PR-Budgets.

5.6 Integration in den Kommunikationsmix

Durch die zunehmende Informationsüberlastung, eine dynamische Entwicklung der Medienmärkte sowie ein abnehmendes Interesse an den klassischen Kommunikations-

569 Vgl. Cutlip, S.M./ Center, A.H./ Broom, G.M. (1994), S. 372
570 Vgl. Wolf, J. (1992), S. 186
571 Vgl. Neske, F. (1977), S. 270

instrumenten wird es immer schwieriger, Zielgruppen in effizienter und effektiver Weise zu erreichen. Der Kompetenzaufbau für eine systematische, integrierte Kommunikation wird somit zu einer zentralen Aufgabe der PR-Verantwortlichen. Eine Abstimmung interner wie externer kommunikativer Maßnahmen in formaler, inhaltlicher und zeitlicher Hinsicht stellt hierbei die Grundlage für eine erfolgreiche Hochschulkommunikation dar.[572]

Unter integrierter Kommunikation wird im Allgemeinen eine vorrangige Strategie verstanden, mit der die verfolgten kommunikativen Zielsetzungen durch Abstimmung und Vernetzung aller Kommunikationsinstrumente erreicht werden sollen.[573]

Die wesentlichen Vorteile aufeinander abgestimmter Kommunikationsinstrumente lassen sich wie folgt zusammenfassen:[574]

- Nutzung von Synergieeffekten,
- Kosteneinsparungen,
- stärkere Profilierung der Hochschule und seiner Leistungen am Markt,
- stärkere Differenzierung der Institution gegenüber der Konkurrenz,
- keine Irritation durch widersprüchliche Kommunikation,
- aktive Begegnung der Informationsüberlastung,
- Schaffung neuer Identifizierungspotentiale bei den Studenten und Mitarbeitern.

Auf der Basis von Mitteln, Instrumenten, Zielen und Zielgruppen der Hochschulkommunikation können, wie in der Abbildung 11 veranschaulicht, die inhaltliche, formale und zeitliche der Integration unterschieden werden.[575]

Die inhaltliche Integration in den Kommunikationsmix der Hochschule umfasst alle Maßnahmen, die die Public Relations mit anderen Kommunikationsinstrumenten thematisch verbindet. Dabei wird das Ziel verfolgt, Widerspruchsfreiheit und eine gegenseitige Verstärkung der inhaltlichen Aussagen zu erreichen.

---

572 Vgl. Bruhn, M. (2003), V.

573 Vgl. Berndt, R. (1995a), S. 436; Bruhn, M. (1995b), S. 13

574 Vgl. Berndt, R. (1995a), S. 451

575 Vgl. Bruhn, M. (1995b), S. 40ff.; Bruhn, M. (2005), S. 103ff.

Innerhalb der inhaltlichen Integration kann zudem zwischen funktionaler, instrumenteller, horizontaler und vertikaler Integrationsform differenziert werden. Besondere Relevanz für die Public Relations kommt in diesem Zusammenhang den beiden ersten Formen zu. Die funktionale Integration basiert auf der Annahme, dass jedes Instrument der Unternehmensintegration bestimmte Funktionen zur Zielerreichung zu erfüllen hat. Im Rahmen der instrumentellen Integration wird hingegen systematisch nach Wirkungsinterdependenzen und Vernetzungspotentialen gesucht.

Formen	Gegenstand	Ziele	Hilfsmittel	Zeithorizont
inhaltliche Integration	thematische Abstimmung durch Verbindungslinien	- Konsistenz - Eigenständigkeit - Kongruenz	einheitliche - Botschaften - Bilder - Argumente	langfristig
formale Integration	Einhaltung formaler Gestaltungslinien	- Präsenz - Prägnanz - Klarheit	einheitliche - Logos/ Zeichen - Farben - Schriften	mittel- bis langfristig
zeitliche Integration	Abstimmung innerhalb und zwischen Planungsperioden	- Konsistenz - Kontinuität	Ereignisplanung	kurz- bis mittelfristig

Abb. 11: Formen der Integration der PR in die Hochschulkommunikation [576]

Im Rahmen der formalen Integration in den Kommunikationsmix sind gewisse Gestaltungsprinzipien bei der Wiedergabe von Zeichen einzuhalten, die unerlässlich für ein einheitliches Auftreten hinsichtlich des äußeren Erscheinungsbildes der Hochschule sind. Die Corporate Identity verkörpert den Ausgangspunkt für eine dem Corporate Design der Hochschule entsprechende Gestaltung der Zeichen sowie Logos und Slogans.[577]

---

576 Quelle: Abbildung in Anlehnung an Bruhn, M. (2006), S. 495

577 Vgl. Kap. 5.4.1.

Diese zeitliche Integration bezieht sich auf die Sicherstellung der zeitlichen Abstimmung von unterschiedlichen Kommunikationsinstrumenten und darüber hinaus auf die Gewährleistung der zeitlichen Kontinuität innerhalb des jeweiligen Kommunikationsinstrumentes. Die Abstimmung des Instrumenteneinsatzes bezweckt eine gegenseitige Unterstützung sowie eine sinnvolle Ergänzung der Kommunikationsinstrumente. In diesem Zusammenhang ist darauf zu achten, dass die verschiedenen Vorlaufzeiten der Instrumente zu berücksichtigen sind.

5.7 Zeitliche Public Relations Planung

Der zeitliche Ablauf der PR-Aktivitäten innerhalb eines Jahres und über längere Zeiträume hinweg muss sorgfältig geplant werden. Wesentliche Aufgabe der Planung ist es, die ausgewählten PR-Maßnahmen so einzusetzen, dass sie zur richtigen Zeit und am richtigen Ort wirksam werden.[578] Situationsanalyse, Ziele, Zielgruppen und Kommunikationsinhalte geben dabei den strategischen Rahmen der PR-Arbeit vor.[579]

Bei der Planung der Public Relations sind kurz- bis mittelfristige Planungshorizonte mit einem Zeithorizont von in der Regel einem Jahr leichter zu realisieren, als langfristige und strategische Zeithorizonte von mehr als 3 Jahren. Je länger der Planungshorizont ist, desto weniger Flexibilität weist die Ebene der Kommunikationsbeziehungen zwischen der Hochschule und den Teilöffentlichkeiten auf. In der Hochschulpraxis wird dies jedoch von den jeweils situativen Bedingungen der Hochschule abhängen, wobei auch der Wettbewerb sowie die Beziehungen der Institution zu seinen relevanten Teilöffentlichkeiten zu berücksichtigen sind.

So sind beispielsweise bei der zeitlichen Planung von Veranstaltungen wie Tag der offenen Tür, Pressekonferenzen oder auch Imageanzeigen in Tageszeitungen, die möglichen Aktivitäten anderer Hochschulen im relevanten Markt der eigenen Hochschule zu berücksichtigen. Aber auch Ferienzeiten, Ausbildungsstarts und -ende sowie Feiertage verschiedener Zielgruppen sind wichtige Einflussfaktoren auf die Zeitplanung der Public Relations der Hochschule.

---

578 Vgl. Bläse, D. (1982), S. 193
579 Vgl. Sühling, V. (1996), S. 190

5.8 Durchführung der PR-Aktivitäten

Nach der Situationsanalyse und der Planung aller Public Relations-Maßnahmen der Hochschule folgt in der dritten Phase die Durchführung. Die Realisierung der Public Relations umfasst sämtliche Tätigkeiten, die zur Verwirklichung der PR-Strategie im Rahmen der Kommunikationsaktivität stehen. Diese Phase des PR-Planungsprozesses kann weiter untergliedert werden in die Teilphasen:[580]

- Umsetzung von sachlichen Aufgaben sowie
- Durchsetzung von organisatorischen und personellen Aufgaben.

In der Phase der Planung wird die praktische und taktische Realisierung vorgezeichnet, die als Umsetzung des PR-Planes erfolgt. Aufgabe der Durchführungsphase ist es, die definierten Kommunikationsinhalte optimal an die zuvor bestimmten Zielgruppen zu vermitteln. Die Durchführung gilt vielfach als die wesentliche Arbeitsleistung der PR-Verantwortlichen, denn es geht hier um die praktische PR-Arbeit.[581]

Von großer Bedeutung ist, dass Kapazitäten optimal genutzt und zielorientiert eingesetzt werden. Die Durchführung der Public Relations erfordert PR-Fachleute mit vielseitigen Fähigkeiten und genauen Kenntnissen der Kommunikationsprozesse. In der Praxis scheitern oftmals zahlreiche PR-Konzepte, die sich in der Anfangsphase erfreulich entwickelten, an einer mangelhaften Ausführung. Ursache hierfür liegt meist in einer mangelnden fachspezifischen Kompetenz bzw. Ausbildung oder auch an den zur Verfügung stehenden personellen Ressourcen an den Hochschulen.[582]

Zu berücksichtigen ist in diesem Zusammenhang, dass sich zwischen der Planungs- und der Realisierungsphase während der ganzen Dauer des Konzeptverlaufes ein interaktiver Prozess abspielt. Indem die Planung in der Regel von einem ermittelten Ist-Zustand ausgeht, hat sich die Durchführung mit ständigen Veränderungen der Ausgangssituation auseinanderzusetzen.[583] Auch wenn die PR-Planung langfristig angelegt ist, gibt es in der Praxis

---

580 Vgl. Schweizer, M. (1997), S. 108ff.; Bea, F.X./ Haas, J. (1997), S. 178f.
581 Vgl. Sühling, V. (1996), S. 191
582 Vgl. Bühler, H./ Naderer, G./ Koch, R./ Schuster, C. (2007), S. 64
583 Vgl. Bläse, D. (1982), S. 195

immer wieder endogene und exogene Einflussfaktoren,[584] welche eine Modifikation der ursprünglichsten PR-Maßnahmen neben der langfristigen Planung ad-hoc festgelegt. Das PR-Instrumentarium der Hochschule unterliegt demnach einem ständigen Entwicklungsprozess, wenn es situationsgerecht und zeitgemäß bleiben soll.[585]

5.9 Erfolgskontrolle

PR-Aktivität kann als eine Investition der Hochschule in die Zukunft verstanden werden und bedarf als solche neben einer systematischen Planung auch der Kontrolle. Als integrativer Bestandteil des PR-Prozesses muss sich die Erfolgskontrolle der Public Relations notwendigerweise an die Durchführung der PR-Aktivitäten anschließen. Hierbei kann die Überprüfbarkeit des Ergebnisses von PR-Maßnahmen als Qualitätsmerkmal gesehen werden.[586]

Die PR-Evaluation stellt die letzte Phase des vierstufigen PR-Prozess-Modells dar. Diese lässt Rückschlüsse auf die Effizienz der Situationsanalyse, der Planungsphase, der Realisierung sowie auf die Wirksamkeit der von der Hochschule durchgeführten PR-Maßnahmen zu.[587] Ihre Erkenntnisse sind gleichzeitig Grundlage für die zukünftige Planung, so dass sich der PR-Prozess zu einem Regelkreis schließt.[588]

Der Erfolg eines Kommunikationsinstrumentes gilt dann als gegeben, wenn dessen Einsatz sowohl effektiv als auch effizient ist.[589] Bei der Effektivität geht es um den Wirkungsgrad des Instrumentes Public Relations, d. h. um die Frage, inwieweit ein im Voraus bestimmtes Ziel erreicht wurde.[590] Hingegen liegt Effizienz als Beurteilung der Wirtschaftlichkeit der Public Relations dann vor, wenn es zu dem Output/Input-Verhältnis dieser Maßnahme kein anderes Instrument gibt, das über ein besseres Verhältnis dieser Größen verfügt.[591]

---

[584] Vgl. Bea, F.X./ Haas, J. (1997), S. 74ff.; Berndt, R. (1995b), S. 329; Berndt, R./ Fantapié Altobelli, C./ Sander, M. (1999), S. 86ff.; Kreikebaum, H. (1993), S. 34ff.; Welge, M.K./ Al-Laham, A. (1999), S. 183ff.; Steinmann, H./ Schreyögg, G. (1997), S. 158ff.
[585] Vgl. Sühling, V. (1996), S. 191
[586] Vgl. Grunig, J.E./ Hunt, T. (1984), S. 180
[587] Vgl. Baskin, O./ Aronoff, C.E. (1992), S. 178
[588] Vgl. Sühling, V. (1996), S. 191f.
[589] Vgl. Lasslop, I. (2003), S. 8ff.
[590] Vgl. Drenger, J. (2007), S. 144
[591] Vgl. Lasslop, I. (2003), S. 11; Burmann, C. (2002), S. 100

Die Effektivität im Sinne einer Zielkonformität und Effizienz im Sinne der Wirtschaftlichkeit bedürfen der Kontrolle.[592] Im engeren Sinne betrifft die Erfolgskontrolle den rückblickenden Vergleich von antizipierten PR-Zielen und tatsächlich erreichten Wirkungen, um aus den unvermeidbaren Abweichungen Folgerungen und Konsequenzen für die zukünftige PR-Arbeit abzuleiten.[593]

Betrachte man die Public Relations als Managementprozess, welcher als Regelkreis abläuft, so liefert eine Wirkungskontrolle unverzichtbare Erkenntnisse für die weitere Planung und letztlich für eine effiziente Gestaltung der gesamten PR-Arbeit. Die Evaluation fungiert zudem als Instrument der Selbstkontrolle und ermöglicht die Überprüfung der Leistungen von PR-Agenturen und externen Beratern. Diese bildet schließlich die Grundlage für die Qualitätsverbesserung und Qualitätssicherung der Öffentlichkeitsarbeit in der Hochschule.[594] Zudem leistet die PR-Kontrolle einen zentralen Beitrag zur Legitimierung von Public Relations in der Hochschule und dem von ihr beanspruchten Budget.[595] Public Relations muss in der Lage sein, den Nutzen der eingesetzten finanziellen Mittel zu dokumentieren. Dies gilt insbesondere unter der Prämisse, wenn wie bei den meisten Hochschulen nur geringe Budgets für Kommunikationsaktivitäten zur Verfügung stehen. Nur so wird Öffentlichkeitsarbeit Anerkennung als Managementfunktion im Hochschulbereich finden.[596]

Die Erfolgskontrolle von Public Relations darf nicht nur als vierte Phase des PR-Prozesses verstanden werden, sondern muss kontinuierlich über alle Phasen hinweg erfolgen,[597] da die Öffentlichkeitsarbeit permanenten Veränderungen des Kommunikationsprozesses und seiner Rahmenbedingungen unterworfen ist. Bei der PR-Evaluation können zwei Arten differenziert werden:[598]

- o die formative Evaluation und
- o die summative Evaluation.

---

592 Vgl. Hahn, D. (1992), S. 149
593 Vgl. Signitzer, B. (1993), S. 174f.
594 Vgl. Femers, S./ Klewes, J. (1995), S. 115
595 Vgl. Kalt, G. (1994)
596 Vgl. Sühling, V. (1996), S. 193
597 Vgl. Baskin, O./ Aronoff, C.E. (1992), S. 179
598 Vgl. Signitzer, B. (1988), S. 108

Die Differenzierung richtet sich nach Zielsetzung und Zeitpunkt der Kontrolle. Ist eine zusammenfassende Bewertung am Ende einer PR-Kampagne oder PR-Maßnahme das Ziel, handelt es sich um die summative Evaluation. Diese dient als Entscheidungshilfe für die Fortsetzung oder Streichung des PR-Programms. Sollen hingegen die einzelnen Arbeitsschritte kontinuierlich überprüft und beurteilt werden, ist die Verbesserung der Situationsanalyse, der Planung und der Realisierung das Ziel, dann wird von formativer Evaluation gesprochen.[599]

In den folgenden Abschnitten soll grob der Rahmen für eine PR-Erfolgskontrolle abgesteckt werden. Zunächst steht der Untersuchungsgegenstand der Erfolgskontrolle der Hochschul-PR im Mittelpunkt der Ausführungen, wobei aufgezeigt wird, was evaluiert werden soll. Danach wird ein Modell der integrierten PR-Evaluation vorgestellt, welches eine systematische Erfassung, Bewertung und Kontrolle der Öffentlichkeitsarbeit ermöglicht. Abschließend werden mögliche Probleme im Rahmen von PR-Kontrollen beschrieben.

5.9.1 Gegenstand von PR-Erfolgskontrollen

Im Rahmen der PR-Evaluation muss zunächst Klarheit über den Gegenstand der Kontrollmaßnahmen geschaffen werden. Im Sinne eines Managementprozesses, der den Versuch unternimmt, durch Kontrolle Rückschlüsse auf den Gesamtprozess zu ziehen, können zwei Typen von Analysen als Gegenstand der Erfolgskontrolle differenziert werden:[600]

- **Prozessanalysen:** Diese beschäftigen sich mit der Kontrolle der Durchführung von PR-Maßnahmen. Inhalte sind die Analyse des zeitlichen Ablaufes der Projekte, die Kontrolle des Fortschrittes der Aktivitäten sowie die Beaufsichtigung der finanziellen und personellen Ressourcen.

- **Ergebniskontrollen:** Sie dienen der Messung der erfassbaren Instrumente der Hochschul-PR. Dabei wird zwischen Wirkungs- und Effizienzanalysen unterschieden. Wirkungsanalysen beziehen sich auf die Kontrolle ausgewählter kommu-

599 Vgl. Sühling, V. (1996), S. 193f.
600 Vgl. Grunig, J.E. (1984), S. 179ff.

nikativer Reaktionen von spezifischen Teilöffentlichkeiten auf die PR-Arbeit. Es handelt sich dabei um die Messung des Zielerreichungsgrades aufgrund von PR-Maßnahmen. Die Wirkungen lassen sich als Veränderungen im kognitiven, emotionalen und verhaltensbezogenen Bereich definieren.[601] Durch Effizienzanalysen soll ein Kosten-Nutzen-Vergleich von PR-Aktivitäten vorgenommen werden. Es geht zum einen um eine Beurteilung der Gesamteffizienz, zum anderen um die Wertigkeit verschiedener PR-Instrumente im Vergleich. Im Fokus steht die Leistungsfähigkeit der PR-Maßnahmen unter ökonomischen Aspekten.

Prozessanalysen betreffen demnach die regelmäßige und systematische Überprüfung aller Entscheidungen, die während des PR-Prozesses getroffen wurden. Dieser Aspekt wird im Folgenden nicht näher betrachtet, vielmehr wird PR-Kontrolle ausschließlich als Erfolgskontrolle verstanden. Da der PR-Erfolg insbesondere an den kommunikativen PR-Zielen der Hochschule zu messen ist, stellt die PR-Kontrolle primär eine Wirkungskontrolle dar,[602] die überprüfen soll, ob die mit der PR-Arbeit intendierten Wirkungen bei den angesprochenen Teilöffentlichkeiten tatsächlich hervorgerufen wurden. Diese Wirkungskontrolle steht im Mittelpunkt der folgenden Betrachtung.

Grundlage für die Untersuchung der PR-Wirkungen bilden die PR-Ziele der Hochschule. In Anlehnung an die vorhergehenden Ausführungen lassen sich zwei Zielkategorien unterschieden:

- kommunikative Ziele für die einzelnen PR-Instrumente und
- ökonomische Ziele.

Die Wirkungsanalyse hat beide Zielkategorien zu berücksichtigen und darüber hinaus auch die Ziele der integrierten Kommunikation.[603] Mit diesen Zielen sind einzelne Wirkungsintentionen verbunden, die durch die Zielgruppen der Hochschule realisiert werden sollen.

Allgemein treten PR-Wirkungen auf zwei verschiedenen Ebenen auf:[604] Die Wirkung der Kommunikationsrealisierung wird erreicht, wenn die Botschaften der Hochschule die Ziel-

---

601 Vgl. Kotler, P./ Bliemel, F. (1995), S. 916f.
602 Vgl. Schüller, B. (1991), S. 232
603 Vgl. Bruhn, M. (1995), S. 244f.
604 Vgl. Grunig, J.E./ Hunt, T. (1984), S. 134

gruppen erreichen und diese ihrerseits die Kommunikation mit der Organisation aufnehmen. Dies ist Bedingung für die Realisierung von PR-Wirkungen der zweiten Ebene, die bei den Zielgruppen durch Verarbeitung der aufgenommenen PR-Botschaften hervorgerufen werden. Im Einzelnen handelt es sich in Anlehnung an GRUNIG und HUNT um die folgenden Wirkungen:[605]

- korrekte Erinnerung an die Inhalte der Botschaft,
- Akzeptanz der Botschaft,
- Bildung bzw. Änderung bestimmter Einstellungen sowie
- Beginn, Veränderung oder Beibehalten eines Verhaltens.

Da trotz dialogorientierter PR-Sichtweise Kommunikation aus der Perspektive einer Hochschule immer nur jene Wirkungen, die durch die PR-Arbeit bei den Zielgruppen hervorgerufen werden sollen, Gegenstand der ergebnisorientierten PR-Wirkungskontrolle.[606] Für die Kontrolle der Public Relations ergibt sich dann die Notwendigkeit der Definition des Erfolgsmaßstabes eine genaue Zuordnung von PR-Zielen und PR-Wirkungen vorzunehmen. Dabei sind nicht nur die Ziel- und Wirkungsinhalte, sondern auch Ausmaß und zeitlicher Bezug der Zielerreichung festzulegen.[607]

Indem die PR-Ziele Kommunikation, Erhöhung des Bekanntheitsgrades und Information eher kurzfristig im Rahmen eines PR-Programmes durch einzelne PR-Maßnahmen realisiert werden können, das Image einer Hochschule aber nur langfristig über PR-Kampagnen veränderbar ist, bieten sich zwei Ansatzpunkte für die Kontrolle von Public Relations an. Einerseits können die Ergebnisse einzelner PR-Projekte infolge der in diesem Zusammenhang eingesetzten PR-Maßnahmen ermittelt werden.

Diese Form der Ergebniskontrolle stellt eine maßnahmenorientierte PR-Kontrolle dar. Damit ist die Wirtschaftlichkeit von PR-Aktivitäten sowie die Wertigkeit von PR-Instrumenten im Vergleich angesprochen. Dies ist insofern von besonderer Bedeutung, weil daraus Schlussfolgerungen für eine Umverteilung von PR-Budgets gezogen werden können. Anderseits kann über die Erhebung des Hochschulimages das Ergebnis einer lang-

605 Vgl. Grunig, J.E./ Hunt, T. (1984), S. 132ff.
606 Vgl. Kroeber-Riel, W. (1991), S. 168f.
607 Vgl. Sühling, V. (1996), S. 195f.

fristig ausgerichteten PR-Konzeption ermittelt werden. Die langfristige Wirkung von Public Relations kann mit Hilfe regelmäßig durchzuführender Imageanalysen erhoben werden.[608]

Aus den bisherigen Ausführungen kann das Fazit gezogen werden, dass es aufgrund der unterschiedlichen PR-Ziele und PR-Wirkungen den absoluten PR-Erfolg nicht geben kann. Dieser wird vielmehr von der Realisierung unterschiedlichster Ziele der Hochschulen definiert. In der wissenschaftlichen Literatur herrscht weitgehend Einigkeit darüber, dass das Ergebnis von Public Relations in erster Linie anhand der aufgezeigten Einzelwirkungen gemessen werden kann, die Gesamtwirkung von Public Relations aber nicht direkt nachweisbar ist.[609]

Wird die PR-Kontrolle als Teil eines integrierten PR-Prozesses betrachtet, so muss diese von Beginn der PR-Arbeit an systematisch geplant, langfristig angelegt und schrittweise durchgeführt werden. Organisatorische Voraussetzung für die Realisation von PR-Kontrollen und die Umsetzung der daraus resultierenden Konsequenzen ist, dass bei der Hochschulleitung und dem PR-Management Einigkeit über Sinn, Zweck und Nutzen von PR-Kontrollen besteht. Darüber hinaus muss die Evaluation von Public Relations in der Hochschule institutionalisiert sein,[610] unabhängig davon ob die Kontrolle intern oder als Auftragsforschung extern durchgeführt wird.

Für eine von der Hochschule selbst durchzuführende Evaluation sprechen die umfangreichen Kenntnisse über die eigene Organisation, die intern vorhandenen Kompetenzen in den Fachbreichen im Bereich der empirischen Sozialforschung sowie die niedrigeren Kosten für interne Erfolgskontrollen im Vergleich zu den externen Diensten. Hingegen hat Evaluation durch externe Institute den Vorteil größerer Objektivität.[611]

---

608 Vgl. Sühling, V. (1996), S. 196
609 Vgl. Sühling, V. (1996), S. 196
610 Vgl. Neske, F. (1977), S. 384
611 Vgl. Sühling, V. (1996), S. 196f.

5.9.2 Integriertes PR-Evaluationsmodell von BESSON

Es existieren zahlreiche Versuche, in Form von Modellen eine Systematik in den Bereich der PR-Evaluation zu bringen. Ein Modell verfolgt das Ziel der vereinfachten Abbildung, Organisation, Erklärung und Messung realer Vorgänge.[612]

Alle entwickelten Modelle zu PR-Evaluation basieren auf einem management-orientierten PR-Verständnis. Diese erwarten zielgerichtetes, planvolles Handeln mit vorher definierten, messbaren Zielen, die nach der Realisierung die Kontrolle des Erfolgs der Öffentlichkeitsarbeit ermöglichen. Die Modelle orientieren sich am PR-Planungsprozess und an der Reichweite/Tiefe der erzielten Wirkungen, von reiner Publizität bis hin zur Änderung des Verhaltens.[613]

Das integrierte PR-Evaluationsmodell von BESSON ist wie ein Baukastensystem strukturiert und umfasst Module mit allen Aktions- und Wirkungsstufen. Durch das Hinzufügen oder Weglassen, die Erweiterung oder Kürzung von Modulen kann es beliebig an die jeweilige Situation des individuellen PR-Programms der Hochschule angepasst werden, d.h. von einer einfachen PR-Einzelveranstaltung bis zu einer kompletten PR-Kampagne. Es bietet dadurch eine ideale Kombination von Standardisierung und Flexibilität. Das System kann auch benachbarte Kommunikationsdisziplinen durch die Integration von weiteren Methoden- oder Instrumentenmodulen in die Evaluation einbinden.[614]

Voraussetzung des integrierten PR-Evaluationsmodells ist die Erstellung einer PR-Konzeption. Diese Konzeption ist die Grundlage der Evaluationskonzeption. Das Modell besteht aus drei Abschnitten:

- den Voraussetzungen für die PR-Evaluation,
- der Programmevaluation und
- der Ergebnisverwertung.

---

612 Vgl. Merten, K. (1999), S. 58
613 Vgl. Besson, N.A. (2004a), S. 46f.
614 Vgl. Besson, N.A. (2004a), S. 48

Das Modell ist in Kreisform aufgebaut, da diese Form die Forderung nach Kontinuität der Evaluation unterstützt. Gleichzeitig existiert eine kontinuierliche Feedbackfunktion, die sämtliche Phasen begleitet. Diese Funktion stellt die Rolle eines Koordinators dar, der die Einhaltung des Evaluationsplans kontrolliert und die Ergebnisse der PR-Kontrolle dem PR-Manager schon während des Prozesses zur Verfügung stellt. Auf diese Weise wird die sofortige Optimierung des PR-Programms ermöglicht. Jede Phase besteht aus verschiedenen Teilaspekten, die je nach PR-Konzept und Evaluationsvorhaben genutzt oder weggelassen werden können. Das Modell ist in der Abbildung 12 nochmals veranschaulicht.

5.9.2.1 PR-Evaluationsplanung mittels Projektmanagement

In der Praxis bleibt die Evaluation der Public Relations meist auf der Basis der reinen Instrumentenkontrolle beschränkt. Die Ergebnisse werden nicht im Zusammenhang mit der PR-Konzeption und den Evaluationsmaßnahmen betrachtet, sondern stehen als zusammenhangslose Daten, die wenig Aussagekraft besitzen, im Raum. Um dies zu vermeiden und um Evaluation als zusammenhängendes Projekt zu strukturieren, wird im Folgenden aus der Planungstechnik für empirische Untersuchungen, der Konzeptionstechnik für PR-Konzeptionen und den Instrumenten des Projektmanagements eine spezielle Vorgehensweise für PR-Evaluation entwickelt. Dabei wird die Planung und Durchführung der PR-Evaluation als eigenständiges Projekt betrachtet.[615]

Der PR-Evaluationsplan legt die Details der Erfassung, Bewertung und Kontrolle fest und bietet dem Projekt Evaluation den notwendigen Rahmen. Der Evaluationsplan besteht aus den folgenden drei Teilen:[616]

- Situationsanalyse,
- strategischen Block,
- Taktikplanung.

Die Evaluationsplanung beginnt mit der Situationsanalyse. Ausgangsbasis ist hierfür die bereits existierende PR-Konzeption. Diese besitzt einen festen organisatorischen Rahmen,

615 Vgl. Besson, N.A. (2004a), S. 50
616 Vgl. Besson, N.A. (2004a), S. 50

insbesondere ein Budget, zur Verfügung stehendes Personal, einen zeitlichen Rahmen sowie messbare Ziele. Zudem wurden gegebenenfalls bereits Evaluationsmaßnahmen zu einzelnen Komponenten in vorhergehenden Kampagnen durchgeführt.

Die Bewertung dieser Situation führt zu der zentralen Frage, welche Aufgabe die PR-Evaluation erfüllen soll und kann. Die Aufgabenstellung umschreibt in diesem Zusammenhang, warum Evaluation betrieben wird und gibt die Richtung des strategischen Blocks vor.

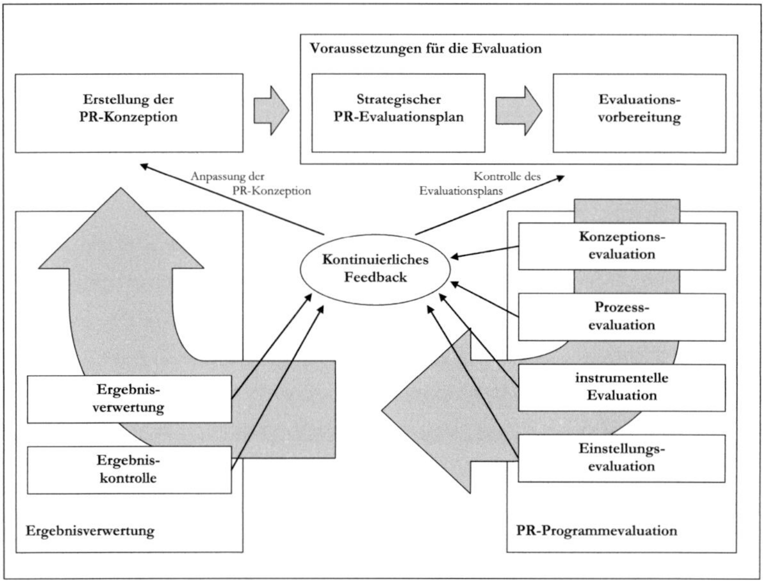

Abb. 12: Integriertes PR-Evaluationsmodell [617]

Der strategische Block besteht aus der Definition der Evaluationsziele, des Verwendungszwecks und der Zielgruppe der Evaluationsergebnisse. Zudem wird das grobe Untersuchungsdesign der Evaluation im strategischen Block definiert. Die Strategie beginnt mit der Festlegung der Ziele und Absichten der Kontrolle. Es wird festgeschrieben, warum überhaupt Evaluation betrieben wird. Für wen die Evaluation betrieben wird, ist eine

[617] Quelle: Abbildung in Anlehnung an Besson, N.A. (2004a), S. 48
[620] Vgl. Fuhrberg, R. (1995), S. 59ff.

weitere wichtige Frage. Zielgruppe der Evaluationsergebnisse ist in erster Linie der direkte Auftraggeber. Es ist jedoch ratsam, allen beteiligten Anspruchsgruppen Zugang zu den Ergebnissen zu ermöglichen, um Vorbehalten gegenüber der PR-Evaluation zu begegnen. Auf der Grundlage von Zielen und Ziel- bzw. Anspruchsgruppengruppen kann darauf folgend den Verwendungszweck der Evaluationsergebnisse bestimmt werden. Der Verwendungszweck definiert die Auswahl eines Kommunikationsmediums und die Technik der Verbreitung der Informationen. Sind die Ziele, Ziel- und Anspruchsgruppen und Verwendungszweck festgestellt, dann können die ersten methodischen Entscheidungen getroffen werden. Diese umfassen die Wahl des Untersuchungsdesigns. Das Untersuchungsdesign umfasst in erster Linie die Festlegung der Phasen und der Tiefe der Wirkungsforschung. Danach ist die Arbeit am strategischen Block abgeschlossen. Dieser gibt der Evaluationsplanung die Legitimation und Richtung sowie der folgenden Phase der Taktikplanung einen Orientierungsrahmen.

Die Taktikplanung der PR-Evaluation umfasst die Aufstellung des Strukturplans, insbesondere der Ablauf-, Personal-, Zeit- und Budgetplanung sowie die Entscheidung über die organisatorischen Details des Evaluationsprojekts. Zudem werden die Evaluationsinstrumente entwickelt, wie beispielsweise Fragebögen. Der Strukturplan stellt ein Element aus dem Projektmanagement dar und wird für die PR-Evaluation angepasst, indem die Systematik des integrierten PR-Evaluationsmodells übernommen wird. Die Struktur eines Evaluationsprojekts umfasst damit die folgenden acht Phasen:

- strategischer PR-Evaluationsplan,
- Evaluationsvorbereitung,
- Konzeptionsevaluation,
- Prozessevaluation,
- instrumentelle Evaluation,
- Einstellungsevaluation,
- Ergebniskontrolle und
- Ergebnisverwendung.

Die einzelnen Phasen stellen Module dar, die je nach Bedarf genutzt oder weggelassen werden können. Für jedes zur Anwendung kommende Modul sind Evaluationsmaßnahmen festzulegen, die in einzelne, durchnummerierte Arbeitspakete zu differenzieren sind. Ein

Arbeitspaket beschreibt detailliert, wer was wann, mit welchem Zeitaufwand durchführen soll und welche Kosten dadurch entstehen. Die Summe aller Arbeitspakete ergibt das Gesamtprojekt, d. h. jede Tätigkeit muss in einem Arbeitspaket beschrieben sein.

Zur besseren Planung und Überwachung des Projekts ist es vorteilhaft, die einzelnen Faktoren, wie beispielsweise Maßnahmen, Aufgaben, Personal, Zeit und Kosten, in getrennten Plänen festzuhalten. Dies spiegelt sich insbesondere im Ablauf-, Personal- und Budgetplan wider. Für den reibungslosen Ablauf des Evaluationsprojekts ist es sinnvoll, ein Berichtwesen zu installieren, das alle Beteiligten, Ziel- und Anspruchsgruppen mit aktuellen Informationen im Projektablauf versorgt und über die Ergebnisse informiert. Anschließend sind die im Strukturplan festgelegten Evaluationsinstrumente, wie z. B. Fragebogen und Beobachtungscheckliste, zu erstellen. Jedes Instrument liefert automatisch eine Reihe von Einzelwerten. Diese Einzelwerte ergeben, sinnvoll miteinander kombiniert, Kennwerte für die PR-Erfolgsmessung.

5.9.2.2 Methoden und Instrumente der PR-Evaluationsplanung

Der Schwerpunkt der Evaluationsplanung liegt bei der Auswahl geeigneter Messinstrumente, wobei die PR-Maßnahmen auch die Evaluations-Methode mitbestimmen. Da die Analyse von sekundärstatistischem Material PR-Wirkungen nur begrenzt aufzeigen kann, empfiehlt es sich, im Rahmen der Kontrolle von der Hochschul-PR ausschließlich der Primärforschung heranzuziehen. Die Auswahl der Kontrollmethoden hängt neben situativen Bedingungen von unterschiedlichen Kriterien ab. Dazu zählen die PR-Instrumente, die PR-Zielsetzungen, der Zeitpunkt im Kommunikationsprozess, die Evaluationszielsetzung, die fachliche Kompetenz und letztlich die zur Verfügung stehenden finanziellen Mitteln.[620] Bei der Auswahl der Evaluations-Methoden muss von Seiten der Hochschule Klarheit über die wesentlichen Unterschiede zwischen den einzelnen Instrumenten hinsichtlich der Anforderungen, der Vorgehensweise sowie den Erhebungs- und Anwendungsmöglichkeiten bestehen. Nachfolgend wird daher ein Überblick über die wesentlichen Methoden gegeben, welche Hochschulen für die Kontrolle ihrer PR-Aktivitäten einsetzen können.[621]

---

[621] Vgl. Sühling, V. (1996), S. 197

Das im Rahmen der Evaluation von Public Relations eingesetzte Instrumentarium ist vielfältig. Der PR-Stelle der Hochschule steht eine Reihe von Verfahren zur Verfügung, die teilweise dem Bereich der Marketing- und Kommunikationsforschung entnommen und weiterentwickelt wurden.[622] Als Methoden der Prozessanalyse bieten sich einfache Techniken an, die sich im Rahmen der Projektorganisation bewährt haben.[623] Dazu zählen beispielsweise die Fortschritts- und Terminüberwachung mit Hilfe der Netzplantechnik beim Durchführen einer PR-Kampagne oder das Arbeiten mit Checklisten, um die Vollständigkeit der einzelnen Maßnahmen bei einer PR-Kampagne zu überprüfen.[624] Die folgenden Ausführungen beschränken sich auf die Wirkungskontrolle der PR-Arbeit.

Das in der Praxis am häufigsten anzutreffende Verfahren zur PR-Erfolgskontrolle ist die quantitative Erfassung der PR-Wirkungen.[625] Diese bezieht sich auf die durchgeführten PR-Maßnahmen, d. h. im Sinne einer outputorientierten Kontrolle auf die Verbreitung von PR-Botschaften der Hochschule. Beispiele sind die Sammlung und Zählung von Abdruckbelegen, dem so genannten Clipping, sowie auch Rücksendungen von Coupons und Anforderungen von Informationsmaterial bei PR-Anzeigen. Damit können Umfang und Häufigkeit von Pressebeiträgen nach Abdruckdaten und Medien erfasst werden.[626] Diese Vorgehensweise liefert einer Hochschule erste Hinweise über den Erfolg einzelner durchgeführter PR-Maßnahmen und dient gleichzeitig als Frühwarnsystem zur Identifizierung kritischer gesellschaftlicher und wirtschaftlicher Entwicklungen.[627]

Ein weiteres für die PR-Kontrolle im Hochschulbereich geeignetes Evaluationsverfahren ist die Inhaltsanalyse.[628] Die Inhaltsanalyse stellt die wissenschaftliche Analyse der Inhalte der PR-Kommunikation dar und durch diese kann die Berichterstattung der Massenmedien anhand formaler und inhaltlicher Kriterien systematisch und objektiv erfasst sowie detailliert ausgewertet werden. Das entsprechende Material wird nach einem wissenschaftlich begründbaren Schema codiert und offen gelegt. Ziel der Inhaltsanalyse ist es, vorhandene Komplexität der PR-Maßnahmen, wie z. B. Pressemitteilungen und Berichte, zu reduzieren. Dies wird erreicht, indem der nicht interessierende Teil der Kommunikation über Stop-

---

[622] Vgl. Haedrich, G. (1992), S. 266
[623] Vgl. Grochla, E. (1982), S. 337ff.
[624] Vgl. Bruhn, M. (1995), S. 243
[625] Vgl. Bläse, D. (1982), S. 197, Schweiger, G. (1989), S. 195
[626] Vgl. Avenarius, H. (1995), S. 128; Müller, B./ Kreis-Muzzulini, A. (2003), S. 145
[627] Vgl. Sühling, V. (1996), S. 198
[628] Vgl. Macnamara, S.R. (1992), S. 27ff.; Cutlip, S.M./ Center, A.H./ Broom, G.M. (1994), S. 339f.

Wortlisten ausgeblendet und danach einer Frequenzanalyse der Schlüsselworte unterzogen wird. Im Anschluss erfolgen weitere Untersuchungen, die eine quantitativ-statistische Auswertung der Kommunikationsinhalte zulassen:[629]

Weiterhin hat sich die Medienresonanzanalyse mit den voranschreitenden Möglichkeiten der Informationstechnologien in der PR-Praxis als Instrument zur Effizienzkontrolle fest etabliert. Die Abbildung 13 veranschaulicht den Ablauf dieser PR-Bewertungsmethode.

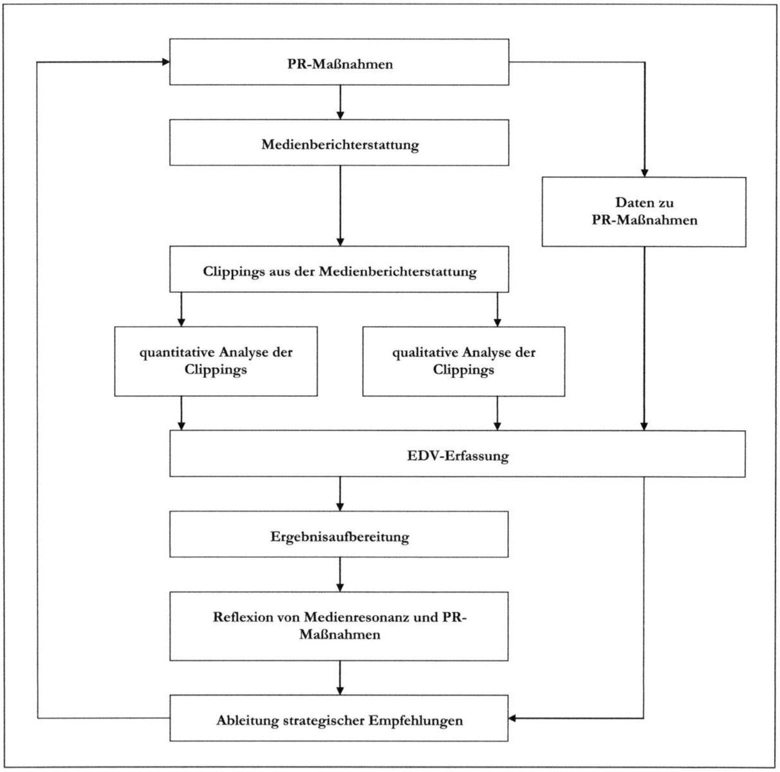

Abb. 13: Prozess der Medienresonanzanalyse [630]

Die Medienresonanzanalyse stellt ein computergestütztes, empirisches Instrument zur Beobachtung der veröffentlichten Meinung im Print-, Hörfunk- und TV-Bereich dar,

[629] Vgl. Diekmann, A. (2001), S. 481ff.; Broom, G. / Dozier, D.M. (1990), S.5ff.
[630] Quelle: Abbildung in Anlehnung an Femers, S./Klewes, J. (1995), S. 119

welches die Clippings der Medienbeobachtung sammelt und qualitativ sowie quantitativ analysiert. Nach einer digitalisierten Erfassung dieser Analysedaten werden die Ergebnisse aufbereitet. In erster Linie hat die Medienresonanzanalyse zum Ziel, Häufigkeiten (Beiträge, Nennungen etc.) und Meinungstendenzen zu ermitteln und in einem weiteren Schritt Medienberichterstattung mit konkreten PR-Maßnahmen zu vergleichen. Nach dieser Reflexion von Medienresonanz und PR-Maßnahmen werden strategische Empfehlungen abgeleitet, welche wiederum in die Konzeptionierung der PR-Maßnahmen einfließen. Somit kann eine kontinuierliche Verbesserung der PR mit den Medien erzielt werden.[631]

Die Input-/Output-Analyse hat den direkten Vergleich zwischen PR-Aussendungen und der daraus resultierenden medialen Berichterstattung zum Gegenstand und zeigt, ob und wie die Kernbotschaften den medialen Filter passiert haben. Übereinstimmungen und Abweichungen, Erfolg oder Misserfolg jeder einzelnen PR-Maßnahme sind leicht zu identifizieren. Dies erfolgt gestützt auf empirisches Datenmaterial und nicht auf Einschätzungen.[632]

Die zu untersuchenden Variablen sind die Träger (Datum der Publikation oder Sendung, Häufigkeit der Publikation oder Sendung und geographische Verbreitung), Typ (TV, Radio, Zeitschrift, etc.), die Platzierung der Nachricht (Pressemitteilung, Pressekonferenz, spezielle Veranstaltung), Form und Typ der Mitteilung (Nachricht, Artikel, Editorial, Kolumne, Leserbrief), Größe/Länge der Mitteilung (Spaltzentimeter, Anzahl Abschnitte, Anzahl Sekunden/Minuten in einer Sendung) Autor, Publikum, oder Reichweite (Anzahl Erscheinungen, Druckauflage, Potential, Leser, Zuhörer, Zuschauer), Themen, Beurteilung von subjektiven Faktoren (Ton; positiv, negativ, neutral befürwortend, ablehnend, ausgeglichen). Dies ist eine höchst subjektive, persönliche Beurteilung.[633]

Häufig besteht Kritik an der Methodik der Medienresonanzanalyse. Da meistens mehrere PR-Verantwortliche einen Artikel bewerten, müssen sie die gleiche Denkweise haben, um objektiv beurteilen zu können, was praktisch unmöglich bzw. sehr schwierig erscheint. So werden demnach die Validität und Reliabilität, die Kodiergenauigkeit und Kodierkonsistenz stark kritisiert. Zudem kommen externe Einflüsse, die von der Hochschule nicht beein-

---

631 Vgl. Femers, S./Klewes, J. (1995), S. 119f.
632 Vgl. Müller, B./ Kreis-Muzzulini, A. (2003), S. 146
633 Vgl. Guery, I. (2007), S. 117f.; Femers, S./Klewes, J. (1995), S. 119f.; Besson, N.A. (2004b), S. 134f.
635 Vgl. Baerns, B. (1995), S. 115 ff.

flusst werden können. Beispielsweise hat der Journalismus seine eigenen Gesetze, denn unabhängig von der Brillanz eines PR-Konzeptes kann die Hochschule in einer Zeitschrift oder im Internet erwähnt werden oder auch nicht. Weiter ist darauf hinzuweisen, dass die Medienresonanz nur eine operative Kontrolle darstellt, da sie ausschließlich kurz nach der Umsetzung der Maßnahme in Aktion tritt und keinesfalls eine abschließende Kontrolle am Ende des Prozesses beinhaltet.[635]

Die Methode der Befragung als quantitatives oder qualitatives Kontrollinstrument stellt ein weiteres Verfahren im Bereich der Hochschul-PR dar. Umfragen ergeben jedoch nur dann Ergebnisse, die für eine Wirkungskontrolle geeignet sind, wenn diese kontinuierlich und regelmäßig erfolgen.[636] Bei der Befragung kann im Einzelnen zwischen den folgenden Methoden unterschieden werden: der Exploration, Gruppendiskussion sowie mündliche und schriftliche Befragung. Explorationen sind freie qualitative Interviews, die externe Interviewer anhand eines Frageleitfadens mit Personen der Zielgruppe der Hochschul-PR führen. Diese geben einen Überblick über Motive, Einstellungen und Images der relevanten Teilöffentlichkeiten der Hochschule. Durch Gruppendiskussionen lassen sich Meinungen und Einstellungen zu einem Sachverhalt in der jeweiligen Zielgruppe erheben. An den Gruppendiskussionen sollten nicht mehr als zehn Teilnehmer beteiligt sein. Die überwiegende Mehrzahl der Befragungen zur Kontrolle von Public Relations wird in der Praxis standardisiert, anhand eines strukturierten Fragebogens in mündlicher oder schriftlicher Form, durchgeführt.[637]

5.9.3 Grenzen der Kontrolle

Die vorangegangenen Ausführungen haben gezeigt, dass PR-Wirkungskontrollen trotz der Komplexität des Untersuchungsgegenstandes bei Anwendung fundierter Evaluationsmethoden nicht nur notwendig, sondern auch realisierbar sind. Es existiert eine Vielzahl verschiedener Methoden zur Evaluation, jedoch besteht die Problemstellung der Rechtfertigung des Aufwands für die PR-Kontrollen. Ob eine Wirkungskontrolle sinnvoll ist oder nicht, ist in erster Linie eine ökonomische Fragestellung. Demnach fällt es vielen kleinen Hochschulen sicher schwerer, sich für PR-Kontrolle zu entscheiden und diese auch

636 Vgl. Wallinger, A. (1994), S. 42
637 Vgl. Sühling, V. (1996), S. 199f.

durchzuführen.[638] Wie im vorangegangen Abschnitt aufgezeigt, gibt es jedoch für Hochschulen relativ kostengünstige Methoden zur Erfassung der Wirkungen und der Effizienz im Bereich der Öffentlichkeitsarbeit.[639]
Die Problemstellungen und Grenzen der Kontrolle von Public Relations werden in Wissenschaft und Praxis vielfach diskutiert. Dies gilt insbesondere für die Messung der Wirkungen von PR-Instrumenten, insofern aufgrund der Interdependenzen eine isolierte Zuordnung von Wirkungen in der Regel nicht möglich ist. Demnach treten bei der Erfolgskontrolle der Public Relations gleiche Probleme wie bei der Werbeerfolgskontrolle auf.[640] Weitere Probleme stellen die eindeutige Zuordnung zwischen den einzelnen Maßnahmen und dem Gesamterfolg von Public Relations dar. Hinzu kommt noch als Herausforderung die Isolierung der PR-Wirkungen von jenen, die durch andere Faktoren hervorgerufen wurden.[641] Zahlreiche Schwierigkeiten ergeben sich zusätzlich bei der Erfolgskontrolle der integrierten Kommunikation. Diese unterliegt dem Dilemma, dass eine Wirkungskontrolle umso schwieriger wird, desto umfassender die Integration realisiert ist.[642]

Eine Vielzahl von Hochschule nehmen wegen der vielfältigen Schwierigkeiten eine ablehnende Haltung gegenüber der Evaluation von Public Relations ein und verzichten ganz auf eine systematische Kontrolle von PR-Maßnahmen. So evaluieren nur ca. 28 Prozent der Teilnehmer einer Befragung von insgesamt 157 PR-Verantwortlichen von Hochschulen im Jahr 2007 den Erfolg ihrer Öffentlichkeitsarbeit.[643] Auch wenn die genannten Probleme die Evaluation von Public Relations erheblich erschweren, sollten die Hochschulen daraus nicht die Konsequenz ziehen, auf Kontrollen seiner PR-Maßnahmen ganz oder teilweise zu verzichten. Insbesondere vor dem Hintergrund steigender Kommunikationsbudgets sollte der Frage der Effizienz von Public Relations in der Hochschulpraxis eine höhere Aufmerksamkeit geschenkt werden.[644]

Insgesamt ist festzuhalten, dass der Einsatz der Methoden der PR-Kontrolle hauptsächlich von den hochschulspezifischen PR-Zielen und PR-Instrumenten abhängig ist und dass zur

---

638 Vgl. Sühling, V. (1996), S. 200
639 Vgl. Kap. 5.9.2.
640 Vgl. Köhler, R. (1993), S. 103, Bruhn, M. (1995), S. 61ff.
641 Vgl. Pflaum, D. (1993), S. 373f.
642 Vgl. Raffée, H. (1991), S. 90, Bruhn. M. (1995), S. 239f.
643 Vgl. Bühler, H./ Naderer, G./ Koch, R./ Schuster, C. (2007), S. 119
644 Vgl. Sühling, V. (1996), S. 200

Evaluation der gleichen PR-Maßnahmen unterschiedliche Verfahren einsetzbar sind. Generell bildet die PR-Kontrolle aber eine nicht in Frage zu stellende Basis für die zukünftigen PR-Aktivitäten einer Hochschule.

5.10 Zwischenfazit

Aus den bisherigen Ausführungen resultiert, dass nur eine auf die Situationsanalyse, die Ziele, Zielgruppen und Strategien abgestimmte PR-Konzeption für eine Hochschule langfristig erfolgreich sein kann. Die PR-Planung benötigt eine Situationsanalyse als Grundlage, dazu konkrete Zielsetzungen, klar formulierte Kommunikationsinhalte und einen detaillierten, abgestimmten Maßnahmenplan zur Ansprache der relevanten Zielgruppen.[645]

Eine übergreifende, ganzheitliche PR-Konzeption positioniert die Hochschule gemäß den Zielen und sorgt dafür, dass die Zielgruppen mit den entsprechenden Botschaften angesprochen werden. Mit regelmäßigen Erfolgskontrollen sollte überprüft werden, ob das PR-Instrumentarium richtig eingesetzt wird.[646] Systematische Planung und fundierte Evaluation der Öffentlichkeitsarbeit werden als unabdingbare Voraussetzung für professionelle Hochschul-PR angesehen. Der Einsatz strategisch geplanter Public Relations wird so für die Hochschule zum Erfolgsfaktor.[647]

Die dargestellten Phasen des Prozesses der Hochschul-PR, bestehend aus der Situationsanalyse, strategische sowie operative Planung, Durchführung und Evaluation, sind für jede PR-Kampagne unabdingbar. In diesem Zusammenhang ist nochmals darauf hinzuweisen, dass diese Phasen nicht unabhängig voneinander existieren, sondern sich überschneiden und einen dynamischen Prozess bilden.[648]

Als Fazit kann festgehalten werden, dass die vorgestellten vier Phasen der Hochschul-PR nur durch eine individuelle, hochschulspezifische Konzeption für die Öffentlichkeitsarbeit realisiert werden können. Diese liefern lediglich die Rahmenbedingungen für konkrete Situationen in der Hochschule.

---

645 Vgl. Sühling, V. (1996), S. 201

646 Vgl. Wollny, B. (1993), S. 328

647 Vgl. Wallinger, A. (1994), S. 17

648 Vgl. Baskin, O./ Aronoff, C.E. (1992), S. 105; Cutlip, S.M./ Center, A.H./ Broom, G.M. (1994), S. 317

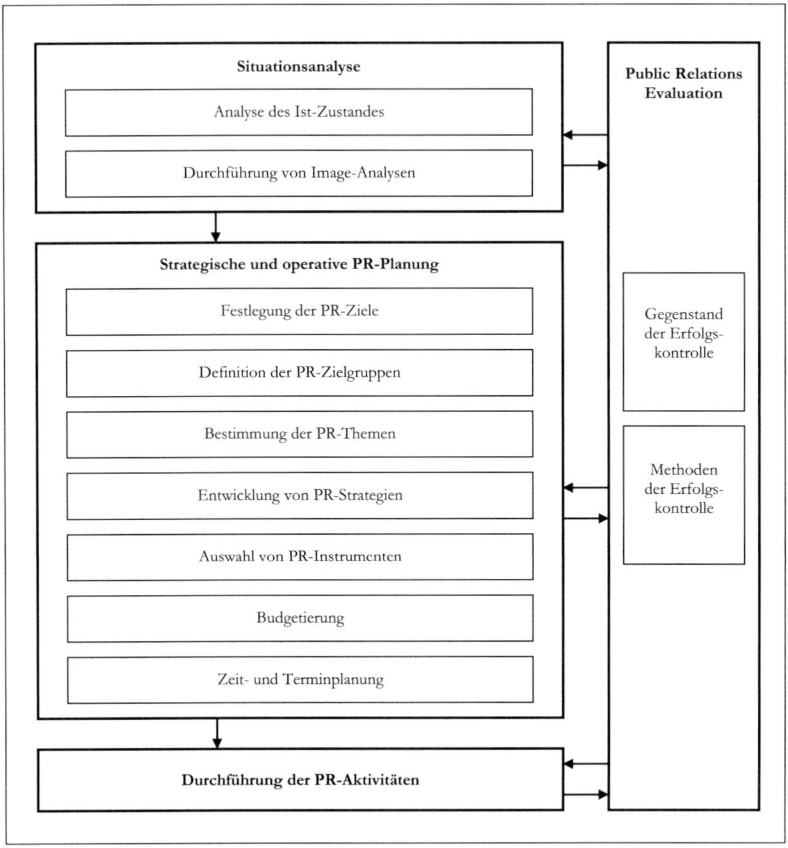

Abb. 14: Phasen der PR-Konzeption

Dieses vorgestellte methodische Konzept kann unabhängig von Größe und Typ der Hochschule, zahlreiche Anregungen geben wie Public Relations erfolgreich zu planen und durchzuführen ist. Was das vorliegende Konzept allerdings nicht kann, ist eine Handlungsanleitung für die passende Public Relations zu geben, da diese immer situationsbezogen und hochschulspezifisch sein muss. Eine PR-Konzeption kann auch nur dann ihre koordinierenden und steuernden Aufgaben erfüllen, wenn sie speziellen Anforderungen an die Form und Verbindlichkeit genügt. Diese Verbindlichkeit kann durch das Vorliegen des PR-Konzeptes in schriftlicher Form gewährleistet werden.[651]

In der Abbildung 14 sind die einzelnen Phasen der methodischen PR-Konzeption für die Hochschulen nochmals visuell und in konzentrierter Form veranschaulicht. Die als idealtypisch angenommene Abfolge der Prozessschritte in den Phasen der PR-Konzeption kann und darf in der Praxis nicht immer aufrechterhalten bleiben. Die Grenzen der einzelnen Phasen sind vielmehr fließend und überlappend und es kommt zu Vor- und Rückkopplungen.[652]

---

[651] Vgl. Sühling, V. (1996), S. 202

[652] Vgl. Böhler, H./ Scigliano, D. (2005), S. 24; Köhler, R./ Böhler, H. (1984); Köhler, R. (1981); Trux, W./ Müller, G./ Kirsch, W. (1984), S. 15 ff.

6 Entwicklung eines Rahmenkonzepts für Hochschulen

Die Ausführungen in diesem Kapitel dienen der Entwicklung eines PR-Rahmenkonzeptes für Hochschulen und orientieren sich an den allgemeinen Grundlagen und an dem Modell des PR-Prozesses. Mit der Analyse der Ausgangssituation, der Ziele und Zielgruppen, der Kommunikationsinhalte und des PR-Instrumentariums sind die wesentlichen Grundlagen einer PR-Konzeption für die Hochschulen diskutiert worden. Um die Abstimmung dieser Elemente der Public Relations zu garantieren, bedarf es eines integrativen Ansatzes.

6.1 Public Relations als Kommunikationsmanagement

Bei Public Relations handelt es sich um einen Prozess sozialer Kommunikation. Generell wir der Ansatz aus der Sicht einer Organisation als ein bewusst zu gestaltender Prozess beschrieben, d. h. aus einer managementorientierten Perspektive.

Um Public Relations als Kommunikationsmanagement zu definieren, soll zunächst auf den Begriff „Management" eingegangen werden. Management wird hier als ein Aufgabenkomplex zur effizienten und effektiven Steuerung arbeitsteiliger erwerbswirtschaftlicher Organisationen verstanden.[653] Als wesentliche Managementfunktionen sind in diesem Zusammenhang Planung, Kontrolle, Organisation und Führung zu nennen.[654] Unter Kommunikationsmanagement wird hier also die Planung, Organisation, Durchführung und Kontrolle sämtlicher Aktivitäten verstanden, die sich auf die Gesamtheit aller PR-Maßnahmen und PR-Instrumente einer Hochschule beziehen, um die Organisation und seine Leistungen gegenüber den relevanten Teilöffentlichkeiten darzustellen.[655]

Hochschulen sind eingebettet in ein komplexes Beziehungsnetzwerk im Umfeld der Organisation und stehen in diesem Rahmen vor dem Problem der sinnvollen Koordination ihrer Aktivitäten. Public Relations lässt sich in formaler Betrachtungsweise als ein managementrelevantes Problem zur kommunikativen Gestaltung der Handlungskoordination mit den Teilöffentlichkeiten der Hochschule rekonstruieren. Wird die Öffentlichkeitsarbeit unter einer Managementfunktion betrachtet, unterstützt diese die Hochschulleitung in der Aus-

[653] Vgl. Steinmann, H./ Schreyögg, G. (1993), S. 27ff.
[654] Vgl. Staehle, W.H. (1991), S. 65
[655] Vgl. Sühling, V. (1996), S. 204f.

einandersetzung mit allen relevanten internen und externen Zielgruppen.[656] Ausgestaltung und Inhalte des Kommunikationsmanagements unter hochschulspezifischen Gesichtspunkten sollen im Folgenden diskutiert werden.

6.2 Inhalte eines Rahmenkonzepts für Hochschulen

Ein PR-Rahmenkonzept soll die konzeptionelle Gesamtsicht für den PR-Bereich in komprimierter Form zum Ausdruck bringen und insbesondere auch die Positionierung der Öffentlichkeitsarbeit in Hochschulen behandeln. Die Public Relations ist einerseits von hochschulspezifischen Faktoren, auf der anderen Seite von Umweltfaktoren abhängig. Ein PR-Konzept muss also zwangsläufig situationsbezogen und organisationsbezogen sein. Dieses hat zu berücksichtigen, dass der Hochschultyp, die Hochschulgröße, das Forschungs- und Studienangebot sowie zahlreiche andere Faktoren auf die Kommunikationsstrategie einwirken. Public Relations ist in engem Zusammenhang mit der Hochschulstrategie zu betrachten, dies gilt auch für das PR-Rahmenkonzept, das sich in PR-spezifischen Zielen und Grundsätzen manifestiert. Der hochschulpolitische Rahmen setzt die Bedingungen für den PR-Bereich und das spezifische Managementsystem fest. In der Durchführung muss die PR-Konzeption uneingeschränkt vom der gesamten Hochschule getragen werden. Mit der Realisierung der Maßnahmen sind auch organisatorische Fragestellungen und Veränderungen verbunden. Möglichkeiten und Notwendigkeiten der organisatorischen Einordnung der Public Relations in die Hochschulstruktur werden in den folgenden Abschnitten erörtert.

6.2.1 Organisatorische Einordnung der Public Relations

Da sich Public Relations heute zu einer strategisch wichtigen Managementaufgabe entwickelt hat,[657] ist die Einordnung und hierarchische Positionierung der Öffentlichkeitsarbeit in der Hochschulorganisation von elementarer Bedeutung. Aus organisationstheoretischer Sicht bedeutet dies, dass die Durchführung von PR-Aktivitäten Grundentscheidungen über die organisatorische Einordnung der Public Relations in der Hochschule bestimmt. Für Aufgaben und Aufgabenträger der Öffentlichkeitsarbeit stellt die Organisationsstruktur ein dauerhaftes Anordnungsmuster dar. Die Organisation der Public Relations beinhaltet ein

---

[656] Vgl. Sühling, V. (1996), S. 205

[657] Vgl. Haedrich, G./ Kreilkamp, E. (1983), S. 431; Reineke, W. (1993), S. 311

System aufbau- und ablaufbezogener Regelungen, die dazu dienen sollen, die Planung, Umsetzung und Kontrolle von PR-Maßnahmen sicherzustellen.[658] Für den Handlungsradius einer PR-Abteilung und den Grad der Autonomie im Entscheidungshandeln ist es keinesfalls gleichgültig, unter welchen strukturellen Bedingungen Öffentlichkeitsarbeit erfolgt. Nicht zuletzt hängen Einflusskraft und Durchsetzungsvermögen der Public Relations mit der Frage der organisatorischen Einordnung dieses Arbeitsgebietes zusammen, insbesondere damit, inwieweit Public Relations dem zentralen Team der Entscheider in der Hochschule angehört. Die Bedeutung von Public Relations hängt weitgehend den folgenden Faktoren ab:[659]

- Einstellung der Hochschulleitung zu Public Relations,
- äußere Einflüsse auf die Organisation,
- spezifische PR-Problemstellungen der Hochschule.

In diesem Zusammenhang stellt sich für die Hochschule das Problem der internen oder externen Lösung, d. h. die Beschäftigung eigener Mitarbeiter, die sich überwiegend mit der PR-Arbeit beschäftigen, und/oder die Beauftragung einer PR-Agentur oder eines externen Beraters. Entscheidende Kriterien sind neben den Kostengesichtspunkten vor allem die Verfügbarkeit von PR-Kompetenzen und Beziehungen zu den Medien. Für eine interne Organisation spricht, dass die Kommunikations- und Machtstrukturen besser bekannt sind, so dass im Tagesgeschäft einen schnelle Abstimmung mit der Hochschulleitung erfolgen kann und auch, dass eine interne Lösung kostengünstiger sein kann. Andererseits hat eine PR-Agentur den Vorteil, objektiv an die Aufgabenstellungen und Problemlösungen heranzugehen. Eine Agentur bietet zudem besondere Kompetenzen in speziellen PR-Fragen an, da sie auf entsprechend ausgebildete Mitarbeiter zurückgreifen kann. Überdies kann eine Agentur aufgrund ihrer Belastbarkeit und Flexibilität einen schwankenden Auslastungsgrad besser kompensieren,[660] als dies in der Hochschule durch Personalanpassung möglich wäre. Allerdings ergibt sich bei einem Outsourcing die Schwierigkeit, eine für die Hochschule geeignete PR-Agentur zu finden.[661]

---

658 Vgl. Köhler, R. (1993), S. 95
659 Vgl. Sühling, V. (1996), S. 206
660 Vgl. Apitz, K. (1982), S. 147; Bogner, F.M. (1990), S. 93ff.; Dahlhoff, H.D. (1993), S. 115
661 Vgl. Sühling, V. (1996), S. 206f.

6.2.2 Handlungsempfehlungen für die Implementierung

Angesichts der Bedeutung der Hochschulkommunikation kommt der Public Relations ein zentraler Stellenwert in der Führung von Hochschulen zu. Die Konzeption der Public Relations im Hochschulbereich muss demnach konkretisiert und inhaltlich ausgestaltet werden, dass diese in der Kommunikationsarbeit umgesetzt werden kann. Aus den bisherigen Ausführungen der Arbeit resultieren konkrete Handlungsempfehlungen für die hochschulspezifische Öffentlichkeitsarbeit.

Nachfolgend soll durch Hervorhebung generalisierbarer Aussagen zum Problemfeld der Hochschul-PR mittels einer Reihe von Empfehlungen aufgezeigt und erläutert werden, wie PR-Arbeit für Hochschule erfolgreich durchgeführt werden kann. Die Handlungsempfehlungen stellen eine Zusammenfassung der am wesentlichsten erachteten Aspekte von Public Relations dar. Eine derartige handlungstheoretische Perspektive soll eine Übersicht zu den Problemstellungen des Themenbereiches geben und wissenschaftliche sowie praktische Lösungsbeiträge aufzeigen. Letztlich soll ein solches Rahmenkonzept den Spielraum für die künftige PR-Entwicklung an Hochschulen verdeutlichen.

6.2.2.1 Public Relations als Chance für Aufbau und Verteidigung von komparativen Konkurrenzvorteilen

Der intensive Wettbewerb um Mittel und Stellen, wissenschaftliche Reputation und Anerkennung in der Öffentlichkeit stellt die Hochschule vor immer komplexeren Aufgaben. Den Handlungsspielräumen für eine Profilierung und Differenzierung durch Leistungsinnovationen angesichts der vielfältigen Bildungs- und Dienstleistungsangebote sind Grenzen gesetzt. Als Alternative zum dominierenden Wettbewerb um neue Studien und Dienstleistungsangebote bietet sich der Kommunikationswettbewerb an.

Die Chance in Zukunft mit PR-Aktivitäten eine herausragende Position einzunehmen und komparative Konkurrenzvorteile aufbauen und verteidigen, sollten die Hochschulen unabhängig vom Hochschultyp und Größe wahrnehmen.

6.2.2.2 Public Relation der Hochschule bedarf einer strategischen Planung

Vor den Hintergrund der hohen Bedeutung der Kommunikation kommt der PR-Strategie ein zentraler Stellenwert im Rahmen der strategischen Führung der Hochschule zu. Der Planungsprozess stellt in diesem Zusammenhang die Basis für die Gestaltung der Hochschul-PR dar. Um die Aktivitäten der Öffentlichkeitsarbeit hochschulintern sowie -extern durchzusetzen, werden entsprechende Planungsverfahren benötigt. Mit der Definition von PR-Zielen, Zielgruppen und Kommunikationsinhalten sowie der Zuordnung von PR-Instrumenten müssen die wichtigsten Elemente des Planungsprozesses festgelegt werden. Effiziente Public Relations erfordert von der Hochschule eine mittel- bis langfristige Orientierung der Inhalte und Maßnahmen.

6.2.2.3 Positionierungsentscheidung als Basis für Gestaltung der Public Relations der Hochschule

Die strategisch-kommunikative Positionierung der Hochschule zählt zu den Erfolgsfaktoren, da diese die zukünftige Stellung der Institution im Vergleich zu den Wettbewerbern im Bildungssektor bestimmt. Die Definition der Positionierung muss sich an den gesellschaftlichen Entwicklungen sowie den internen und externen Rahmenbedingungen orientieren und stellt das Leitbild dar, wie sich die Hochschule gegenüber den relevanten Teilöffentlichkeiten positionieren will. Diese gibt den Rahmen vor, an den sich alle Kommunikationsaktivitäten der Organisation orientieren müssen.

Die Aufgabe der Positionierung besteht darin, mit definierten Leistungseigenschaften sowohl eine herausragende Stellung in der Psyche der Kunden- und Anspruchsgruppen als auch eine hinreichende Differenzierungsfähigkeit gegenüber den Leistungsangeboten der Mitbewerber zu erzielen.[662] Die Definition der Positionierung bildet die Basis der PR-Strategie.[663]

Mit der strategisch-kommunikativen Positionierung muss das Ziel verfolgt werden, durch eine aktive und zielorientierte Anwendung der Marketing-Mix-Instrumente, speziell des Public Relations, die Hochschule derart im Bewusstsein der Ziel- und Anspruchsgruppen

---

662 Vgl. Meffert, H./ Burmann, C. (2002), S. 78; Meffert, H. (1992), S. 131

663 Vgl. Langner, T./ Esch, F.-R. (2004), S. 111

zu verankern, dass diese attraktiv ist und sich ebenso möglichst stark von den Mitbewerbern abhebt. Schlussendlich soll die Positionierung im Rahmen des Hochschulmarketings einen Beitrag liefern, welcher ermöglicht, dass die Leistungsangebote einer Hochschule den Angeboten des Wettbewerbs bevorzugt werden.[664]

6.2.2.4 Öffentlichkeitsarbeit muss sich an den Bedürfnissen der Ziel- und Anspruchsgruppen orientieren

Auf der Grundlage der Segmentierung der Teilöffentlichkeiten sind die wichtigen Ziel- und Anspruchsgruppen der Hochschule zu identifizieren und gezielt anzusprechen. Hochschul-PR ist nur sinnvoll und zielführend, wenn diese sich auf bestimmte interne und externe Zielgruppen bezieht. Bei der Bestimmung und Beschreibung der Zielgruppen ist darauf zu achten, dass diese genau abgrenzbar sind, um eine zielgerichtete PR-Arbeit der Hochschule zu ermöglichen. Einen bedeutenden Ansatzpunkt stellt die Ansprache von Multiplikatoren und Meinungsführern dar.

6.2.2.5 PR-Instrumentaleinsatz muss mit den Ressourcen und Kommunikationsbedingungen abgestimmt werden

Für die Realisierung der PR-Strategie stehen der Hochschule zahlreiche Instrumente zur Verfügung, welche je nach Zielsetzung mit unterschiedlicher Gewichtung und Intensität aufeinander abgestimmt einzusetzen sind. Hierbei sind müssen die strategischen Entscheidungen über die Relevanz, Rangfolge und Bedeutung der PR-Instrumente getroffen werden. Die verscheiden PR-Maßnahmen müssen sich inhaltlich an der Positionierung der Hochschule orientieren.

Die Hochschul-PR benötigt um erfolgreich zu sein, eine klare Zuordnung von Aufgaben und Funktionen der einzelnen PR-Instrumente. Dazu ist es notwendig, die Bedeutung und Wirkung der einzelnen PR-Instrumente in Hinblick auf die gesamte Öffentlichkeitsarbeit der Hochschule zu analysieren.

---

[664] Vgl. Headrich, G./ Tomczak, T. (1996), S. 136f.; Kroeber-Riel, W./ Esch, F.-R. (2000), S. 47; Esch, F.-R. (2001), S. 235f.; Langner, T./ Esch, F.-R. (2004), S. 111

6.2.2.6 Interne Öffentlichkeitsarbeit darf nicht vernachlässigt werden

Die Mitglieder der Hochschule stellen eine strategische Ressource zur Gestaltung des Images und Profils nach innen und sind nach außen Botschafter und Multiplikatoren der Hochschulkommunikation. Zudem führen die Mitarbeiter einer Hochschule auch eine indirekte Multiplikatorenrolle aus,[665] wenn zufriedene Angehörige der Zielgruppen bereit sind, ihre guten Erfahrungen im Umgang mit den Hochschulmitarbeitern anderen mitzuteilen. Demzufolge profitiert die Hochschule von der positiven Mund-zu-Mund-Propaganda. Studien zufolge teilen sich zufriedene Mitglieder der Zielgruppen an 3 weitere Personen mit, während unzufriedene Mitglieder ihre Verstimmung an 9 bis 10 Personen, 13 % von ihnen sogar mehr als 20 Personen kommunizieren.[666]

In der Hochschulpraxis ist oftmals eine vernachlässigte Behandlung der internen Public Relation anzutreffenden. Vor dem Hintergrund der herausragenden Rolle der Mitglieder der Hochschule, wird es zukünftig unabdingbar sein, auch das Instrument der internen Öffentlichkeitsarbeit stärker einzusetzen. Mitarbeiterinformation und Mitarbeiterkommunikation müssen aufgrund der Bedeutung der Mitglieder für den Erfolg und Reputation der Hochschule mehr Priorität innerhalb der Gesamtkommunikation erhalten. Demzufolge sollten Hochschulen dem Instrumentarium der internen Public Relations besondere Aufmerksamkeit widmen.

6.2.2.7 Erfolgsmessung ist wichtiger Bestandteil der PR-Arbeit

Die Wichtigkeit der Erfolgsmessung für die PR-Arbeit der Hochschule spiegelt sich sehr deutlich in dem Zitat von BIEL wider: „Management ohne Messung ist wie ein Dartwurf eines Blinden: Einige der Darts können die Zielscheibe treffen, aber ohne Feedback ist die Wiederholung des Erfolges reiner Zufall.“[667]

Der Kontrolle der Zielerreichung und Effizienz der Öffentlichkeitsarbeit wird bis heute in der Hochschulpraxis eine geringe Bedeutung zugemessen. In einer Studie von BÜHLER, NADERER, KOCH und SCHUSTER aus dem Jahr 2007 evaluieren rund drei Viertel der

[665] Vgl. Chernatony, L./ Harris, F.J. (2000), S. 269; Frigge, C./ Houben, A. (2002), S. 30, Joachimsthaler, E. (2002), S. 29
[666] Vgl. Schütze, R. (1992), S. 14; Tomczak, T./ Dittrich, S. (1996), S. 16
[667] Biel, A.L. (2001), S. 84

befragten PR-Verantwortlichen der Hochschulen den Erfolg oder Misserfolg ihrer PR-Arbeit nicht.[668]

Der Einfluss von Public Relations für die Hochschule ist meist nicht unmittelbar ersichtlich und der Nutzen im Einzelfall nicht monetär messbar. Aus ökonomischer Sicht werden eher die Defizite als die Erfolge spürbar. PR-Arbeit kann meist keine kurzfristigen Erfolge vorweisen, sondern ist Bestandteil einer mittel- bis langfristigen Zukunftssicherung der Hochschule unter verschärften Wettbewerbsbedingungen.

Unerlässliche Bedingung für die Effektivität und Effizienz von Hochschul-PR ist, dass die Öffentlichkeitsarbeit strategisch geplant und angesichts des dynamischen Hochschulumfeldes ständig überprüft und gegebenenfalls revidiert, im Gegensatz jedoch operativ, kontinuierlich und klar umgesetzt wird.[669]

6.2.2.8 PR-Aktivitäten müssen im Rahmen der integrierten Kommunikation mit anderen Kommunikationsaktivitäten abgestimmt werden

Durch die zunehmende Informationsüberlastung, eine dynamische Entwicklung der Medienmärkte sowie ein abnehmendes Interesse an den klassischen Kommunikationsinstrumenten wird es immer schwieriger, Zielgruppen in effizienter und effektiver Weise zu erreichen. Der Kompetenzaufbau für eine systematische, integrierte Kommunikation wird somit zu einer zentralen Aufgabe der Hochschul-PR und des gesamten Hochschulmarketing. Eine Abstimmung interner und externer kommunikativer Maßnahmen in formaler, inhaltlicher und zeitlicher Hinsicht stellt hierbei die Grundlage für eine erfolgreiche Öffentlichkeitsarbeit der Hochschule dar.[670]

Unter integrierter Kommunikation wird eine vorrangige Strategie verstanden, mit der die verfolgten kommunikativen Zielsetzungen durch Abstimmung und Vernetzung aller Kommunikationsinstrumente erreicht werden sollen.[671] Die wesentlichen Vorteile aufein-

[668] Vgl. Bühler, H./ Naderer, G./ Koch, R./ Schuster, C. (2007), S. 119
[669] Vgl. Sühling, V. (1996), S. 216
[670] Vgl. Bruhn, M. (2003), V.
[671] Vgl. Berndt, R. (1995), S. 436; Bruhn, M. (1995), S. 13

ander abgestimmter Kommunikationsinstrumente im Rahmen der PR-Arbeit lassen sich wie folgt zusammenfassen:[672]

- Nutzung von Synergieeffekten und die Chance auf Kosteneinsparungen,
- stärkere Profilierung der Hochschule und seiner Leistungen,
- stärkere Differenzierung gegenüber der Konkurrenz,
- keine Irritation der Zielgruppen durch widersprüchliche Kommunikation,
- aktive Begegnung der Informationsüberlastung,
- Schaffung neuer Identifizierungspotentiale bei den Hochschulmitgliedern.

Der Prozess der integrierten Kommunikation im Rahmen der Öffentlichkeitsarbeit betrifft alle Mitarbeiter auf den verschiedenen Hierarchie- bzw. Funktionsebenen in der Hochschule. Die integrierte Kommunikation muss in diesem Zusammenhang konkretisiert und ausgestaltet werden, dass diese in der praktischen PR-Arbeit der Hochschule eingesetzt werden kann. Eine konsequente Implementierung und Realisation der integrierten Kommunikation führt ihrerseits zu erheblichen Prozess- und Organisationsveränderungen.

Mit der Entwicklung eines Rahmenkonzeptes, welches auf den Grundlagen der Public Relations aufsetzt, ist ein gemeinsamer Bezugsrahmen für die Hochschul-PR entstanden. Die formulierten Handlungsempfehlungen der Öffentlichkeitsarbeit für Hochschulen sollen das Vorgehen beim Einsatz von interner und externer Public Relations erleichtern und bei der Professionalisierung helfen.

Als Fazit kann festgehalten werden, dass die erläuterten Anforderungen nur durch eine auf die jeweilige Hochschule zugeschnittene PR-Konzeption erfolgreich realisiert werden kann. Die Handlungsempfehlungen sind lediglich als Rahmenbedingungen für den Einsatz von Public Relations zu verstehen.

---

672 Vgl. Berndt, R. (1995), S. 451

7 Schlussbetrachtung

7.1 Zusammenfassung

Mit der vorliegenden Arbeit wird eine Thematik in den Fokus der Betrachtung gestellt, die trotz ihrer Bedeutung in der wissenschaftlichen Literatur bisher nur unzureichend für den Bereich der Hochschulen behandelt wurde. Aus der Sicht der einzelnen Hochschulen, die sich zunehmenden Erwartungen und Ansprüchen der Öffentlichkeit gegenüber sehen, existieren kaum theoretische und empirisch fundierte Handlungsanweisungen, die dem Management der Hochschulkommunikation hinreichend Beachtung schenken. Das zentrale Anliegen der Arbeit ist, das Konzept der Public Relations auf den Hochschulbereich zu übertragen und konkrete Möglichkeiten für die Umsetzung in die hochschulspezifische Praxis aufzuzeigen.

Auf der Erkenntnis aufbauend, dass sich die Hochschulen heute immer mehr mit Fragen der Vermittlung von Informationen auseinanderzusetzen haben, die nicht unmittelbar mit ihren Aufgabengebieten zu tun haben. Die Überlegungen zu Public Relations müssen von der Rolle der Kommunikation, speziell der Öffentlichkeitsarbeit, in Hochschulen ausgehen. Hierfür sind die internen und externen Rahmenbedingungen der Hochschulumwelt zu betrachten, um Ansatzpunkte für die Notwendigkeit und den Einsatz von PR-Aktivitäten offen zu legen. Parallel hierzu sind die Grundlagen der Public Relations ausführlich zu erörtern, um dem umfangreichen Themenbereich eine theoretische Basis zu geben und diesen systematischer einordnen zu können.

Zur Untersuchung der PR-bezogenen Aufgabenkomplexe wird ein betriebswirtschaftlicher, in der PR-Wissenschaft allgemein anerkannter, aus vier Phasen bestehender Prozess zugrunde gelegt, der eine Handhabung der hochschulspezifischen PR-Probleme aus strategischer Sicht ermöglicht. Für die Konzeption der Kommunikation in Hochschulen wird letztendlich ein Rahmenkonzept entwickelt, um einer Hochschule Handlungsempfehlungen zu geben. Es zeigt sich, dass das Rahmenkonzept lediglich eine grobe Orientierungsrichtung vorgeben kann. Im Rahmen der PR-Konzeption werden Ansätze für einen Entwurf der Hochschul-PR erarbeitet, die es der Hochschule ermöglicht, ein Verständnis für die Bedeutung der Öffentlichkeitsarbeit zu erlangen und entsprechende PR-Maßnahmen zu ihrer Handhabung zu definieren sowie weiterzuentwickeln. Es wird die

Aufgabe der Wissenschaft sein, sich das Instrumentarium der Public Relations im Hochschulsektor noch weiter zu erschließen und neue Kommunikationsinstrumente anzupassen bzw. zu entwickeln.

Die Untersuchung im entsprechend vorgegebenen Rahmen der Arbeit zeigt, dass die Instrumente der Public Relations äußerst vielseitig sind, der Einsatz in Hochschulen jedoch von Umfeldfaktoren und situativen Einflussfaktoren abhängig ist. Die aufgezeigte Vorgehensweise zielt hauptsächlich darauf ab, ein allgemeingültiges und vom Hochschultyp unabhängiges Konzept zur Systematisierung der Hochschule für ihre PR-Arbeit an die Hand zu geben. Damit soll nicht nur eine kurzfristige, an Einzelmaßnahmen orientierte, sondern eine mittel- bis langfristige sowie integrierte Public Relations-Arbeit als Bestandteil der Hochschulstrategie ermöglicht werden. Die Untersuchung ist mit den vorgestellten Prinzipien, Handlungsvorschlägen und Beispielen vor allem auf die praktische Durchsetzung der Public Relations in Hochschulen ausgerichtet.

7.2 Ausblick

In einer Zeit, wo die gesellschaftliche Akzeptanz für den Erfolg der Hochschule immer mehr an Bedeutung gewinnt, erhält die Öffentlichkeitsarbeit eine völlig neue und entscheidende Kraft, die über das Verständnis der klassischen Kommunikationspolitik hinausgeht. Hochschulen sehen sich heute mehr als je zuvor motiviert, das gesellschaftliche Umfeld in ihr Verhalten einzubeziehen. Im Fokus der neuen Herausforderung für Public Relations steht der aktive Dialog nach innen mit den Hochschulmitgliedern und nach außen mit einem wesentlich erweiterten Feld an Ziel- und Anspruchsgruppen.

Kommunikation hat sich mittlerweile in verschiedensten Branchen und auf vielen Märkten zu einem Schlüsselbereich entwickelt. Der Trend zur Informationsgesellschaft und zur Verbreitung und Nutzung von Informations- und Kommunikationstechnologien wird auf den Hochschulsektor in der Zukunft erhebliche Auswirkungen haben. Verschiedenartige und grundlegende Einflüsse sind von der Weiterentwicklung und Diffusion neuer Medien insbesondere auf der Ebene der Angebote von Studien- und Forschungsleistungen der Hochschulen zu erwarten. Die interaktiven Medien revolutionieren nicht nur die Wege zu den Zielgruppen, sondern vor allem auch die Kommunikation mit den Zielgruppen.

Der Erfolg von Kommunikationsaktivitäten wird in Zukunft aber auch von der Fähigkeit der Hochschule abhängen, die Gesamtheit seiner Kommunikationsmaßnahmen zu einem integrierten Kommunikationskonzept zusammenzufügen. Denn integrierte Konzepte bilden die notwendige Voraussetzung dafür, dass eine Hochschule seine Position glaubwürdig nach innen und nach außen vertreten kann.

Die Public Relations an Hochschulen steht vor immer komplexeren Aufgaben. Das ist vor allem auf eine stärkere Profilierung der einzelnen Hochschulen und eines nie gekannten Wettbewerbs um Stellen und Mittel, um wissenschaftliche Reputation und öffentliche Anerkennung zurückzuführen. Die Hochschulen in Deutschland stehen im Wandel. Insbesondere neue Aufgaben, wie beispielsweise Internationalisierung, Alumni-Arbeit und Networking, Drittmittelakquise sowie Werbung um die besten Studierenden und Lehrkräfte stellen diese vor großen Herausforderungen. In diesen Zeiten wird es für die Hochschulen immer dringlicher, sich den Forderungen nach einem professionellen Kommunikationsmanagement zu stellen. Systematische PR-Arbeit ist in der Hochschulpraxis heute aktueller und wichtiger denn je.

Zusammenfassend ist festzuhalten, dass die Bedeutung der Public Relations im Hochschulsektor erheblich gestiegen ist und das Kommunikationsmanagement in Zukunft an Wichtigkeit gewinnen wird. Eine Basis hierfür zu schaffen, ist Anspruch und Ziel dieser Arbeit. Aufbauend auf die gewonnenen Erkenntnisse ergibt sich aber auch gleichzeitig ein Ausgangspunkt für weitere wissenschaftliche Arbeiten.

Anhang

Anhang A – Anzahl der staatlichen Hochschulen in Deutschland

Anzahl der staatlichen Hochschulen (Stand: 22.02.2008) Bundesland	Universität oder Hochschule mit Promotionsrecht	Fachhochschule oder Hochschule ohne Promotionsrecht	Kunst- und Musikhochschule	Summe
Baden-Württemberg	15	19	8	42
Bayern	10	17	6	33
Berlin	3	5	4	12
Brandenburg	3	5	1	9
Bremen	1	2	1	4
Hamburg	4	1	2	7
Hessen	5	5	3	13
Mecklenburg-Vorpommern	2	3	1	6
Niedersachsen	11	5	2	18
Nordrhein-Westfalen	14	12	7	33
Rheinland-Pfalz	5	7	0	12
Saarland	1	1	2	4
Sachsen	5	5	5	15
Sachsen-Anhalt	2	4	1	7
Schleswig-Holstein	3	4	2	9
Thüringen	4	4	1	9
Gesamt	88	99	46	233

Anhang B – Anzahl der privaten Hochschulen in Deutschland

Anzahl der privaten Hochschulen (Stand: 22.02.2008) / Bundesland	Universität oder Hochschule mit Promotionsrecht	Fachhochschule oder Hochschule ohne Promotionsrecht	Kunst- und Musikhochschule	Summe
Baden-Württemberg	0	15	0	15
Bayern	0	4	0	4
Berlin	2	5	0	7
Brandenburg	0	1	0	1
Bremen	1	1	0	2
Hamburg	1	5	0	6
Hessen	2	5	0	7
Mecklenburg-Vorpommern	0	2	0	2
Niedersachsen	0	5	0	5
Nordrhein-Westfalen	1	11	1	13
Rheinland-Pfalz	1	1	0	2
Saarland	0	0	0	0
Sachsen	1	3	0	4
Sachsen-Anhalt	0	3	0	3
Schleswig-Holstein	0	3	0	3
Thüringen	0	1	0	1
Gesamt	9	62	1	72

Literaturverzeichnis

Aberle, Gerd (1992): Wettbewerbstheorie und Wettbewerbspolitik., 2. überarbeitet Aufl., Stuttgart u.a. 1992

Alewell, K. (1977): Marketing-Management für Universitäten. Umweltbezogene Führung von Universitäten., in: Zeitschrift für Organisation., Nr. 5, S. 263 – 274

Anders, W. (1983): Kommunikationstechnik und Organisation – Perspektiven für die Entwicklung der organisatorischen Kommunikation., München, 1983

Arndt, H.-W. (2006): Marketing als Kernelement der Internationalisierung. Partnerschaft mit führenden Universitäten in der Welt., in: Zeitschrift Hochschulmarketing, Bielefeld, 2006, S. 34 – 37

Apitz, K. (1982): Die Arbeit von PR-Agenturen., in: Haedrich, G./ Barthenheier, G./ Kleinert, H. (Hrsg.): Öffentlichkeitsarbeit – Dialog zwischen Institutionen und Gesellschaft. Ein Handbuch., Berlin und New York, 1982, S. 143 – 148

Apitz, K. (1987): Konflikte, Krisen, Katastrophen – Präventivmaßnahmen gegen Imageverlust., Frankfurt/ M. und Wiesbaden, 1987

Armbrecht, W. (1992): Innerbetriebliche Public Relations – Grundlagen eines situativen Gestaltungskonzeptes., Opladen, 1992

Avenarius, H. (1995): Public Relations – Die Grundform der gesellschaftlichen Kommunikation., Darmstadt, 1995

Avenarius, H. (2000): Public Relations – Die Grundform der gesellschaftlichen Kommunikation., 2. Aufl., Darmstadt, 2000

Backhaus, K. (1997): Industriegütermarketing., 5. Aufl., München, 1997

Baerns, B. (1995): PR-Erfolgskontrolle: Messen und Bewerten in der Öffentlichkeitsarbeit. Verfahren, Strategien, Beispiele., Frankfurt/ M., 1995

Balfanz, D (1983): Öffentlichkeitsarbeit öffentlicher Betriebe., Regensburg, 1983

Barthenheier, G. (1982): Zur Notwendigkeit von Öffentlichkeitsarbeit – Ansätze und Elemente zu einer allgemeinen Theorie der Öffentlichkeitsarbeit., in: Haedrich, G./ Barthenheier, G./ Klemert, H. (Hrsg.): Öffentlichkeitsarbeit – Dialog zwischen Institutionen und Gesellschaft. Ein Handbuch, Berlin, New York, 1982, S. 15 – 26

Baskin, O./ Aronoff, C.E. (1992): Public Relations – The Profession and the Practice., 3rd Edition, Dubuque and Iowa, 1992

Bea, F.X./ Haas, J. (1997): Strategisches Management., 2. neu bearbeitete Aufl., Stuttgart, 1997

Beger, R./ Gärtner, H.-D./ Mathes, R. (1989): Unternehmenskommunikation – Grundlagen, Strategien, Instrumente., Wiesbaden und Frankfurt/ M., 1989

Bentele, G. (1992): Ethik der Public Relations als wissenschaftliche Herausforderung., in: prmagazin, 23. Jg. (1992), Nr. 5, S. 37 – 43

Berekoven, L. (1995): Erfolgreiches Einzelhandelsmarketing – Grundlagen und Entscheidungshilfen., 2. überarbeitete Aufl., München, 1995

Bernays, E.L. (1929): Crystallizing public opinion., New York, 1929

Bernays, E.L. (1952): Public Relations., Norman/Oklahoma, 1952

Berndt, R. (1993): Kommunikationspolitik im Rahmen des Marketing., in: Berndt, R./ Hermanns, A. (Hrsg.): Handbuch Marketing-Kommunikation – Strategien, Instrumente, Perspektiven., Wiesbaden, 1993, S. 3 – 18

Berndt, R. (1995a): Marketing: 2. Marketing-Politik., vollständig überarbeitete und erweiterte Aufl., Berlin u.a., 1995

Berndt, R. (1995b): Marketing: 3. Marketing-Management., 2. verbesserte und erweiterte Aufl., Berlin u.a., 1995

Berndt, R./ Fantapié Altobelli, C./ Sander, M. (1999): Internationales Marketing-Management., 3. überarbeitete und erweiterte Aufl., Berlin u.a., 1999

Berndt, R./ Hermanns, A. (1993): Perspektiven der Marketing-Kommunikation., in: Berndt, R./Hermanns, A. (Hrsg.): Handbuch Marketing-Kommunikation – Strategien, Instrumente, Perspektiven., Wiesbaden, 1993, S. 1031 – 1040

Bernecker, M. (2007): Bildungsmarketing., 3. überarbeitet und erweiterte Aufl., Köln, 2007

Besson, N.A. (2004a): Strategische PR-Evaluation. Systematische Erfassung, Bewertung und Kontrolle von Öffentlichkeitsarbeit., in: PR Magazin, 35. Jg., Nr. 9, 2004, S. 45-52

Besson, N.A. (2004b): Strategische PR-Evaluation. Erfassung, Bewertung und Kontrolle von Öffentlichkeitsarbeit., 2. durchgesehene Auflage, Wiesbaden, 2004

Beyer, Christiane (1991): Hochschul-Marketing. Einige Anmerkungen und Überlegungen zur Wechselbeziehung Universität – Gesellschaft., in: Universität Lüneburg, Heft 9, 1991

Biel, A.L. (2001): Grundlagen zum Markenwertaufbau., in: Esch, F.-R. (Hrsg.): Moderne Markenführung., 3. Aufl., Wiesbaden, 2001, S. 61 – 90

Bimboese, B. (1990): Financial und Investor Relations als Instrumente der Öffentlichkeitsarbeit., in: Handelsblatt, Nr. 99, 23.5.1990, Beilage Public Relations, S. B 5

Binder, E. (1983): Die Entstehung unternehmerischer Public Relations in der Bundesrepublik Deutschland., Diss., Münster, 1983

Bläse, D. (1982): Methodischer Rahmen für Planung, Durchführung und Kontrolle von Öffentlichkeitsarbeit., in: Haedrich, G./ Barthenheier, G./ Kleinert, H. (Hrsg.): Öffentlichkeitsarbeit zwischen Institutionen und Gesellschaft., Berlin und New York, 1982, S. 187 – 199

Bleicher, K. (1991): Das Konzept Integriertes Management, Frankfurt/M. und New York, 1991

Bode, C. (2006): Internationales Hochschulmarketing in Deutschland. Konzepte, Ergebnisse und Perspektiven., in: Zeitschrift Hochschulmarketing., Bielefeld, 2006, S. 16 – 28

Bogner, F.M. (1990): Das neue PR-Denken – Strategien, Konzepte, Maßnahmen. Fallbeispiele effizienter Öffentlichkeitsarbeit., Wien, 1990

Böhler, H./ Scigliano, D. (2005): Marketing-Management., Stuttgart, 2005

Botan, C.H. (1989): Theory Development in Public Relations, in: Botan, C.H./ Hazleton, V. (Ed.): Public Relations Theory., Hillsdale, 1989, S. 99 – 110

Botan, C.H./ Hazleton, V. (1989): Public Relations Theory., Hillsdale, 1989

Braatz, K. (1990): Was ist eigentlich PR?, in: !Forbes., Nr. 11, S. 161 – 168

Broom, G./ Dozier D.M. (1990): Using Research in Public Relations., Englewood Cliffs, 1990

Brosius, H.-B. (1994): Agenda-Setting nach einem Vierteljahrhundert Forschung: Methodischer und theoretischer Stillstand?, in: Publizistik, 39. Jg. (1994), H. 3, S. 269 – 288

Bruhn, M. (1993): Integrierte Kommunikation als Unternehmensaufgabe und Gestaltungsprozess., in: Bruhn, M./ Dahlhoff, H.D. (Hrsg.): Effizientes Kommunikationsmanagement – Konzepte, Beispiele und Erfahrungen aus der integrierten Unternehmenskommunikation., Stuttgart, 1993, S. 1 – 33

Bruhn, M. (1995a): Integrierte Unternehmenskommunikation – Ansatzpunkte für eine strategische und operative Umsetzung integrierter Kommunikationsarbeit., 2. überarbeitete und erweiterte Auflage, Stuttgart, 1995

Bruhn, M. (1995b): Die Rolle der Nicht-Klassiker in der integrierten Unternehmenskommunikation., in: Tomczah, T./ Müller, F./ Müller, R. (Hrsg.): Die Nicht-Klassiker der Unternehmenskommuniktion., Thexis Fachbuch Marketing, St. Gallen, 1995, S. 28 – 48

Bruhn, M. (2003): Kommunikationspolitik: systematischer Einsatz der Kommunikation für Unternehmen., 2. völlig überarbeitete Aufl., München, 2003

Bruhn, M. (2005): Unternehmens- und Marketingkommunikation – Handbuch für ein integriertes Kommunikationsmanagement., München, 2005

Bruhn, M. (2006): Integrierte Kommunikation. in: Schmid, B.F./ Lyczek, B. (Hrsg.): Unternehmenskommunikation. Kommunikationsmanagement aus Sicht der Unternehmensführung., Wiesbaden, 2006, S. 489 – 532

Bruhn, M./ Dahlhoff, H.D. (1993): Effizientes Kommunikationsmanagement – Konzepte, Beispiele und Erfahrungen aus der integrierten Unternehmenskommunikation., Stuttgart, 1993

Bruhn, M./ Zimmermann, A. (1993): Integrierte Kommunikationsarbeit in deutschen Unternehmen – Ergebnisse einer Unternehmensbefragung., Arbeitspapier Nr. 12, Schloss Reichartshausen/ Rheingau, 1993

Brüser, R. (2006): Perspektiven des Hochschulmarketing: eine theoretische und empirische Bestandsaufnahme., Saarbrücken, 2006

Bühler, H. (1999): Hochschul-Sponsoring. Neue Wege in der PR., in: PR-Magazin., Nr. 5, S. 35 – 40

Bühler, H./ Naderer, G./ Koch, R./ Schuster, C. (2007): Hochschul-PR in Deutschland. Ziele, Strategien und Perspektiven., 1. Aufl., 2007

Burkart, R./ Hömberg, W. (1992): Kommunikationstheorien – Ein Textbuch zur Einführung., Wien, 1992

Burmann, C. (2002): Erfolgskontrolle im Eventmanagement., in: Hosang, M. (Hrsg.): Event & Marketing: Konzepte – Beispiele – Trends., Frankfurt/M., 2002, S. 93 – 123

Chase, W.H. (1977): Public Issue Management: The New Science., in: Public Relations Journal, Vol. 33 (1977), No. 10, S. 25 – 26

Chernatony, L./ Harris, F.J. (2000): Developing corporate brands through considering internal and external stakeholders., in: Corporate Reputation Review, Vol. 3, No. 3, S. 268 – 274

Christen, T. (2002): Kundenevents im Marketing für komplexe Leistungen., Dissertation, Universität St. Gallen, 2002

Crable, R.E./ Vibbert, S.L. (1986): Public Relations as Communication Management., Edina, 1986

Cutlip, S.M./ Center, A.H./ Broom, G.M. (1994): Effective Public Relations., 7th Edition, Englewood Cliffs/NJ, 1994

Dahlhoff, H.D. (1983): Management und Anwendung integrierter Kommunikation., in: Bruhn, M./ Dahlhoff, H.D. (Hrsg.): Effizientes Kommunikationsmanagement – Konzepte, Beispiele und Erfahrungen aus der integrierten Unternehmenskommunikation., Stuttgart, 1993, S. 35 – 65

Demuth, A. (1987): Image und Wirkung – Corporate Communications: Erfolg durch strategische Unternehmenskommunikation., GWP – Schriftenreihe Band 2, Düsseldorf, 1987

Deutsche Public Relations Gesellschaft e.V. (1991): Public Relations – Das Berufsbild Öffentlichkeitsarbeit., Bonn, 1991

Diekmann, A. (2001): Empirische Sozialforschung. Grundlagen, Methoden, Anwendungen., 7. Auflage, Rowohlt, 2001

Domizlaff, H. (1951): Die Gewinnung des öffentlichen Vertrauens: ein Lehrbuch der Markentechnik., 2. Auflage, Hamburg, 1951

Dorer, J. (1994): Public Relations-Forschung im Wandel?, in: Publizistik, 39. Jg. (1994), H. 1, S. 13 – 26

Dorer, J./ Lojka, K. (1991): Öffentlichkeitsarbeit – Theoretische Ansätze, empirische Befunde und Berufspraxis der Public Relations., Wien, 1991

Drenger, J. (2006): Imagewirkungen von Eventmarketing. Entwicklungen eines ganzheitlichen Messansatzes., 2. aktualisierte Aufl., Wiesbaden, 2006

Drenger, J. (2007): State of the Art der Wirkungs- und Erfolgsforschung im Eventmarketing., in: Nickel, O. (Hrsg.): Eventmarketing. Grundlagen und Erfolgsbeispiele., 2. vollständig überarbeitete Aufl., München, 2007, S. 135 – 147

Dyllick, T. (1992): Management der Umweltbeziehungen – Öffentliche Auseinandersetzungen als Herausforderung., Wiesbaden, 1992

Eggert, U. (1995): Ariadnefaden im Trendlabyrinth., in: absatzwirtschaft, 38. Jg. (1995), Nr. 5., S. 48 – 59

Ehlers, R. (1983): Themenstrukturierung durch Massenmedien: Zum Stand der empirischen Agenda-Setting-Forschung., in: Publizistik, 28. Jg. (1983), H. 2, S. 167 – 186

Esch, F.-R. (1992): Integrierte Kommunikation – ein verhaltenswissenschaftlicher Ansatz., in: Thexis, 6. Jg. (1992), Nr. 6, S. 32 – 40

Esch, F.-R. (1998): Markenwert und Events., in: Nickel, O. (Hrsg.): Eventmarketing. Grundlagen und Erfolgsbeispiele., 1. Aufl., München, 1998, S. 91 – 106

Escher, H. (2001): Public Relations für wissenschaftliche Hochschulen. Systemtheoretische Grundlegung und exemplarische Modellierung im Wettbewerbsumfeld., München und Mering, 2001

Etzioni, A. (1975): Die aktive Gesellschaft – Eine Theorie gesellschaftlicher und politischer Prozesse., Opladen, 1975

Ewing, R.P. (1979): The Uses of Futurist Techniques in Issues Management., in: Public Relations Quarterly, Vol. 24. (1979), No. 4, S. 15 – 18

Faulstich, W. (1992): Grundwissen Öffentlichkeitsarbeit – Kritische Einführung in die Problemfelder der Public Relations., Bardowick, 1992

Femers, S./ Klewes, J. (1995): Medienresonanzanalysen als Evaluationsinstrument der Öffentlichkeitsarbeit., in: Baerns, B. (Hrsg.): PR-Erfolgskontrolle: Messen und Bewerten in der Öffentlichkeitsarbeit: Verfahren, Strategien, Beispiele., Frankfurt/ M., 1995

Foster, J. (1990): Working Together. How companlesare integrating their corporate communications., in: Public Relations Journal, Vol. 46 (1990), No. 9, S. 18 – 19

Framheim-Peisert, G. (1983): Alte und neue Universitäten. Einzugsbereiche und Ortswahl der Studenten, Motive und Verhalten., Bad Honnef, 1983

Freitag, C./ Hellstern, G.-M. (1997): Abschied von der Öffentlichkeitsarbeit? – Präsentation der ersten Ergebnisse einer bundesweiten Erhebung zum Hochschulmarketing., in: Hellstern, G.-M. (Hrsg.): Von der Öffentlichkeitsarbeit zum Hochschulmarketing?, Kassel, 1997

Friedrich, H.R. (2001): Hochschulen im Wandel – Hochschulen im Wort. Vorträge der Jahre 1998 – 2000., Wiesbaden, 2001

Friedrich, W.B. (1979): Erkenntnisse und Methoden Interner Public Relations – Praktische Ansätze in mittelständischen Unternehmen., Nürnberg, 1979

Frigge, C./ Houben, A. (2002): Mit der Corporate Brand zukunftsfähiger werden., in: Havard Business Manager, 24. Jg., Nr. 1, S. 28 – 35

Fuchs, R./ Kleindiek, H.W. (1984): Öffentlichkeitsarbeit heute., Bochum, 1984

Gerhard, J. (2004): Die Hochschulmarke: ein Konzept für deutsche Universitäten., Diss. Universität St. Gallen, Nr. 2908, Lohmar, 2004

Glotz, P. (1996): Im Kern verrottet? – Fünf vor zwölf an Deutschlands Universitäten., Stuttgart, 1996

Gross, H. (1951): Moderne Meinungspflege – Für die Praxis der Wirtschaft., Düsseldorf, 1951

Grunig, J.E. (1987): Research in the Strategic Management of Public Relations., in: International Public Relations Review, Vol. 11. (1987), No. 3, S. 28 – 32

Grunig, J.E. (1989): Sierra Club Study Shows Who Become Activists., in: Public Relations Review, Vol. XV (1989), No. 3, S. 3 – 24

Grunig, J.E. (1992): Das Verhältnis von Public Relations und Marketing als Managementaufgaben, in: Thexis, 9. Jg. (1992), Nr. 6, S. 49 – 53

Grunig, J.E./ Grunig, L.A. (1989): Toward a Theory of the Public Relations Behavior of Organizations: Review of a Program of Research., in: Grunig, J.E./ Grunig, L.A. (Ed.): Public Relations Research Annual., Vol. 1, Hillsdale/ New Jersey 1989, S. 27 – 65

Grunig, J.E./ Grunig, L.A. (1992): Models of Public Relations and Communication., in: Grunig, J.E./ Dozier, D.M. et al. (Ed.): Excellence in Public Relations and Communication Management., Hillsdale/ New Jersey, 1992, S. 285 – 325

Grunig, J.E./ Hunt, T. (1984): Managing Public Relations., New York u.a., 1984

Grunig, J.E./ White, J. (1992): The Effect of Worldviews On Public Relations Theory and Practice., in: Grunig, J.E./ Dozier, D.M. et al. (Ed.): Excellence in Public Relations and Communication Management., Hillsdale/ New Jersey, 1992, S. 31 – 64

Guery, I. (2007): Bewertungsmethoden und Erfolgsfaktoren von Public Relations als Organisationsfunktion in Unternehmen und deren Einfluss auf den Unternehmenserfolg – in Theorie und Praxis., Diss., Freiburg, 2007

Haedrich, G. (1982): Öffentlichkeitsarbeit und Marketing., in: Haedrich, G./ Barthenheier, G./ Kleinert, H. (Hrsg.): Öffentlichkeitsarbeit – Dialog zwischen Institutionen und Gesellschaft. Ein Handbuch., Berlin und New York, 1982, S. 67 – 75

Haedrich, G. (1987): Zum Verhältnis von Marketing und Public Relations., in: Marketing ZFP, H. 1, 1987, S. 25 – 31

Haedrich, G. (1992): Public Relations im System des Strategischen Managements., in: Avenarius, H./ Armbrecht, W. (Hrsg.): Ist Public Relations eine Wissenschaft? Eine Einführung., Opladen, 1992, S. 257 – 278

Haedrich, G./ Barthenheier, G./ Kleinert, H. (1982): Öffentlichkeitsarbeit – Dialog zwischen Institutionen und Gesellschaft. Ein Handbuch., Berlin und New York, 1982

Haedrich, G./ Kreilkamp, E. (1983): Zur Situation der Öffentlichkeitsarbeit in deutschen Unternehmen., in: DBW, 43. Jg., Nr. 3, S. 431 – 443

Headrich, G./ Tomczak, T. (1990): Strategische Markenführung. Planung und Realisierung von Marketingstrategien für eingeführte Produkte., 2. Auflage, Bern u.a. 1990

Hansen, U. (1990): Absatz- und Beschaffungsmarketing des Einzelhandels. Eine Aktions-analyse., 2. neu bearbeitete und erweiterte Aufl., Göttingen, 1990

Hall, A.D./ Fagen, R.E. (1971): Definition des Systems., in: Tjaden, K.H. (Hrsg.): Soziale Systeme. Materialien zur Dokumentation und Kritik soziologischer Ideologie, Neuwied und Berlin, 1971, S. 94 – 106

Hansen, U. (1990): Absatz- und Beschaffungsmarketing des Einzelhandels – Eine Aktionsanalyse., 2. neu bearbeitete und erweiterte Auflage, Göttingen, 1990

Harlow, R.F. (1976): Building a Public Relations Definition., in: Public Relations Review, Vol. 2 (1976), No.4, S.34 – 42

Harpenau, J. (1991): Selbstdarstellung als Instrument im Wettbewerb zwischen Hoch-schulen: ein Beitrag aus regionalwissenschaftlicher Sicht am Beispiel der Universität Hannover., Diss., Frankfurt/ M., 1991

Hazleton, V. (1992): Toward a Systems Theory of Public Relations., in: Avenarius, H./ Armbrecht, W. (Hrsg.): Ist Public Relations eine Wissenschaft? Eine Einführung., Opladen, S. 33 – 45

Hazleton, V./ Botan, C.H. (1989): The Role of Theory in Public Relations., in: Botan, C.H./ Hazleton, V. (Ed.): Public Relations Theory., Hillsdale/ New Jersey, 1989, S. 3 – 15

Haubold, H.-J. (1968): Studentenschaft und Öffentlichkeitsarbeit der Hochschulen., in: Deutsche Universitätszeitschrift, Nr. 1, Jg. 24, S. 33

Hauser, R. (1987): Öffentlichkeitsarbeit im Krisenfall: Tauchstation., in: Capital, 1987, Nr. 5, S. 298 – 302

Heath, R.L. (1990): Corporate Issues Management: Theoretical Underpinnings and Research Foundations., in: Grunig, J.E./ Grunig L.A. (Ed.): Public Relations Research Annual., Vol. 2 , Hillsdale/ New Jersey, 1990, S. 29 – 65

Heinen, E. (1976): Grundlagen betriebswirtschaftlicher Entscheidungen. Das Zielsystem der Unternehmung., 3. durchgesehene Aufl., Wiesbaden, 1976

Herbst, D. (1998): Corporate Identity. Das professionelle 1x1., 1. Aufl., Berlin, 1998

Herrmanns, A./ Glogger, A. (1998): Management des Hochschulsponsoring., Bonn, 1998

Hermanns, A./ Suckrow, C. (1995): Wissenschafts-Sponsoring – Grundlagen, Verbreitung, Akzeptanz, Perspektiven und Management aus Sicht der Unternehmen., Bonn, 1995

Hochschulrahmengesetz (HRG): In der Fassung der Bekanntmachung vom 19. Januar 1999 (BGBI. I. S. 18), zuletzt geändert durch Artikel 1 des Gesetzes vom 27. Januar 2004 (BGBI I. S. 3835) unter Berücksichtigung der Einscheidung des Bundesverfassungsgerichts vom 26. Januar 2005 (2 BvF 1/03)

Hochschulrektorenkonferenz (1995): Zur Öffentlichkeitsarbeit der Hochschulen. Dokumente zur Hochschulreform., 102/1995, Bonn, 1995

Hofmann, M./Landmann, C. (1995): Der integrierte Kommunikationsprozess – Herausforderung zwischen Markt und Unternehmen., in: Ahrens, R./ Scherer, H./ Zerfaß, A. (Hrsg.): Integriertes Kommunikationsmanagement – Konzeptionelle Grundlagen und praktische Erfahrungen – Ein Handbuch für Öffentlichkeitsarbeit, Marketing, Personal- und Organisationsentwicklung., Frankfurt/ M., 1995, S. 101 – 135

Hopfenbeck, W./ Roth, P. (1994): Öko-Kommunikation – Wege zu einer neuen Kommunikationskultur., Landsberg/ Lech, 1994

Hundhausen, C. (1951): Werbung um öffentliches Vertrauen – Public Relations., Essen, 1951

Hundhausen, C. (1969): Public Relations – Theorie und Systematik., Berlin, 1969

Huth, R./ Pflaum, D. (1993): Werbung und Public Relations., in: Pflaum, D./ Pieper, W. (Hrsg.): Lexikon der Public Relations., 2. überarbeitete und erweiterte Auflage, Landsberg/ Lech, 1993, S.531 – 534

Inden, T. (1993): Alles Event?! Erfolg durch Erlebnismarketing., 1. Aufl., Landsberg/ Lech, 1993

Jarass, H.D. (1978): Die Freiheit der Massenmedien – Zur staatlichen Einwirkung auf Presse, Rundfunk, Film und andere Medien., Baden-Baden, 1978

Jenckel, J. (2005): Public Relations von Hochschulen im deutsch-britischen Vergleich: eine Untersuchung der Presse- und Öffentlichkeitsarbeit der Universität Passau und der University of Stirling., Diplomarbeit Universität Passau, 2005

Joachimsthaler, E. (2002): Mitarbeiter – die vergessene Zielgruppe für Markenerfolge., in: Absatzwirtschaft, 45. Jg., Nr. 11, S. 28 – 34

Julius, A. (2006): Hochschulmarketing., Bielefeld, 2006

Jung, H. (1982): Unternehmensexterne Öffentlichkeitsarbeit., in: Haedrich, G./ Barthenheier, G./ Kleinert, H. (Hrsg.): Öffentlichkeitsarbeit – Dialog zwischen Institutionen und Gesellschaft. Ein Handbuch., Berlin und New York, 1982, S. 105 – 110

Jung, H. (1994): PR als Seismograph und Kompass., in: Kalt, G. (Hrsg.): Öffentlichkeitsarbeit und Werbung – Instrumente, Strategien, Perspektiven., 5. Auflage, Frankfurt/ M., 1994, S. 27 – 39

Kalt, G. (1994): Öffentlichkeitsarbeit und Werbung – Instrumente, Strategien, Perspektiven., 5. Auflage, Frankfurt/ M., 1994

Kalmus, M. (1982): Aufgaben und Probleme der innerbetrieblichen Öffentlichkeitsarbeit., in: Haedrich, G./ Barthenheier, G./ Kleinert, H. (Hrsg.): Öffentlichkeitsarbeit – Dialog zwischen Institutionen und Gesellschaft. Ein Handbuch., Berlin und New York, 1982, S. 93 – 103

Katz, D./ Kahn, R.L. (1978): The Soda! Psychology of Organizations., 2nd Edition, New York u.a., 1978

Kiener, S. (1994): Der Konsument wird bequemer., in: Horizont, Nr. 44 (1994), S. 108 – 109

Kieser, A./Kubicek, H. (1983): Organisation., 2. neu bearbeitete und erweiterte Auflage, Berlin und New York, 1983

Kinnebrock, W. (1993): Integriertes Eventmarketing: vom Marketing-Erleben zum Erlebnismarketing., 1. Aufl., Wiesbaden, 1993

Klenk, V. (1989): Krisen-PR mit Hilfe von Krisenmodellen., in: prmagazin, 20. Jg. (1989), Nr. 2, S. 29 – 36

Klenk, V. (1991): Corporate Advertising als Instrument der gesellschaftsorientierten Public Relations., in: prmagazin., 22. Jg., Nr. 3, S. 31 – 42

Klewes. J. (1995): Die Zukunft der PR beginnt schon heute., in: Horizont, Nr. 44, S. 44

Klimke, R./ Schott, B. (1993): Die Kunst der Krisen-PR., Paderborn, 1993

Knorr, R.H. (1984): Public Relations als System-Umwelt-Interaktion., Wiesbaden, 1984

Köcher, A./ Birchmeier, E. (1992): Public Relations? Public Relations! Konzepte, Instrumente und Beispiele für erfolgreiche Unternehmenskommunikation., Zürich und Köln, 1992

König, C. (1998): Public Relations going private – Geschäftsbeziehungen im Rahmen der Öffentlichkeitsarbeit: von der (Ziel-)Gruppe zur (Einzel-)Gruppe., in: Belz, C. u.a. (Hrsg.): Management von Geschäftsbeziehungen. Konzepte – Integrierte Ansätze – Anwendungen in der Praxis., St. Gallen und Wien, 1998, S. 143 – 150

König, J. (2003): Evaluierung der Hochschul-PR der Universität Zürich., in: Evaluierung von Hochschul-PR: Kriterien und Verfahren., HRK-Beiträge zur Hochschulpolitik, Bonn, 2003, S. 49 – 53

Köhler, R. (1981): Grundprobleme der strategischen Marketingplanung., in: Geist, M.N./ Köhler, R. (Hrsg.): Die Führung des Betriebes., Festschrift zum 80. Geburtstag von C. Sandig, Stuttgart, S. 261 – 291

Köhler, R./ Böhler, H. (1984): Strategische Marketing-Planung. Kursbestimmung bei ungewisser Zukunft., in: asw, 27. Jg., Heft 3, S. 93 – 103

Kohring, M./ Matthes, J. (2001): Das Hochschul-Journal. Eine empirische Untersuchung zur Öffentlichkeitsarbeit von Hochschulen., Nr. 13, 2001

Kotler, P./ Bliemel, F. (1995): Marketing-Management – Analyse, Planung, Umsetzung und Steuerung., 8. vollständig neu bearbeitete und erweiterte Auflage, Stuttgart, 1995

Kotler, P./ Fox, K. (1995): Strategic Marketing for educational instiutions., 2nd ed., Englewood, 1995

Kotler, P./ Mindak, W. (1978): Marketing and Public Relations: Should they be partners or rivals?, in: Journal of Marketing, October 1978, S. 13 – 20

Kreikebaum, H. (1993): Strategische Unternehmensplanung., 5. Aufl., Stuttgart u.a., 1993

Krüger, W. (1984): Organisation der Unternehmung., Stuttgart u.a., 1984

Kroeber-Riel, W. (1991): Kommunikationspolitik: Forschungsgegenstand und Forschungsperspektive., in: Marketing ZFP, 13. Jg. (1991), H. 3, S. 164 – 171

Kroeber-Riel, W. (1992): Konsumentenverhalten., 5. überarbeitete und ergänzte Auflage, München, 1992

Kroeber-Riel, W. (1993): Integrierte Marketing-Kommunikation., in: Thexis, 10. Jg. (1993), Nr. 2, S. 2 – 5

Kroeber-Riel, W./ Esch, F.-R. (2000): Strategie und Technik der Werbung. Verhaltenswissenschaftliche Ansätze., 5. völlig neu bearbeitete und erweiterte Auflage, Stuttgart u.a. 2000

Kunczik, M. (1984): Kommunikation und Gesellschaft – Theorien zur Massenkommunikation., Köln und Wien, 1984

Kunczik, M. (1993): Public Relations – Konzepte und Theorien., Köln u.a., 1993

Kunczik, M./ Heintzel, A./ Zipfel, A. (1995): Krisen-PR – Unternehmensstrategien im umweltsensiblen Bereich., Köln u.a., 1995

Laeschke, B.F./ Heise, W. (1992): Public Relations in Krisenzeiten – Ein Instrumentarium strategischer Unternehmensführung auf dem Prüfstand., in: Der Betriebswirt, 1992, Nr. 1, S. 30 – 33

Lambeck, A. (1992): Die Krise bewältigen – Management und Öffentlichkeitsarbeit im Ernstfall. Ein praxisorientiertes Handbuch., Frankfurt/ M., 1992

Lang, R./ Stary, J. (1999): Fundraising für die Wissenschaft – Ein Überblick über die Instrumente und ratgebende Literatur., in: Das Hochschulwesen., Nr. 2, S. 48 – 53

Langner, T./ Esch, F.-R. (2004): Corporate Branding auf Handlungsoptionen abstimmen., in: Esch, F.-R./ Tomczak, T./ Kernstock, J./ Langner, T. (Hrsg.): Corporate Brand Management. Marken als Anker strategischer Führung von Unternehmen., Wiesbaden 2000, S. 101 – 128

Lasslop, I. (2003): Effektivität und Effizienz von Marketing-Events – Wirkungstheoretische Analyse und empirische Befunde., Wiesbaden, 2003

Laube, G.L. (1986): Betriebsgrößenspezifische Aspekte der Public Relations – Eine vergleichende theoretische und empirische Analyse der Public Relations in mittelständischen Unternehmungen und Großunternehmungen., Frankfurt/ M., Bern und New York, 1986

Leuven, J. (1991): Public Relations and Marketing: An Overview., in: Public Relations Review, Vol. 17 (1991), No. 3, S. 215 – 217

Long, L.W./ Hazleton, V. (1987): Public Relations: A Theoretical and Practical Response., in: Public Relations Review, 1 Vol. 13 (1987), No. 2, S. 3 – 13

Long, L.W./ Hazleton, V. (1993): Definition and Model of the Public Relations Process., in: Fischer, H.-D./ Wahl, U.G. (Hrsg.): Public Relations/ Öffentlichkeitsarbeit – Geschichte, Grundlagen, Grenzziehungen., Frankfurt/ M. u.a., S. 223 – 236

Lübbeke, M./Grubb, A. (1996): Unternehmenskommunikation im Internet: Das Beispiel der Mannheimer Versorgungs- und Verkehrsgesellschaft (MVV)., in: Bentele, G./ Steinmann, H./ Zerfaß, A. (Hrsg.): Dialogorientierte Unternehmenskommunikation., Berlin, S. 409 – 423

MacQuail, D./ Windahl, S. (1993): Communication Models fort he Study of Mass Communications., 2nd Edition, London, 1993

Marston, J.E. (1979): Modem Public Relations., New York u.a., 1979

Mathes, R./ Gärtner, H.-D. (1994): PR-Erfolgskontrolle durch wissenschaftliche Begleitforschung., in: Kalt, G. (Hrsg.): Öffentlichkeitsarbeit und Werbung – Instrumente, Strategien, Perspektiven., 5. Auflage, Frankfurt/ M., 1994, S. 129 – 139

Mathes, R./ Gärtner, H.-D./ Czaplicki, A. (1993): Krisenkommunikation – Teil 2: Vorsicht Bumerang-Effekt., in: prrnagazin, 24. Jg. (1993), Nr. 12, S. 33 – 36

Meffert, H. (1979): The Agenda-setting Function of Mass Media., in: The Public Opinion Quarterly, Vol. 36. (1972), No. 1, S. 176 – 187

Meffert, H. (1988): Strategische Unternehmensführung und Marketing – Beiträge zur marktorientierten Unternehmenspolitik., Wiesbaden, 1988

Meffert, H. (1989): Marketing – Grundlagen der Absatzpolitik. Mit Fallstudien., 7. überarbeitete und erweiterte Auflage, Wiesbaden, 1989

Meffert, H. (1991): Umwelt als Markt – 12 Thesen., in: absatzwirtschaft, 34. Jg. (1991), Nr. 7, S. 93 – 96

Meffert, H. (1992): Strategien zur Profilierung von Marken., in: Dichtl, E./ Eggers, W. (Hrsg.): Marken und Markenartikel als Instrumente des Wettbewerbs., München 1992, S. 129 – 156

Meffert, H./ Burmann, C. (2002): Managementkonzept der identitätsorientierten Markenführung., in: Meffert, H./ Burmann, C./ Koers, M. (Hrsg.): Markenmanagement. Grundfragen der identitätsorientierten Markenführung., Wiesbaden 2002, S. 73 – 97

Meffert, H./ Kirchgeorg, M. (1993): Marktorientiertes Umweltmanagement – Grundlagen und Fallstudien., 2. überarbeitete und erweiterte Auflage, Stuttgart, 1993

Meisert, H. (1989): Theorien, Konzepte und Organisation der deutschen Betriebspublizistik., in: prmagazin, 20. Jg. (1989), Nr. 5, S. 35 – 46

Merkle, W. (1992): Corporate Identity für Handelsbetriebe – Theoretische Grundlagen und Realisierungsansätze eines umfassenden Profilierungskonzeptes., Diss., Göttingen, 1992

Merten, K. (1999): Einführung in die Kommunikationswissenschaft., Opladen, 1999

Moeller, K.-U. (1993): Störfall-PR: Ist der Ruf erst ruiniert., in: Harvard Business Manager, 1993, Nr. 4, S. 23 – 31

Müller, B./ Kreis-Muzzulini, A. (2003): Public Relations für Kommunikations-, Marketing- und Werbeprofis., Frauenfeld und Huber, 2003

Müller, J. (1993): Image., in: Pflaum, D./ Pieper, W. (Hrsg.): Lexikon der Public Relations., 2. überarbeitete und erweiterte Aufl., Landsberg, 1993, S. 251 – 254

Müller-Vogg, H. (1994): Werbung und PR: Unterschiede, Gemeinsamkeiten, Zusammenwirken., in: Kalt, G. (Hrsg.), Öffentlichkeitsarbeit und Werbung – Instrumente, Strategien, Perspektiven., 5. Auflage, Frankfurt/ M., 1994, S. 201 – 207

Naundorf, S. (1993): Charakterisierung und Arten von Public Relations., in: Berndt, R./ Hermanns, A. (Hrsg.): Handbuch Marketing-Kommunikation – Strategien, Instrumente, Perspektiven., Wiesbaden, 1993, S. 595 – 615

Neske, F. (1977): PR-Management., Gernsbach, 1977

Nickel, O. (1998): Event - Ein neues Zauberwort?, in: Nickel, O. (Hrsg.): Eventmarketing. Grundlagen und Erfolgsbeispiele., 1. Aufl., München, 1998, S. 3 – 12

Nickel, V. (1990): Aktiv oder sprachlos? Ansatzpunkte für umweltorientierte Öffentlichkeitsarbeit., in: Der Markenartikel, 52. Jg. (1990), Nr. 2, S. 46 – 53

Nieschlag, R./ Dichtl, E./ Hörschgen, H. (1994): Marketing., 17. neu überarbeitete Auflage, Berlin, 1994

Nietiedt, Thomas (1995): Kommunikationspolitik für Hochschulen: Analyse und Instrumentarium., Europäische Hochschulschriften, Reihe V, Band 1996, Frankfurt/ M., 1995

Nufer, G. (2002): Wirkungen von Event-Marketing: theoretische Fundierung und empirische Analyse., 1. Aufl., Wiesbaden, 2002

Oeckl, A. (1964): Handbuch der Public Relations – Theorie und Praxis der Öffentlichkeitsarbeit in Deutschland und der Welt., München, 1964

Oeckl, A. (1976): PR-Praxis – Der Schlüssel zur Öffentlichkeitsarbeit., Düsseldorf und Wien, 1976

Oeckl, A. (1990): Die Zukunft der Public Relations aus der Perspektive des PR-Pioniers., in: Dörrbecker, K./ Rommerskirchen, T. (Hrsg.): Blick in die Zukunft – Kommunikations-Management – Perspektiven und Chancen der Public Relations., Remagen-Rolandseck, 1990, S. 13 – 27

Oehme, W. (1992): Handels-Marketing – Entstehung, Aufgabe, Instrumente., 2. neu bearbeitete und erweiterte Auflage, München, 1992

Olten, R. (1998): Wettbewerbstheorie und Wettbewerbspolitik., 2. Aufl., München u.a. 1998

Orth, D.-P. (1993): Pressekontaktdatei., in: Pflaum, D./ Pieper, W. (Hrsg.): Lexikon der Public Relations., 2. überarbeitete und erweiterte Aufl., Landsberg/ Lech, 1993, S. 387 – 391

Pauli, K.S. (1993): Leitfaden für die Pressearbeit – Anregungen, Beispiele, Checklisten., München, 1993

Pavlik, V. (1987): Public Relations – What Research Tells Us., Newbury Park u.a., 1987

Pepels, W. (1994): Kommunikations-Management – Marketing-Kommunikation vom Briefing bis zur Realisation., Stuttgart, 1994

Peters, H.P. (1992): Umweltberichterstattung und Risikokommunikation – eine wissenschaftliche Perspektive., in: prmagazin., 23. Jg., Nr. 9, S. 39 – 50

Peters, S./ Brühl, R./ Stelling, J.N. (2000): Betriebswirtschaftslehre., 10. überarbeitete und erweiterte Aufl., München und Wien, 2000

Pflaum, D. (1993): Posttests. Wirkungskontrolle der PR., in: Pflaum, D./ Pieper, W. (Hrsg.): Lexikon der Public Relations., 2. überarbeitete und erweiterte Auflage, Landsberg/ Lech, 1993, S. 371 – 374

Pförtsch, W./ Schmid, M. (2005): B2B-Markenmanagement: Konzepte – Methoden – Fallbeispiele., München, 2005

Pieper, W. (1993a): Budget für PR-Aktivitäten., in: Pflaum, D./ Pieper, W. (Hrsg.): Lexikon der Public Relations., 2. überarbeitete und erweiterte Auflage, Landsberg/Lech, 1993, 89 – 92

Pieper, W. (1993b): Public Affairs., in: Pflaum, D./ Pieper, W. (Hrsg.): Lexikon der Public Relations., 2. überarbeitete und erweiterte Auflage, Landsberg/ Lech, 1993, S. 412 – 414

Pieper, W. (1993c): Technik der Öffentlichkeitsarbeit., in: Pflaum, D./ Pieper, W. (Hrsg.): Lexikon der Public Relations., 2. überarbeitete und erweiterte Auflage, Landsberg/ Lech, 1993, S. 484 – 488

Public Relations Society of America (1987): Report of Special Committee on Terminology., in: International Public Relations Review, Vol. 11 (1987), No. 2, S. 6 – 11

Raffée, H. (1991): Integrierte Kommunikation., in: Werbeforschung & Praxis, 1991, Nr. 3, S. 87 – 90

Raffée, H./ Fritz, W./ Wiedmann, K.-P. (1994): Marketing für öffentliche Betriebe., Stuttgart u.a., 1994

Raffée, H./ Wiedmann, K.-P. (1993): Corporate Identity als strategische Basis der Kommunikationspolitik., in: Berndt, R./ Hermanns, A. (Hrsg.): Handbuch Marketing-Kommunikation – Strategien, Instrumente, Perspektiven., Wiesbaden, 1993, S. 43 – 67

Ramsey, S.A. (1993): Issues Management and the Use of Technologies in Public Relations., in: Public Relations Review, Vol. 19 (1993), No. 3, S. 261 – 275

Reckenfelderbäumer, M./ Kim, S. (2006): Strategisches Hochschulmarketing – Einflussfaktoren und Entscheidungsbereiche., in: Voss, R./ Gruber, T. (Hrsg.): Hochschulmarketing., Lohmar, 2006, S. 1 – 23

Renfro, W.L. (1990): Issues Management: The American Experience., in: International Public Relations Review, Vol. 13 (1990), No. 4, S. 20 – 25

Reineke, W. (1993): Managementfunktion der Public Relations., in: Pflaum, D./ Pieper, W. (Hrsg.): Lexikon der Public Relations., 2. überarbeitete und erweiterte Aufl., Landsberg/ Lech, 1993, S. 311 – 315

Reineke, W./ Eisele, H. (1994): Taschenbuch der Öffentlichkeitsarbeit – Public Relations in der Gesamtkommunikation., 2. überarbeitete und ergänzte Auflage, Heidelberg, 1994

Reineke, W./Pfeffer, G.A. (1994): MITIS – Mitarbeiter-Informationssystem., in: Reineke, W./ Eisele, H. (Hrsg.): Taschenbuch der Öffentlichkeitsarbeit – Public Relations in der Gesamtkommunikation., 2. überarbeitete und ergänzte Auflage, Heidelberg, 1994, S. 137 – 142

Rohleder, S.J./ Woodger, C. (1991): Corporate Design – Visuelle Manifestation der Strategie – langfristiger Erfolgsfaktor eines Unternehmens., in: M & M, Heft 3, S. 101 – 103

Ronneberger, F. (1977): Legitimation durch Information., Düsseldorf und Wien, 1977

Ronneberger, F. (1978): Kommunikationspolitik I – Institutionen, Prozesse, Ziele., Mainz, 1978

Ronneberger, F. (1983): Das Syndrom der Unregierbarkeit und die Macht der Medien., in: Publizistik, 28. Jg. (1983), H. 4, S. 487 – 511

Ronneberger, F. (1990): Funktionen des Systems Massenkommunikation., in: Haas, H. (Hrsg.): Mediensysteme – Struktur und Organisation der Massenmedien in den deutschsprachigen Demokratien., 2. geänderte Auflage, Wien, 1990, S.158 – 164

Ronneberger, F. (1993): Theorie der Public Relations., in: Pflaum, D./ Pieper, W. (Hrsg.): Lexikon der Public Relations., 2. überarbeitete und erweiterte Auflage, Landsberg/ Lech, 1993

Ronneberger, F./ Rühl, M. (1992): Theorie der Public Relations – Ein Entwurf., Opladen, 1992

Rosigkeit, A. (1994): Reformdefizite der deutschen Hochschule., Frankfurt/ M., 1994

Rühl, M. (1992): Public Relations ist, was Public Relations tut: Fünf Schwierigkeiten, eine allgemeine PR-Theorie zu entwerfen., in: prmagazin, 23. Jg. (1992), Nr. 4, S. 35 – 45

Schaufler, G.C./ Signitzer, B. (1990): Issues Management: Modewort oder neuer Weg in der PR? Ein Begriff macht die Runde., in: prmagazin, 21. Jg. (1990), Nr. 12, S. 31 – 34

Schelsky, H. (1971): Einsamkeit und Freiheit – Idee und Gestalt der deutschen Universität und ihre Reformen., Düsseldorf, 1971

Scherer, H. (1995): Unternehmen in öffentlichen Auseinandersetzungen: Strukturmerkmale öffentlicher Kommunikation als Herausforderung für die integrierte Unternehmenskommunikation., in: Ahrens, R./ Scherer, H./ Zerfaß, A. (Hrsg.): Integriertes Kommunikationsmanagement – Konzeptionelle Grundlagen und praktische Erfahrungen – Ein Handbuch für Öffentlichkeitsarbeit, Marketing, Personal- und Organisationsentwicklung., Frankfurt/ M., 1995, S. 51 – 82

Scheuch, F. (1989): Marketing., 3. erneuerte und erweiterte Auflage, München, 1989

Schneider, F. (1991): Corporate-Identity-orientierte Unternehmenspolitik. Eine Untersuchung unter besonderer Berücksichtigung von Corporate Design und Corporate Advertising., Diss. Universität Heidelberg, Tübingen, 1991

Schönbach, K. (1992): Einige Gedanken zu Public Relations und Agenda-Setting., in: Avenarius, H./ Armbrecht, W. (Hrsg.): Ist Public Relations eine Wissenschaft? Eine Einführung., Opladen, 1992, S. 325 – 333

Schüller, B. (1991): Strategisches PR-Management., Diss., München, 1991

Schweizer, M. (1997): Planung und Steuerung., in: Bea, F.X./ Dichtl, E./ Schweizer, M. (Hrsg.): Allgemeine Betriebswirtschaftslehre., Bd. 2, Führung, 7. neu bearbeitete Aufl., Stuttgart und Jena, 1997

Scior, W. (1982): Der Bedingungsrahmen für die unternehmensinterne Öffentlichkeitsarbeit., in: Haedrich, G./ Barthenheier, G./ Kleinert, H. (Hrsg.): Öffentlichkeitsarbeit – Dialog zwischen Institutionen und Gesellschaft. Ein Handbuch., Berlin und New York, 1982, S. 77 – 90

Seeling, S. (1998): Pressestellen: Kaum gerüstet., in: Deutsche Universitätszeitung (DUZ), Nr. 20 (1998)

Signitzer, B. (1988): Public Relations-Forschung im Überblick: Systematisierungsversuche auf der Basis neuerer amerikanischer Studien., in: Publizistik, 33. Jg., Heft 1, S. 92 – 116

Signitzer, B. (1990): Umrisse einer künftigen Public Relations-Wissenschaft: ihre Funktion im Professionalisierungsprozess., in: Dörrbecker, K./ Rommerskirchen, T. (Hrsg.): Blick in die Zukunft – Kommunikations-management – Perspektiven und Chancen der Public Relations., Remagen-Rolandseck, 1990, S. 282 – 294

Signitzer, B. (1992): Theorie der Public Relations., in: Burkart, R./ Hömberg, W. (Hrsg.): Kommunikationstheorien – Ein Textbuch zur Einführung., Wien, 1992, S. 134 – 152

Silberer, G. (1985): Wertewandel und Marketing., in: WiSt., 14. Jg. (1985), H. 3, S. 119 – 124

Silberer, G. (1991): Werteforschung und Werteorientierung im Unternehmen., Stuttgart, 1991

Silberer, G. (1995): Marketing mit Multimedia im Überblick., in: Silberer, G. (Hrsg.): Marketing mit Multimedia – Grundlagen, Anwendungen und Management einer neuen Technologie im Marketing., Stuttgart, 1995, S. 3 – 32

Silberer, G./ Jaekel, M. (1996): Marketingfaktor Stimmungen., Stuttgart, 1996

Spindler, G.P. (1993): Kommunikation., in: Pflaum, D./ Pieper, W. (Hrsg.): Lexikon der Public Relations., 2. überarbeitete und erweiterte Auflage, Landsberg/ Lech, 1993, S. 270 – 272

Staehle, W.H. (1991): Management: eine verhaltenswissenschaftliche Perspektive., 6. überarbeitete Auflage, München, 1991

Stankowski, A. (2002): Das visuelle Erscheinungsbild der Corporate Identity., in: Birkigt, K./ Stadler, M.M./ Funck, H.J. (Hrsg.): Corporate Identity. Grundlagen, Funktionen, Fallbeispiele., 11. überarbeitete und aktualisierte Aufl., München, 2002, S. 191 – 206

Steinmann, H./ Schreyögg, G. (1997): Management: Grundlagen der Unternehmensführung. Konzepte – Funktionen – Fallstudien., 4. überarbeitete und erweiterte Aufl., Wiesbaden, 1997

Steinmann, H./ Zerfaß, A. (1995): Management der integrierten Unternehmenskommunikation: Konzeptionelle Grundlagen und strategische Implikationen., in: Ahrens, R./ Scherer, H./ Zerfaß, A. (Hrsg.): Integriertes Kommunikationsmanagement – Konzeptionelle Grundlagen und praktische Erfahrungen – Ein Handbuch für Öffentlichkeitsarbeit, Marketing, Personal- und Organisationsentwicklung., Frankfurt/ M., 1995, S. 11 – 49

Stuiber, H.-W. (1992): Theorieansätze für Public Relations – Anmerkungen aus sozialwissenschaftlicher Sicht., in: Avenarius, H./ Armbrecht, W. (Hrsg.): Ist Public Relations eine Wissenschaft? Eine Einführung., Opladen, 1992, S. 207 – 220

Sühling, V. (1996): Public Relations für Handelsunternehmen. Grundlagen, Strategien und Konzeption eines integrierten Kommunikations-Managements., Diss., Göttingen, 1996

Tietz, B. (1992): Einzelhandelsperspektiven für die Bundesrepublik Deutschland bis zum Jahre 2010., Frankfurt/ M., 1992

Tietz, B. (1993): Der Handelsbetrieb – Grundlagen der Unternehmenspolitik., 2. neu bearbeitete Auflage, München, 1993

Treis, B. (1974): Marketing in Frage und Antwort., 2. Auflage, Berlin, 1974

Trogele, U. (1995): Strategisches Marketing für deutsche Universitäten. Die Anwendung von Marketing-Konzepten amerikanischer Hochschulen in deutschen Universitäten., Frankfurt/ M. u.a., 1995

Trommsdorff, V. (1992): Wettbewerbsorientierte Image-Positionierung., in: Der Markenartikel., 54. Jg., Nr. 10, S. 458 – 463

Trommsdorff, V./ Nilmar, A. (1993): Zukunftskonzepte für Kommunikationsdienstleister., in: Berndt, R./ Hermanns, A. (Hrsg.): Handbuch Marketing-Kommunikation – Strategien, Instrumente, Perspektiven., Wiesbaden, 1993, S. 153 – 166

Trux, W./ Müller, G./ Kirsch, W. (1984): Strategisches Management., in: Trux, W./ Müller, G./ Kirsch, W. (Hrsg.): Das Management strategischer Programme., München, 1984, S. 1 – 36

Tonnemacher, J. (1982): Öffentlichkeitsarbeit an Hochschulen – ein Fallbeispiel über die Vermittlung von Hochschulpolitik und Universitätsforschung an die Öffentlichkeit., in: Haedrich, G./ Barthenheier, G./ Kleiner, H. (Hrsg.): Öffentlichkeitsarbeit: Dialog zwischen Institutionen und Gesellschaft., Berlin, 1982, S. 376 – 380

Topf, C. (1986): Öffentlichkeitsarbeit im Rahmen des Hochschulmarketing – interne und externe Informations- und Kommunikationsbeziehungen der Hochschulen., Frankfurt/ M., 1986

Topor, R. (1983): Marketing Higher Education: A Practical Guide., Washington/ DC, 1983

Ueding, R. (1994): Event-Marketing., in: Meffert, H. (Hrsg.): Lexikon der aktuellen Marketingbegriffe., 1. Aufl., Wien 1994, S. 59 – 63

Volk, H. (1994): Schwäche durch Schweigen: In der Öffentlichkeitsarbeit ist heute Beziehungsmanagement gefragt., in: LZ-Journal., Nr. 26, S. J 30

Vollert, K. (1999): Grundlagen des strategischen Marketing. Komparative Konkurrenzvorteile aufbauen und erhalten., 2. Aufl., Bayreuth, 1999

Vollert, K. (2004): Grundlagen des strategischen Marketing. Komparative Konkurrenzvorteile aufbauen und erhalten., 3. überarbeitete und erweiterte Aufl., Bayreuth, 2004

Voss, R. (2006): Hochschulmarketing., 1. Aufl., Köln, 2006

Wallinger, A. (1994): PR-Management by Matrix – Gewinner-Strategien für die 90er Jahre., Harrislee, 1994

Wangen-Gross, M. (1983): Marketing an Universitäten. Möglichkeiten und Grenzen der Übertragbarkeit des Marketing-Gedankens auf den universitären Bereich., Spardorf, 1983

Wartick, S.L./ Rude, R.E. (1986): Issues Management: Corporate Fad or Corporate Function?, in: California Management Review, Vol. XXIX, No. 1, Fall, 1986, S. 124 – 140

Wefers, U. (2007): Hochschulmarketing in Deutschland. Chancen und Herausforderungen., 1. Aufl., Saarbrücken, 2007

Welge, M.K./ Al-Laham, A. (1999): Strategisches Management. Grundlagen – Prozess – Implementierung., 2. vollständig überarbeitete Aufl., Wiesbaden, 1999

Westebbe, A./ Winter, E./ Trost, O. (1997): Hochschul-Sponsoring: ein Leitfaden für Sponsoringpraxis an Hochschulen., Stuttgart, 1997

Wiedemann, P.M. (1990): Öffentlichkeits-Arbeit bei Krisen – Ein Leitfaden zur besseren Kommunikation., Eschborn, 1990

Wiedmann, K.-P./ Raffée, H. (1986): Gesellschaftsbezogene Werte, persönliche Lebenswerte Lebens- und Konsumstile der Bundesbürger – Untersuchungsergebnisse der Studie Dialoge 2 und Skizze von Marketingkonsequenzen., Arbeitspapier Nr. 46, Mannheim, 1986

Windhorst, K.-G. (1990): Die Bedeutung des Wertewandels der Konsumenten für den Handel von morgen., in: Gruber, H./ Titze, W.A. (Hrsg.): Der Handel für die Märkte von morgen – Perspektiven und Entwicklungen., Frankfurt/ M., 1990, S. 232 – 241

Wollny, B. (1993): Mitarbeiter-PR., in: Pflaum, D./ Pieper, W. (Hrsg.): Lexikon der Public Relations., 2. überarbeitete und erweiterte Auflage, Landsberg/ Lech, 1993, S. 326 – 328

Zerfaß, A. (1996): Unternehmensführung und Öffentlichkeitsarbeit – Grundlegung einer Theorie der Unternehmenskommunikation und Public Relations., Opladen, 1996

Zerfaß, A./ Fietkau, K. (1997): Interaktive Öffentlichkeitsarbeit., Lehrstuhl für Allgemeine Betriebswirtschaftslehre und Unternehmensführung der Universität Erlangen-Nürnberg, Diskussionsbeitrag Nr. 89, 1997

Zeiselmair, R. (1993): Marketing und Public Relations., in: Pflaum, D./ Pieper, W. (Hrsg.): Lexikon der Public Relations., 2. überarbeitete und erweiterte Auflage, Landsberg/ Lech, 1993, S. 318 – 321

Zimmer, D. (1995): Der Handel braucht eine Imagepolitur., in: Harvard Business Manager, 1995, Nr. 4, S.51 – 58